U0323255

冶金流程学

殷瑞钰　著

本书数字资源

北　京

冶 金 工 业 出 版 社

2025

图书在版编目(CIP)数据

冶金流程学/殷瑞钰著 . —北京：冶金工业出版社，2023.5
（2025.2 重印）

ISBN 978-7-5024-9251-9

Ⅰ.①冶… Ⅱ.①殷… Ⅲ.①冶金工业 Ⅳ.①TF

中国版本图书馆 CIP 数据核字（2022）第 144893 号

冶金流程学

出版发行	冶金工业出版社		电　　话	(010)64027926	
地　　址	北京市东城区嵩祝院北巷 39 号		邮　　编	100009	
网　　址	www.mip1953.com		电子信箱	service@ mip1953.com	

责任编辑　于昕蕾　美术编辑　彭子赫　版式设计　郑小利
责任校对　石　静　责任印制　窦　唯
唐山玺诚印务有限公司印刷
2023 年 5 月第 1 版，2025 年 2 月第 2 次印刷
710mm×1000mm　1/16；26 印张；313 千字；382 页
定价 98.00 元

投稿电话　(010)64027932　投稿信箱　tougao@cnmip.com.cn
营销中心电话　(010)64044283
冶金工业出版社天猫旗舰店　yjgycbs.tmall.com
（本书如有印装质量问题，本社营销中心负责退换）

序　言

钢是至今为止最为广泛使用的结构材料，也是国家工业发展最重要的基础材料之一。我国的钢铁工业虽然在新中国成立初期较为落后，但是一直坚持在立足自主研究的基础上，保持对外交流，对国际先进技术和装备进行引进消化吸收再创新，将跟随创新、集成创新与原始创新协调发展，实现了目前钢铁工业从跟踪仿制到自主创新的跨越。发展了一批特色产品和以连续化、紧凑化、大型化为特征的现代化流程技术，我国的大高炉、转炉等技术已经实现了对包括韩国、日本、美国等在内的数十个国家的出口。经过多年的不断进步，我国钢铁工业在品种开发、流程技术、环保指标等方面都取得巨大成就，现在已经进入了国际一流钢铁强国的方阵。

十九届五中全会明确提出要推动传统产业高端化、智能化、绿色化发展，就是深入推进全产线的高端化、全工序的智能化以及全产业链的绿色化，特别是全行业的低碳化。钢铁工业要实现这个目标需从多方面着手，而理论研究要先行。传统的冶金学研究主要集中在微观基础冶金学和专业工艺冶金学，前者以冶金过程物理化学、冶金原理、金属学等为代表，从原子/分子的微观尺度去观察问题，解释冶金工序中某些过程、机理等，用以解决工序功能集合解析-优化问题。后者以炼铁学、炼钢学、金属压力加工学等为代表，从工序/装置等专门场域尺度去观察问题，用以解决工序/装置的局部结构优化问题。这些理论推动了我国钢铁工业的巨大进步，然而在应对钢铁工业高端化、智能化、绿色化发展这样的全局性战略命题时，明显力所不及。因此，新时代钢铁行业的发展亟需建立针对冶金流程的宏观尺度冶金新学说。

作者长期在钢铁企业、科研单位和国家产业部门从事生产工艺、学术研究和科技管理工作，亲自主导和参与了很多重大的工程实践、技术开发、战略决策等过程，积累了大量不同尺度、不同层次的经验和认识。根据数十年的产业实践和学术研究，从工程科学高度开拓了冶金流程学的学科新方向，并撰写了《冶金流程工程学》《冶金流程集成理论与方法》等学术著作。在此基础上，透过现象看本质，进一步对冶金流程的本质进行了深刻的思考和探索，经过多年的归纳提炼，著得新作——《冶金流程学》，实现了冶金学理论的层次性开拓。冶金流程学是一个新的冶金学分支，是总体集成的冶金学，是大时-空尺度的、跨时-空尺度的、兼涉物质-能量-时间-空间-信息的整体性学问，具有时代创新性。创造性地提出了微观基础冶金学、专业工艺冶金学和宏观动态冶金学三个层次冶金学的概念，指出冶金流程学即属于宏观动态冶金学的范畴。剖析了冶金过程中的耗散现象、耗散过程和耗散结构，研究了冶金制造流程动态运行的物理本质、本构特征及其动态运行的规律，认为要构建整体协同-优化的冶金制造流程。指出钢厂智能化的核心是制造流程本质智能化，并讨论了中国钢铁行业实现碳达峰、碳中和的思路与措施。

新著的另一特色是：在某种程度上深入讨论了流程制造业的共性特征，深化了"流程型制造流程动态运行的物理本质和本构特征""开放系统和耗散结构"等方面的理论认识，因而对石化、水泥等流程制造业的工程设计、生产运行会有些参考价值。

高端化、智能化、绿色化是新时代钢铁工业的主要任务，在实现过程中将涉及微观基础冶金学、专业工艺冶金学和宏观动态冶金学等多方面、多尺度、多层次的研究和发展。在钢铁工业新发展的关键时期，冶金流程学这一新学说的开拓，通过其对冶金流程本质的深入分析和深刻认识，为钢铁企业的高端化、智能化、绿色化转型提供了系统性的理论支撑。

此书的问世将对高等院校教师、学生、冶金研究工作者与钢铁厂设计工程师、企业家及管理专家有重要参考价值。

干勇

中国工程院院士
中国金属学会理事长
2022 年 4 月 20 日

前　言

随着时代的发展，当代冶金学发展的战略目标也发生了战略性的变化，除了制造新一代产品以外，更要求聚焦于冶金工厂的绿色化、智能化和品牌化发展。新的战略目标需要建立新的学说来引导产业发展。由此，冶金流程学应运而生。

作者工作生涯兼涉学术界和产业界，长期从事并主持冶金科技进步和发展战略研究工作，推动了以连铸为中心，实现全连铸钢厂为目标的六项关键共性技术在全国的大面积突破和有序集成，使中国大多数钢厂的生产流程在 20 世纪 90 年代开始产生了结构性的变化，促进了中国钢铁工业的崛起，并在 21 世纪迈进了世界钢铁工业第一方阵。作者基于不同层次的工作实践和持续的学习过程中的认识积淀，由实践经验上升到理论思考，认识视野、认识思路发生了转变，即从个别化学反应过程到单元工序运行再上升到全流程整体动态运行；特别是通过推动连铸技术等六项关键技术，进而推动建立全连铸钢厂的发展过程中，对钢厂技术进步的思想认识轨道发生了层次性跃迁。观察问题的思想轨道从原子/分子的微观尺度经过工序/装置等工艺场域尺度，发展到全流程/过程结构的宏观动态尺度，体悟到研究钢铁制造流程的重要性——逐步意识到这是宏观动态冶金学问题。由于认识对象发生了层次性跃迁，认识的思路必须随之转轨，必须挣脱原有概念的束缚，才能建立起适应于更高层次的新轨道上的理论认识框架。作者经过 20 余年的研究和探索，从工程科学的高度开拓了冶金流程学学科新分支、新方向，并撰写了《冶金流程工程学》《冶金流程集成理论与方法》等学术著作，充实了冶金学的理论。

冶金流程工程学的创新点初步可归纳为以下 4 个方面：

（1）理论创新：针对冶金企业和冶金学科所涉及的纷繁复杂而又动态交织的各类过程和过程群，为了对其集成运行过程中凝练出简单的规律性认识，必须进行流程动态运行过程的物理本质的理论研究，特别是要在理论上，必须突破传统热力学中"孤立系统"概念的束缚，以整体论、开放矢量性、网络化、时-空协同等概念来描述冶金制造流程动态运行过程的物理本质，并导出了"流"的概念（物质流、能量流、信息流——"三流"），以及其流动/流变过程所依附的实体性"流程网络"、协同-耦合的"运行程序"等相关要素。在模型上论述了输入负熵流（包括物质性负熵流、能量负熵流和信息负熵流）驱动"流"的流动/流变过程——耗散过程及其耗散结构。

（2）概念创新：提出了冶金制造流程中存在着"三个层次"的科学问题；提出了冶金制造流程应具有三个功能；指出了冶金制造流程追求的目标应是

"三流一态"（物质流、能量流、信息流处在动态-有序、协同-连续的运行状态）；强调要通过"三个集合"优化（工序功能集合解析-优化、工序之间关系集合协同-优化、流程内工序集合重构-优化）等技术措施来支撑制造流程结构优化；论述了时间因子对制造流程动态运行的重要性和时间因子的不同表现形式；揭示出冶金制造流程宏观运行动力学及其运行规则。

（3）技术创新：提出了一系列集成技术，包括：1）"界面"技术——硬件与软件（衔接匹配、非线性相互作用、动态耦合——物质、能量、时间、空间、信息动态耦合）；2）高效率、低成本洁净钢平台技术；3）能量流网络技术和能源管控中心建设；4）冶金制造流程动态-精准设计的理论和方法；5）钢厂模式分类与创新等。

（4）研究思路和方法创新：1）不能局限在碎片化地研究局部工序/装置的"实"，必须进一步上升到制造流程全局性的"流"，以"实"引"虚"，以"虚"领"实"；2）流乃本体，"以流观化"（不仅是"以点观化""以场观化"），化中有动，动者循"网"（流程网络），"网"动依序，程序化协同——这是工程逻辑；3）"三个集合"优化（工序功能集合解析-优化、工序之间关系集合协同-优化、流程内工序集合重构-优化）形成"三流"（物质流、能量流、信息流）动态-有序、协同-连续运行，虚实结合，集成-解析相互反馈，优化工程设计理论和生产运行规则；4）在思维方法上，将冶金学从传统的以还原论方法为主导，转变为还原论-整体论相互结合的开放、动态整体论为主导。

本书是作者 2015 年以后在《冶金流程工程学》和《冶金流程集成理论与方法》两本专著以及一些重大工程实践过程的基础上，对冶金制造流程结构和动态运行理论的进一步深入探索、研究和思考。此间，形成的新认识随时即以短文的形式保留下来，逐步积累、集成，历经 6 年，最终成书。本书的主要内容包括冶金学的视野和总体架构，冶金流程学的理论基础及其发展过程，冶金制造流程动态运行理论认识的深化及其与生产运行的结合，冶金学和冶金工业的未来发展方向，具体包括 10 章：

第 1 章　论冶金学科的视野和架构

第 2 章　开放系统与耗散

第 3 章　冶金流程动态运行的物理本质和基本要素

第 4 章　制造流程物理系统的本构特征与耗散结构

第 5 章　制造流程的"自组织性"与"他组织力"

第 6 章　制造流程中的时间因子及其表现形式

第 7 章　冶金制造流程宏观运行动力学和"界面"技术

第 8 章　钢厂的动态精准设计和集成

第 9 章　关于流程制造业智能化的讨论

第 10 章　钢铁与低碳化发展

在内容上，既有一以贯之的部分，如冶金流程动态运行的物理本质、三大功能、钢厂动态精准设计等；也有进一步深化拓展的内容，如制造流程物理系统的本构特征、耗散结构，钢厂智能化，脱碳化发展路径的探讨等。

区别于前两本著作，本书重在讨论流程制造业的制造流程所涉及的理论问题，重在夯实理论基础，具体工程实例涉及较少。因此，从《冶金流程工程学》发展到《冶金流程学》，在某种程度上深入讨论了各类流程制造业的共性特征，深化了"制造流程动态运行的物理本质和本构特征""开放系统与耗散结构"等方面的理论认识。

本书有如下特色：

（1）丰富了冶金学的理论认识层次，从冶金学和钢铁工业的发展历史进程出发，创造性地提出了微观基础冶金学、专业工艺冶金学和宏观动态冶金学三个层次冶金学的概念，并阐述了其相互之间的嵌套和集成关系，指出冶金流程学即属于宏观动态冶金学的范畴，而当代冶金科学与工程的发展，必须要将这三个层次的冶金学的知识相互嵌套、集成综合起来，形成一个集成化、工程化的知识体系。

（2）明确了冶金流程学的定位，指出冶金流程学是一个新的冶金学分支，是总体集成的冶金学、顶层设计的冶金学、宏观动态运行的冶金学、工程科学层次上的冶金学，具有时代创新性。冶金流程学是大时-空尺度的、跨时-空尺度的、兼涉物质-能量-时间-空间-信息的整体性学问，并且体现着以动态-有序、衔接-匹配、协同-连续为特征的结构化知识，是多因子-多层次嵌套、集成、协同的冶金学；是开放-动态、集成一体化的冶金学；是面向制造流程自组织信息与人工输入他组织信息融合的冶金学；是直接面向绿色化、智能化的冶金学。

（3）深化了理论认识，特别是对冶金过程中的耗散现象、耗散过程和耗散结构的认识，深入阐述了冶金流程动态运行过程中耗散结构的工程化模型，深化了对物理本质耗散过程的认识，并揭示出制造流程的本构特征，进而联系到冶金企业的宏观运行动力学、钢厂动态精准设计理论和方法以及若干工程逻辑的思辨。

（4）以开放复杂系统的整体论、层次论、耗散论思维为基础，论述了包括动力论、结构论、连续论、嵌入论、协同论、功能论在内的冶金制造流程工程设计和生产流程动态运行的理论和方法；加强了理论、方法与生产运行过程的结合，采用虚实结合的思维逻辑，进一步促进了工程设计和工厂生产运行的结合，突出了"流"的概念，强调并揭示了开发"界面"技术的重要性和必要性，从而充实了本构特征的理论和实践内涵；指出流程制造业各类企业的工程设计核心概念是要构建一个整体协同-优化的制造流程，而制造流程动态精准设计的核心思路是"动态"和"集成"（包括物质、能量、时间、空间和信息等要素的集成与融合）。

（5）对流程制造业智能化的内涵及其推进路径、思路进行了探讨，指出钢厂智能化的核心是制造流程本质智能化，也就是要建立一个制造流程动态运行过程中的信息物理融合系统，这需要从物理系统一侧和数字信息系统一侧共同推进，相向而行，相互融合，通过物质流、能量流、信息流"三流"关联协同和物质流网络、能量流网络、信息流网络"三网"融合的路径，使之易于达到动态-有序、协同-连续的运行状态，即"三流一态"。

（6）在对国内外应对气候变化的形势及钢铁行业CO_2排放现状、碳减排策略分析的基础上，讨论了中国钢铁行业低碳发展的路线图设想和实现碳达峰、碳中和的思路与措施；指出钢铁行业的脱碳化发展在不同国家、不同情况下都将经历粗钢产出总量控制、生产制造流程转型、积极推进技术进步、技术创新以及实行相应的政策措施等过程。

本书是一本学术探索性、研究性的著作，在思考、写作过程中，作者不时地感到知识的局限，因此可能会有不准确甚至错误之处，这将在今后的工作中改进，也希望国内外学者指正。

本书的问世希望能对大专院校教师、学生、冶金研究工作者与钢厂设计工程师、企业家及管理专家有参考价值。

殷瑞钰

2022 年 3 月于北京

目 录

第1章 论冶金学科的视野和架构 ·················· 1

1.1 冶金学的范畴与视野 ···························· 1

1.2 冶金学的时代命题 ···························· 7

  1.2.1 打通流程,沟通层次,开新说 ·············· 9

  1.2.2 针对"缺失"谋求"升级"——"美"的

      转变 ···································· 10

1.3 冶金流程工程学的形成与发展 ················ 12

1.4 冶金流程学的提出 ························· 14

  1.4.1 动力论 ···························· 17

  1.4.2 结构论 ···························· 18

  1.4.3 连续论 ···························· 19

  1.4.4 嵌入论 ···························· 20

  1.4.5 协同论 ···························· 21

  1.4.6 功能论 ···························· 22

  1.4.7 归纳 ····························· 23

参考文献 ····························· 24

第2章 开放系统与耗散 ··················· 25

2.1 流程系统动态运行过程及其物理层次 ········· 25

2.1.1　流程系统动态运行过程的混沌现象 ………… 26

2.1.2　三类物理系统 ……………………………… 27

2.2　热力学的发展进程 …………………………………… 29

2.2.1　从热机学到热力学 ………………………… 30

2.2.2　热力学系统的分类 ………………………… 32

2.2.3　不可逆性 …………………………………… 34

2.2.4　稳定态的演变过程——近平衡区 ………… 36

2.2.5　线性不可逆过程 …………………………… 38

2.2.6　热力学的发展——从孤立系统到开放系统 …… 39

2.3　开放系统的耗散结构 ………………………………… 40

2.3.1　耗散结构理论及其形成 …………………… 40

2.3.2　耗散结构的特征 …………………………… 43

2.3.3　耗散结构的形成条件 ……………………… 44

2.3.4　涨落、非线性相互作用与工程系统自组织 …… 47

2.3.5　关于耗散结构的自组织性 ………………… 50

2.3.6　临界点与临界现象 ………………………… 52

参考文献 …………………………………………………… 56

第3章　冶金流程动态运行的物理本质和基本

要素 ………………………………………………… 58

3.1　过程系统及其基本概念 ……………………………… 58

3.1.1　过程的时空尺度 …………………………… 58

3.1.2　过程和流程 ………………………………… 60

3.1.3　流程制造业 ………………………………… 61

3.1.4　流程制造业的共性特征和个性特征 ……… 63

3.2　制造流程动态运行的物理本质 ……………………… 65

3.2.1　关于制造流程的特征 ………………………… 65

3.2.2　制造流程动态运行的基本参量 …………… 67

3.2.3　制造流程动态运行与耗散过程 …………… 69

3.2.4　钢铁制造流程动态运行的物理本质及其功能 … 70

3.3　制造流程物理系统宏观运行的基本要素 ………… 74

3.3.1　制造流程宏观运行的要素与机制 ………… 74

3.3.2　制造流程物理系统中的三种"流" ……… 76

3.3.3　钢铁制造流程中的"三流" ……………… 78

3.3.4　制造流程宏观运行与"流程网络" ……… 80

3.3.5　制造流程动态运行与"运行程序" ……… 84

3.4　流程构成要素的抽象 ……………………………… 86

参考文献 …………………………………………………… 88

第4章　制造流程物理系统的本构特征与耗散
　　　　结构 ……………………………………………… 89

4.1　流程型制造与离散型制造的比较 ………………… 89

4.2　制造流程的工程化模型与结构化机理 …………… 90

4.3　流程型制造流程的本构特征 ……………………… 94

4.4　制造流程运行与耗散结构、耗散过程 …………… 99

4.4.1　如何认识"耗散" ………………………… 99

4.4.2　制造流程的结构——耗散结构 ………… 101

4.4.3　制造流程动态运行的耗散过程与共性规律 … 101

4.4.4　制造流程运行的特征 …………………… 102

4.4.5　制造流程中的自组织与耗散结构 ……… 103

4.4.6　开放复杂系统的"熵" ………………… 105

4.4.7　"流"的分维分形与"界面"技术 ……… 107

4.5　动态-有序运行结构内的耗散 ……………………… 108

　4.5.1　"流"的形式和耗散 ……………………… 109

　4.5.2　运行节奏和耗散 ……………………… 111

参考文献……………………………………………………… 112

第5章　制造流程的"自组织性"与"他组织力" ……………………… 114

5.1　流程系统的自组织与信息化他组织 ……………… 115

　5.1.1　系统的自组织与他组织 ………………… 115

　5.1.2　流程集成过程中的自组织与他组织 ……… 116

5.2　制造流程中的自组织性 …………………………… 117

　5.2.1　制造流程的自组织现象 ………………… 117

　5.2.2　钢铁制造流程中的自组织现象 ………… 121

　5.2.3　制造流程自组织与耗散结构的关系 ……… 122

5.3　信息流的构成及其对物理系统动态运行的影响 … 123

　5.3.1　信息及其特征 …………………………… 123

　5.3.2　信息/信息化对自组织和他组织的作用 …… 124

　5.3.3　冶金制造系统信息流 …………………… 126

参考文献……………………………………………………… 133

第6章　制造流程中的时间因子及其表现形式 … 134

6.1　时间在过程和流程中的作用 ……………………… 135

　6.1.1　时间的内涵 ……………………………… 135

　6.1.2　时间的特点 ……………………………… 136

　6.1.3　时间、时钟及时钟推进计划 …………… 138

　6.1.4　时间——基础性、本质性的参数 ……… 139

6.2　冶金制造流程中的时间因素 ……………………… 140

6.3　钢厂生产流程中的时间因素 ……………………… 148

　　6.3.1　钢厂生产流程中时间因素的重要性 ………… 148

　　6.3.2　时间在钢铁制造流程中的表现形式及其

　　　　　 内涵 ……………………………………………… 148

　　6.3.3　钢铁制造流程中时间概念的数学表示 ……… 150

6.4　时间与钢铁制造流程的连续化程度 ……………… 154

　　6.4.1　连续化程度 ………………………………………… 155

　　6.4.2　生产运行过程中的实际连续化程度 ………… 156

6.5　薄板坯连铸—连轧过程的时间因素解析 ………… 162

参考文献 ……………………………………………………… 170

第7章　冶金制造流程宏观运行动力学和

　　　　"界面" 技术 ……………………………… 171

7.1　钢铁制造流程运行的动力学特征——作业表现

　　　形式与本质 …………………………………………… 172

7.2　钢铁制造流程中不同工序/装置的运行方式 ……… 176

7.3　钢铁制造流程的宏观运行策略 …………………… 178

　　7.3.1　钢厂生产流程运行策略的区段划分 ………… 178

　　7.3.2　钢厂生产流程上游段的 "推力源" 与

　　　　　 "拉力源" …………………………………………… 179

　　7.3.3　钢厂生产流程下游段的 "推力源" 与

　　　　　 "拉力源" …………………………………………… 181

　　7.3.4　钢厂生产流程中物质流连续运行的策略 …… 183

7.4　钢厂制造流程中的 "界面" 技术 ………………… 195

　　7.4.1　"界面" 技术的含义及其在结构性集成中

　　　　　 的重要性 …………………………………………… 196

　7.4.2　钢铁制造流程中的"界面"技术 ………… 203

　7.4.3　现代钢铁冶金工程中"界面"技术的发展

　　　　　方向 ……………………………………… 213

　7.4.4　对制造流程中"界面"技术的再认识 ……… 213

7.5　钢厂结构对其制造流程运行动力学的影响 ……… 215

参考文献 …………………………………………………… 218

第8章　钢厂的动态精准设计和集成 ……………… 219

8.1　关于工程设计 ……………………………………… 220

　8.1.1　工程与设计 …………………………………… 220

　8.1.2　工程设计和集成创新观 …………………… 223

　8.1.3　工程设计与知识创新 ……………………… 226

8.2　钢厂设计理论与设计方法 ……………………… 229

　8.2.1　钢厂设计理论、设计方法创新的背景 ……… 229

　8.2.2　钢厂设计的理论、概念与方向 …………… 233

　8.2.3　钢厂工程设计方法的创新路径 …………… 240

　8.2.4　钢厂制造流程动态-有序运行过程中的动态

　　　　　耦合 ……………………………………… 242

8.3　钢厂的动态精准设计 …………………………… 255

　8.3.1　传统的钢厂设计与动态精准设计的区别 …… 256

　8.3.2　关于制造流程动态精准设计的核心思路 …… 260

　8.3.3　动态精准设计流程模型 …………………… 262

8.4　集成与结构优化 ………………………………… 267

　8.4.1　关于集成与工程集成 ……………………… 268

　8.4.2　关于钢厂结构 ……………………………… 272

参考文献 …………………………………………………… 276

第9章 关于流程制造业智能化的讨论 …………… 278

9.1 如何认识流程制造业的智能化 ………… 279

9.2 流程型制造工厂智能化的含义和本质 ………… 280

    9.2.1 流程制造业智能制造的含义 ………… 280

    9.2.2 信息物理融合系统与智能化制造本质 ……… 283

9.3 制造流程与耗散结构 …………… 287

    9.3.1 耗散结构与流程网络 …………… 288

    9.3.2 "以流观化" …………… 290

    9.3.3 从工程科学视野认识流程制造的本构特征 … 291

9.4 制造流程智能化和推进路径 …………… 296

    9.4.1 制造流程本质智能化是核心 …………… 297

    9.4.2 推进钢厂智能化的路径 …………… 299

9.5 流程制造业工厂智能化的方法论 …………… 301

参考文献 …………… 302

第10章 钢铁与低碳化发展 …………… 304

10.1 气候变化的历史背景 …………… 304

    10.1.1 气候变化问题与事实 …………… 304

    10.1.2 针对气候变化的行动 …………… 310

10.2 对碳达峰与碳中和的认识 …………… 311

    10.2.1 碳达峰与碳中和 …………… 311

    10.2.2 全球温室气体排放历史和现状 …………… 313

    10.2.3 中国的选择和行动 …………… 320

10.3 钢铁行业节能减排发展进程与 CO_2 排放现状 …… 322

    10.3.1 中国钢铁行业节能理论发展进程 …………… 323

　　　10.3.2　中国钢铁行业节能减排的工程实践成效 …… 331

　　　10.3.3　国内外钢铁行业 CO_2 排放现状 ………… 334

　　10.4　钢铁行业低碳发展路线讨论 ………………… 340

　　　10.4.1　国内外钢铁行业碳减排目标和策略 ……… 340

　　　10.4.2　钢铁行业碳达峰与碳中和情景分析 ……… 343

　　　10.4.3　中国钢铁行业低碳发展路线图设想 ……… 348

　　　10.4.4　中国钢铁行业实现碳达峰、碳中和的思路与

　　　　　　　措施讨论 ……………………………… 351

　　　10.4.5　未来钢铁行业的三类流程设想 …………… 355

　　10.5　钢铁工业走向低碳化 …………………………… 360

　　参考文献 …………………………………………… 361

致　谢 …………………………………………………… 364

术语索引 ………………………………………………… 366

图索引 …………………………………………………… 376

表索引 …………………………………………………… 382

Contents

Chapter 1 Discussion on the vision and scheme of metallurgy ················· 1

1. 1 Category and vision of metallurgy ···················· 1

1. 2 Current topics of metallurgy ······················· 7

    1. 2. 1 Get through process, connect different levels and launch a new theory ·················· 9

    1. 2. 2 Focusing "deficiency" for "upgrading" ············ 10

1. 3 Establishment and development of metallurgical process engineering ·················· 12

1. 4 Proposing of the theory of metallurgical manufacturing process ·················· 14

    1. 4. 1 Discussion on dynamics ···················· 17

    1. 4. 2 Discussion on structure ···················· 18

    1. 4. 3 Discussion on continuity ···················· 19

    1. 4. 4 Discussion on implantation ················· 20

    1. 4. 5 Discussion on synergy ···················· 21

    1. 4. 6 Discussion on function ···················· 22

    1. 4. 7 Summary ···················· 23

References ···················· 24

Chapter 2 Open system and dissipation ················· 25

2. 1 Dynamic operation process and physical levels of

process system ·· 25

2. 1. 1 Chaos phenomenon of dynamic operation process in the
process system ······································· 26

2. 1. 2 Three kinds of physical systems ······················ 27

2. 2 Development of thermodynamics ·························· 29

2. 2. 1 From heat engine to thermodynamics ·············· 30

2. 2. 2 Classification of thermodynamic system ············· 32

2. 2. 3 Irreversibility ··· 34

2. 2. 4 Evolution of steady state—near equilibrium zone ········· 36

2. 2. 5 Linear irreversible process ···························· 38

2. 2. 6 Development of thermodynamics—from isolated system to
open system ··· 39

2. 3 Dissipative structure of the open system ················ 40

2. 3. 1 Dissipative structure theory and its establishment ·········· 40

2. 3. 2 Characteristics of dissipative structure ················ 43

2. 3. 3 Generation conditions of dissipative structure ·········· 44

2. 3. 4 Fluctuation, nonlinear interaction and self-organization of
engineering system ································· 47

2. 3. 5 Self-organization of dissipative structure ·············· 50

2. 3. 6 Critical points and critical phenomena ·················· 52

References ··· 56

Chapter 3 Physical essence and basic elements of
dynamic operation in metallurgical
manufacturing process ······················ 58

3. 1 Process system and basic concepts ···················· 58

3. 1. 1 Spatiotemporal scale of process ······················· 58

3. 1. 2 Process and manufacturing process ·················· 60

3. 1. 3 Process manufacturing industry ······················ 61

3. 1. 4　Common characteristics and individual characteristics of
　　　　process manufacturing industry ················· 63
3. 2　Physical essence of dynamic operation of manufacturing
　　　process ··· 65
3. 2. 1　Characteristics of manufacturing process ············· 65
3. 2. 2　Basic parameters of dynamic operation of manufacturing
　　　　process ··· 67
3. 2. 3　Dynamic operation and dissipative process of
　　　　manufacturing process ······················· 69
3. 2. 4　Physical essence and functions of dynamic operation of
　　　　steel manufacturing process ·················· 70
3. 3　Basic elements of macro-operation of physical system of
　　　manufacturing process ························· 74
3. 3. 1　Elements and mechanism of macro-operation of manufacturing
　　　　process ··· 74
3. 3. 2　Three "flows" in the physical system of manufacturing
　　　　process ··· 76
3. 3. 3　"Three flows" in steel manufacturing process ·········· 78
3. 3. 4　Macro-operation of manufacturing process *versus* "process
　　　　network" ··· 80
3. 3. 5　Dynamic operation of manufacturing process *versus*
　　　　"operation program" ··························· 84
3. 4　Abstraction of elements of manufacturing process ······ 86
References ·· 88

**Chapter 4　Constitutive characteristics *versus*
　　　　　　dissipative structure of manufacturing
　　　　　　process** ··· 89

4. 1　Comparison between process manufacturing and discrete

      manufacturing ·· 89

4. 2 Engineering model and structural mechanism
      of manufacturing process ···························· 90

4. 3 Constitutive characteristics of the manufacturing
      process ·· 94

4. 4 Dissipative structure and dissipative process in the
      manufacturing process operation ···················· 99

    4. 4. 1 How to understand "dissipation" ················· 99

    4. 4. 2 Structure of manufacturing process—dissipative
         structure ····································· 101

    4. 4. 3 Dissipative process and common law of dynamic operation
         of manufacturing process ······················ 101

    4. 4. 4 Characteristics of manufacturing process ·········· 102

    4. 4. 5 Self-organization and dissipative structure in manufacturing
         process ······································· 103

    4. 4. 6 "Entropy" of the open complex system ··········· 105

    4. 4. 7 Fractal dimension and fractal geometry of "flow" *versus*
         "interface" technology ·························· 107

4. 5 Dissipation in the dynamic orderly operation
      structure ··· 108

    4. 5. 1 Types of "flow" and dissipation ················· 109

    4. 5. 2 Operation rhythm and dissipation ··············· 111

References ·· 112

Chapter 5 "Self-organization" and "hetero-
               organization" of manufacturing
               process ···································· 114

5. 1 Self-organization and informatization hetero-organization
      of process system ··································· 115

5. 1. 1 Self-organization and hetero-organization of the system ··· 115

5. 1. 2 Self-organization and hetero-organization in the manufacturing
process integration ·· 116

5. 2 Self-organization in manufacturing process ·············· 117

5. 2. 1 Self-organization phenomenon in the manufacturing
process ·· 117

5. 2. 2 Self-organization phenomenon in steel manufacturing
process ·· 121

5. 2. 3 Relationship between self-organization and dissipative
structure in the manufacturing process ··················· 122

5. 3 Constitution of the information flow and its impact on
the dynamic operation of physical system ················· 123

5. 3. 1 Information and its characteristics ························ 123

5. 3. 2 Effect of information /informatization on self-organization and
hetero-organization ··· 124

5. 3. 3 Information flow of metallurgical manufacturing
system ·· 126

References ·· 133

Chapter 6 Time factor and its expression in
manufacturing process ························ 134

6. 1 Role of time in process and manufacturing process ··· 135

6. 1. 1 Connotation of time ·· 135

6. 1. 2 Characteristics of time ······································· 136

6. 1. 3 Time, clock and clock promotion plan ·················· 138

6. 1. 4 Time—basic and essential parameters ··················· 139

6. 2 Time factors in metallurgical manufacturing
process ·· 140

6. 3   Time factors in steel manufacturing process ·············· 148

  6. 3. 1   Importance of time factor in steel manufacturing
            process ·· 148

  6. 3. 2   Expression and connotation of time in steel manufacturing
            process ·· 148

  6. 3. 3   Mathematical expression of time concept in steel
            manufacturing process ·································· 150

6. 4   Time and continuity degree of steel manufacturing
       process ·· 154

  6. 4. 1   Continuity degree ······································· 155

  6. 4. 2   Actual continuity degree in the production operation
            process ·· 156

6. 5   Analysis of time factors in the process of thin slab
       casting and rolling ··· 162

References ·· 170

**Chapter 7   Macro operation dynamics and "interface"
             technology in metallurgical manufacturing
             process** ·· 171

7. 1   Dynamic characteristics of steel manufacturing process—
       operation expression and essence ······················· 172

7. 2   Operation mode of different procedures/devices in steel
       manufacturing process ···································· 176

7. 3   Macro-operation strategy of steel manufacturing
       process ·· 178

  7. 3. 1   Section divisions of operation strategy of production process
            in steel plants ··· 178

  7. 3. 2   "Pushing sources" and "pulling sources" in the upstream
            section of the production process in steel plants ·········· 179

7. 3. 3   "Pushing sources" and "pulling sources" in the downstream
section of the production process in steel plants ············ 181

7. 3. 4   Strategy of continuous operation of the mass flow in the
steel plant production process ································ 183

7. 4   "Interface" technology in the manufacturing process
of steel plants ·· 195

7. 4. 1   The meaning of "interface" technology and its importance
in structural integration   ································ 196

7. 4. 2   "Interface" technology in steel manufacturing
process ·· 203

7. 4. 3   Development trend of "interface" technology in modern
ferrous metallurgical engineering ························ 213

7. 4. 4   Re-understanding of "interface" technology in manufacturing
process ·· 213

7. 5   Influence of steel plant structure on operation dynamics
of its manufacturing process   ························ 215

References   ·· 218

Chapter 8   Dynamic design of the steel plant and its integration

Chapter 8   Dynamic design of the steel plant and
its integration   ································ 219

8. 1   Engineering design ··································· 220

8. 1. 1   Engineering and design   ···················· 220

8. 1. 2   Engineering design and viewpoint of integrated
innovation ·· 223

8. 1. 3   Engineering design and knowledge innovation   ········ 226

8. 2   Theory and method of the steel plant design   ········ 229

8. 2. 1   Background for the innovation of design theory and design
method of the steel plant ································ 229

8. 2. 2   Theory, concept and trend of steel plant design ········ 233

8. 2. 3　Innovation path of steel plant engineering design
method ……………………………………………… 240

8. 2. 4　Dynamic coupling in the dynamic—orderly operation of steel
manufacturing process …………………………………… 242

8. 3　Dynamic design of steel plants ………………………… 255

8. 3. 1　Difference between traditional static design and dynamic
design of steel plants …………………………………… 256

8. 3. 2　Core ideas on dynamic design of manufacturing
process ……………………………………………… 260

8. 3. 3　Model of dynamic design process ……………………… 262

8. 4　Integration and structure optimization …………………… 267

8. 4. 1　Integration and engineering integration ………………… 268

8. 4. 2　Structure of steel plants ………………………………… 272

References ……………………………………………… 276

Chapter 9　A discussion on the smart manufacturing
of process manufacturing industry …… 278

9. 1　How to understand the smart manufacturing of process
manufacturing industry …………………………………… 279

9. 2　Meaning and essence of the smart manufacturing of
process manufacturing plant ……………………………… 280

9. 2. 1　Meaning of smart manufacturing in the process
manufacturing industry …………………………………… 280

9. 2. 2　Cyber-physical system and the essence of smart
manufacturing ……………………………………………… 283

9. 3　Manufacturing process and dissipative structure ……… 287

9. 3. 1　Dissipative structure and process network ……………… 288

9. 3. 2　"Thinking based on the concept of the 'flow'" ………… 290

9. 3. 3　Understanding the constitutive characteristics of process

manufacturing from the view point of engineering

science ·· 291

9. 4   The smart manufacturing and its promotion path of

the manufacturing process   ··································· 296

9. 4. 1   The essential smart manufacturing of the manufacturing

process is the core   ·· 297

9. 4. 2   Promotion path of the smart manufacturing of steel plants

·· 299

9. 5   Methodology of the smart manufacturing in process

manufacturing industry   ·· 301

References   ··· 302

Chapter 10   Steel industry and low-carbon

development ································ 304

10. 1   Historical background of climate change   ·············· 304

10. 1. 1   Issues and facts of climate change ····················· 304

10. 1. 2   Actions on climate change ····························· 310

10. 2   Understanding of carbon peaking and carbon

neutralization ··· 311

10. 2. 1   Carbon peaking and carbon neutralization ·············· 311

10. 2. 2   History and current situation of global greenhouse gas

emission ·· 313

10. 2. 3   China's choices and actions   ························· 320

10. 3   Development of energy conservation and emission

reduction and CO_2 emission status of steel

industries   ··· 322

10. 3. 1   Development process of energy conservation theory in

China's steel industries   ······················· 323

10. 3. 2   Engineering practices of energy conservation and emission

reduction in China's steel industries ·················· 331

10. 3. 3   CO$_2$ emission status of steel industries of China and the
           world ······································· 334

10. 4   Discussion on the low-carbon development route of
        the steel industry ····························· 340

10. 4. 1   Carbon emission reduction targets and strategies of steel
           industries of China and the world ··············· 340

10. 4. 2   Scenario analysis of carbon peaking and carbon
           neutralization in steel industries ·············· 343

10. 4. 3   Roadmap assumption of low-carbon development of
           China's steel industries ······················· 348

10. 4. 4   Discussion on ideas and measures to achieve carbon
           peaking and carbon neutralization in China's steel
           industries ································· 351

10. 4. 5   Assumption of three types of processes in future steel
           industries ································· 355

10. 5   Towards low carbonization of steel industries ········· 360

References ··· 361

Acknowledgement ·· 364

Index ··· 366

List of figures ·· 376

List of tables ·· 382

第1章　论冶金学科的视野和架构

1.1　冶金学的范畴与视野

冶金学有着悠久的历史发展过程，至今仍在不断发展。从青铜器时代、铁器时代开始，冶金术开始发展，及至现代。从1925 年英国法拉第学会在伦敦召开"炼钢过程中的物理化学"会议开始，冶金学开始跨入了现代科学的发展进程。然而，冶金学有别于物理学、化学、生物学、地学、天文学等以研究自然物理现象为主要目标的基础科学。从根本上看，冶金学属于研究人工物世界的技术科学、工程科学范畴，重在研究发展现实生产力的工程知识、技术知识和工程科学知识。其知识的来源是多元化、多层次、集成、综合性的，不仅是只来源于基础科学。冶金学的知识着重在对各类要素、各类知识集成起来，并转化为现实的、直接的生产力，发明、集成、综合、转化是其特征。这是新工科发展过程中应该给予重视的。

经过近百年的探索、研究发展进程，当代冶金学已扩展为冶金科学与工程，已逐步形成了由三个层次的知识集成构建而成的框架体系，即（1）原子/分子层次上的微观基础冶金学；（2）工序/装置层次上的专业工艺冶金学；（3）全流程/过程群层次上的宏观动态冶金学。

近百年以来，从钢铁制造流程宏观动态发展的脉络来看，钢铁工业技术进步的方式大体上可以归纳为三种方式[1-3]（图1-1），即：

（1）工序功能集合解析-优化；

（2）工序/装置之间关系集合协同-优化；

（3）生产流程中工序/装置集合重构-优化。

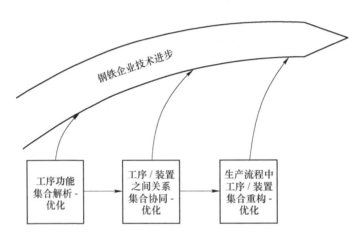

图1-1　钢铁企业技术进步的方式

第二次世界大战后，钢铁联合企业的生产流程发生了革命性的变化（图1-2），其中氧气转炉、连续铸钢堪称"颠覆性"技术，带动了钢铁冶金全流程的革新和优化。

石油危机以来，连续铸钢技术迅猛发展，连铸比快速上升，各主要产钢国中国、日本、美国、德国、韩国等均有此特征，见图1-3。

在钢铁工业发展进程中，冶金学的视野持续拓展，学科理论基础不断深化、发展，见图1-4、表1-1和图1-5。

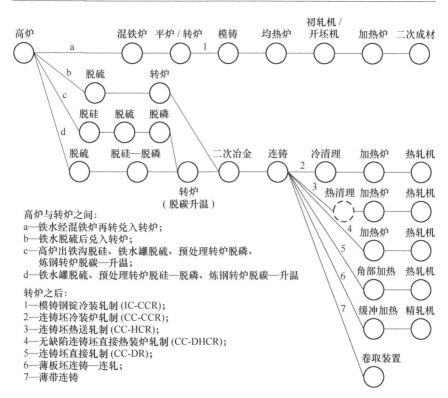

高炉与转炉之间：
a—铁水经混铁炉再转兑入转炉；
b—铁水脱硫后兑入转炉；
c—高炉出铁沟脱硅、铁水罐脱硫、预处理转炉脱磷、
　炼钢转炉脱碳—升温；
d—铁水罐脱硫、预处理转炉脱硅—脱磷、炼钢转炉脱碳—升温。

转炉之后：
1—模铸钢锭冷装轧制 (IC-CCR)；
2—连铸坯冷装炉轧制 (CC-CCR)；
3—连铸坯热送轧制 (CC-HCR)；
4—无缺陷连铸坯直接热装炉轧制 (CC-DHCR)；
5—连铸坯直接轧制 (CC-DR)；
6—薄板坯连铸—连轧；
7—薄带连铸

图 1-2　高炉—转炉—轧钢生产流程的演进[1, 2]

表 1-1　冶金学科不同时空尺度对比

层次	学科分支	时空尺度	基础的研究内容	研究方法特征	物理基础
微观（基础冶金学）	冶金物理化学、金属学等	原子、分子、离子	热力学函数能量关系；冶金反应化学亲和势	实验室测定平衡；相图研究；反应速率和机理测定	经典热力学，物质构造学说
介观（专业工艺冶金学）	冶金反应工程学（"三传一反"）、炼铁学、炼钢学、铝冶金学等	反应器、场域	反应器内介质浓度、温度、停留时间分布；颗粒液滴气泡弥散体系	数学和物理模拟；场域条件下参数测量；比拟放大	传输现象理论，线性非平衡热力学

续表 1-1

层次	学科分支	时空尺度	基础的研究内容	研究方法特征	物理基础
宏观(流程动态冶金学)	冶金流程工程学("三流一态")	冶金流程整体(全厂性)和区段流程(车间性)	多因子物质流控制;流程解析和集成;物质流-能量流-信息流协调运行	工程设计和模拟运行,流程动态运行优化和信息化表征、调控	牛顿力学(动力学),非线性、非平衡、开放系统热力学

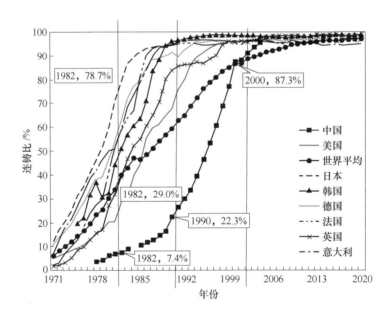

图 1-3　20 世纪 70 年代以来主要产钢国连铸比增长的比较

(数据来源:World Steel Association)

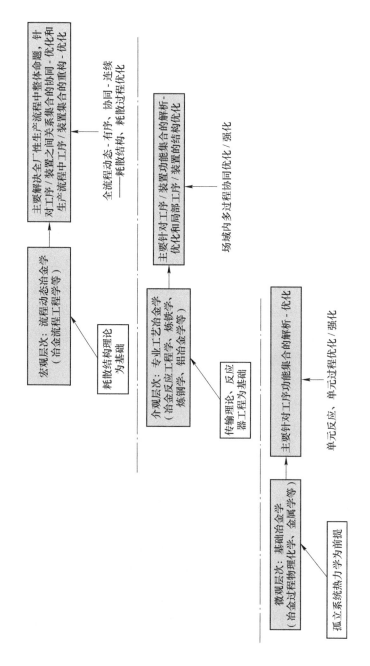

图 1-4 冶金学视野的拓展及其理论基础的深化

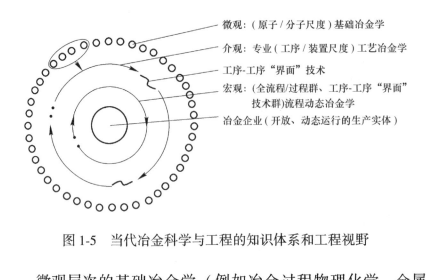

微观：（原子 / 分子尺度）基础冶金学

介观：专业（工序 / 装置尺度）工艺冶金学

工序-工序"界面"技术

宏观：（全流程/过程群、工序-工序"界面"
技术群）流程动态冶金学

冶金企业（开放、动态运行的生产实体）

图 1-5　当代冶金科学与工程的知识体系和工程视野

微观层次的基础冶金学（例如冶金过程物理化学、金属学等）以孤立系统热力学为前提，把研究对象抽象为简单问题，解释冶金工序中某些过程、某些功能，并为之提供基本原理，以利于解决工序功能集合解析-优化问题，但并不涉及工序/装置的结构性问题。

介观层次的专业工艺冶金学（例如冶金反应工程学、炼铁学、炼钢学、铝冶金学等）以传输理论和反应器工程理论为基础，解决不同工序/装置功能集合的解析-优化和工序/装置的局部结构优化问题。

宏观层次的流程动态冶金学（例如冶金流程工程学）以耗散结构理论为基础，解决开放-动态系统中的复杂问题，针对的问题是冶金企业生产流程中的整体优化命题，包括静态结构框架优化和流程动态运行优化以及两者的有机结合，解决工序/装置之间关系集合的协同优化和生产流程中工序/装置集合的重构优化，涉及全局性、全流程的结构-功能-效率优化，即以冶金工厂物理系统优化与信息工程、环境生态工程交叉，解决冶金工厂的绿色化、智能化等全局性的战略命题。

可见，随着不同层次科学问题研究的深入，学者们的研究目标、研究领域不断拓宽，知识交叉日益推进，认识问题的视野发生了层次性跃迁，并进而嵌套集成为一个新的知识结构，即不囿于经典热力学孤立系统观念，转以耗散结构理论为基本观点，跨入探索冶金企业生产流程中所涉及的各类过程群的集成优化、结构优化领域，研究的对象发生了变层次、变轨的跃迁——冶金制造流程的整体层次上。同时，扩大了研发领域，既引导企业全流程中所涉及的过程和过程群的自组织结构以及他组织调控过程中共同形成的耗散结构和耗散过程优化的研究，又引导新的工程设计、工程运行的理论和方法。作者于2004年、2009年、2011年出版的《冶金流程工程学》（中文第1版、第2版，英文版)[1-3]和2013年、2016年出版的《冶金流程集成理论与方法》（中文版、英文版)[4-5]即属此范畴。当代冶金学发展的战略目标随着时代的发展，发生了战略性的变化，当代冶金学的战略目标除了制造新一代产品以外，还要聚焦于冶金工厂的绿色化（绿色、低碳、循环发展）和智能化发展（智能化设计、智能化生产、智能化服务、智能化管理等）。

1.2 冶金学的时代命题

进入21世纪，冶金工业的共性时代命题是绿色化、智能化。绿色化、智能化都是整体性、系统性命题，需要原子/分子层次、工序/装置层次、制造流程层次等三个层次的科学及技术来支撑。随着时代发展，冶金学的研究视野应该拓展。

近100年来，冶金学总是局限在微观层次的基础冶金学（冶金过程物理化学、金属学等）和介观层次的专业工艺冶金学（冶金反应工程学、炼铁学、炼钢学、铝冶金学等）两个层次的架构上，缺乏对工厂整体的、全流程集成的宏观层次的流程动态冶金学，实际上是传统冶金学的架构和层次性的缺失，这种缺失不利于冶金制造流程整体优化的涌现。面对冶金工业、冶金企业绿色化、智能化这一时代命题和战略目标的需求，急需形成一个"三个层次、相互嵌套、综合集成"的冶金科学与工程学科体系。通过新发展的宏观层次的流程动态冶金学（冶金流程工程学）将冶金生产流程中的各类过程/各级过程整合起来，通过流程结构优化、功能拓展、效率提升的整体涌现性来推动企业的绿色化、智能化转型。

有鉴于冶金生产过程的实质是在开放、动态的流程系统中，通过输入/输出"流"在耗散结构中动态-有序、协同-连续运行并实现多目标优化[1]，冶金科学与工程的知识必须要将微观层次的基础冶金学的知识、介观层次的专业工艺冶金学的知识和宏观层次的流程动态冶金学的知识相互嵌套、集成综合起来，形成一个集成化、工程化的知识体系。这个知识体系，既要面向工程科学、工程技术、工程设计，又要面向工程决策、工程管理、工程评估甚至关联到工程哲学等。这是观察研究当代冶金科学与工程应有的视野和思路。

时代命题不仅分别需要三个层次的科学技术支撑，更进一步要求将三个层次的知识通过数字化、信息化手段集成为工程科学，站在工程科学的立场上，打通制造流程、沟通三个层次，开创新的学说。也就是要将以原子/分子层次为研究对象的微观层次的基础冶金学、以工序/装置为研究对象的介观层次的专业工艺冶金学和以制造流程为研究对象的宏观层次的流程动态冶金学关联起来，建立冶金流程学新学说。这种集成综合学说，需要各种形式的新的自组织学说和与之相应的结构化理论和方法，需要确立开放、动态、结构（网络）、时空序（程序）、耗散等新概念，特别是要建立起"流"的概念，以"流"观化。"流"是冶金企业运行的主体、整体，这是根本立场——"流"乃本体。一切整体性、系统性、战略性问题，都应站在制造流程的层次来观察、研究"流"的运行规律和变化的方向，评估其价值——以"流"观化。

1.2.1 "打通流程，沟通层次，开新说"

随着 21 世纪来到，制造业特别是流程制造业的矛盾不是供给量的问题，其根本命题已经转化为市场竞争力和可持续发展问题。

市场竞争力和可持续发展问题看似产品竞争，若进一步深究，则是制造过程和供应链的竞争及其与生态的和谐问题。换个角度说，也就是从企业发展的根本命题出发，转化成为新时代的时代命题——绿色化、智能化。

制造过程和供应链的竞争以及生态和谐则取决于对制造流程的本质理解、工程设计和流程运行过程的合理构建与调控。

为了深入理解流程制造业的物理本质和运动规律，应该将制造流程作为一个整体来认识，并对流程的物理特征、信息内涵进行深入的理论研究，这需要新的研究视野，建立新的概念。我们需要将原有理论进行系统链接、沟通层次，"开新说"。

"打通""开新说"是源于时代进步，判断出新的战略目标——绿色化、智能化，需要有新的视野（不仅是生产产品）、新的概念（开放、动态、自组织结构、涌现、耗散等）、新的术语（"流""节点""链接件""流程网络""运行程序"等）和新的方法（解析-集成、整体论-还原论结合的方法等），建立新的学说来引导产业可持续发展，促进社会和谐。

绿色化、智能化在目标上虽有区别，但在本质上是关联的。说到底都是制造过程乃至使用过程中耗散的相对"最小化"。

新视野的拓展、新概念的建立就是要冲破孤立的、封闭的、静态的概念束缚，以开放、动态系统的自组织理论来理解制造流程的结构、功能，以及各种行为和运动规律。确立"流"的观念，以"流"观化。

这就是：开放生"流"，"流"者必动，动者循"网"，"网"动依"序"，"序"关耗散。体现出："流"乃本体，以"流"观化，以耗散结构理论为支撑，拓展出新的视野和观念。

1.2.2　针对"缺失"谋求"升级"——"美"的转变

如前所述，1925 年在伦敦召开"炼钢过程中的物理化学"会议，使冶金学跨入科学化进程；第二次世界大战以后，钢铁工业中出现了氧气转炉、连续铸钢两个颠覆性技术，引起了钢厂生产流程的变革，冶金学又得到飞速发展。然而在传统冶金学理论上存在着一些缺失，表现为：

（1）局限在孤立的、封闭的、静态的概念上讨论、认识问题，缺乏开放、动态、结构的概念，时空概念局限在微观、介观的尺度上，缺乏宏观尺度上的输入/输出的时空概念，静态平衡概念束缚着动态运行概念。

（2）缺乏层次性关联、结构性设计观念，忽视流程整体动态运行的有序性、协同性、涌现性、稳定性等方面的深入研究。

（3）排斥或忽视了工序/装置之间关系的合理性、稳定性、协同性研究，存在"界面"技术的研究缺失，导致自组织涌现缺失和制造流程整体优化缺失。

概括地说，冶金学长期以来囿于以"孤立系统"的概念来处理问题，或以"封闭系统"的概念来处理场域层次上的问题，特别是工序/装置层次上的问题。这些概念是有用的，但对于研究和解决流程层次上的问题还远远不够，必须挣脱"孤立系统"概念的束缚，以整体、开放、动态、结构、网络、程序、耗散等新概念来重新审视和研究全流程的整体动态优化问题，而这些正是传统冶金学缺失的。

针对"缺失"就是导向，就是新目标，所谓问题导向也。

今日长缨在手，何时缚得苍龙。

苍龙是冶金工业的绿色化、智能化，是时代大命题。其根本是物理系统——制造流程，长缨是"流"的优化，流程结构及其时空序的动态优化。潜心找长缨——研究制造流程，意在缚"苍龙"——冶金工厂转型升级（绿色化、智能化）。

"流"的物理体现包括物质流、能量流、信息流。"流"的运行优化重在自组织"涌现"——出现动态-有序、协同-紧凑-连续的状态。自组织涌现与物质运动、能量转换、时空变化等因素集成起来形成的动态结构优化、耗散结构优化有关——全流程整体耗散过程优化。也就是说要以质、能、时、空、信息等方面序参量的演化"涌现"出层级化的结构，进而从层级化的结构"涌现"出整体优化的制造流程——"天外有天"，层层嵌套、协同运行、流程整体和谐运动。

事物演化是分层次的，新事物生成是"涌现性"的，是层次性与结构美的统一。联想、类比体现着人的思维的分维分形性，事物运动、演化过程中某些相似性，会唤起人的新的想象、感受和意念。

微观（原子/分子）、介观（工序/装置）、宏观（制造流程）三个层次之间协同演化，组成了和谐的系统整体，体现出分维分形演化生长的状态和规律。

是时候了，冶金学应该上升到以"流"观化的观念，发新论。新的冶金学理论应该是微观基础冶金学（原子/分子层次的）、专业工艺冶金学（工序/装置层次的）和宏观动态冶金学（制造流程层次的）三个层次的冶金学，通过信息、数字化路径集成、融合构建起来的工程科学。以此推进钢厂三个功能的实现——低成本、高效率洁净钢制造功能、能源的高效转换和及时回收利用功能、社会大宗废弃物的消纳-处理和再资源化功能[1]，进而促进钢铁企业（冶金工厂）的绿色化、智能化。

1.3　冶金流程工程学的形成与发展

可见，传统冶金学仅停留在基础科学的领域内，或是局限在技术科学的层次上，很难协同地解决冶金工厂生产运行和工程设计中实际存在的许多复杂问题，并将影响到信息技术有效地贯通在整个冶金生产流程中。

过程工程（包括流程工程）是一门非常宽阔的、边界不断扩展的学科领域，传统的冶金学科领域正被一些新的知识领域补充或交叉。现在，对于包括钢铁工业在内的流程工业中的科学问题可以被孤立地研究的时代大体上已成为过去，而摆在我们面前的是学科交叉、沟通不同层次的工程科学时代。

我们曾经学习并接受过抽象的、静止的观点和分割开来分析问题的方法，然而随着时代的进步，动态的、开放的、系统的观点已在几乎所有的科学领域中推广。系统性、开放性、复杂性、不可逆性、不确定性的事物广泛地存在于现实世界中，而这些问题是不能依靠纯粹的、经典的热力学方法去解决的，孤立系统热力学已经很难适应过程工程层级上的开放性、动态性、复杂性、不可逆性和不确定性的命题。

冶金制造流程是一类非平衡态的动态开放系统，它是由一系列相关的、功能不同的且随机涨落的异质单元工序（装置）通过一系列"界面"技术集成构建出来的。单元工序之间以及单元工序与流程之间通过"涨落"和"非线性相互作用"形成某种自组织性[2]。为了提高冶金制造流程的自组织程度，并形成动态-有序、协同-连续运行的耗散结构，需要一定的他组织手段的帮助，这些他组织手段包括：设计好优化-简捷的流程网络、编制动态-有序的运行程序以及通过信息技术动态地调控好合理的物质流、能量流和信息流等，为的是调控单元工序（装置）在合理的"涨落"范围内动态运行，并使单元工序之间形成动态稳定的非线性耦合关系，以提高流程系统运行的自组织程度，并形成期望的耗散结构。这种耗散结构体现为流程系统整体的动态运行过程的协同性、连续性、紧凑性和节律性，最终实现过程（流程）中物质、能量、时间、空间、信息的耗散优化。

在冶金制造流程这样的动态开放系统中，刻意片面地去追求局部的平衡，处理不当时，甚至会引起整个流程系统的混沌-无序化，从而导致流程整体运行过程耗散增大[4]。

当冶金制造流程运行的静态框架确定后（例如总平面图等），流程系统内物质流保持"协同-有序-连续-紧凑"运行的基本参量是"物质量""时间"和"温度"。也就是说，"物质量""时间"和"温度"是物质"流"贯通冶金制造流程和各异质单元工序的基本参量。

冶金制造流程的动态运行过程是不能脱离时间-空间参数的。"流程运行""动态-有序""连续-紧凑"等概念都与时间-空间参数直接相关。特别是时间之矢的不可逆性必须引起高度重视。时间因素从根本上影响着耗散结构的形成和过程耗散的大小。时间序、时间点、时间域、时间位、时间周期、时间节奏、时间程序、时-空结构等在经典热力学中是极少涉及的问题，而在冶金工厂现实生产实践中却比比皆是，是必须面对的问题。其原因很简单，因为现实过程工程中的科学命题已不仅是抽象的孤立系统中单一的静止目标问题，而是已经扩展到动态的多目标、多尺度综合优化问题。

耗散结构理论[6]作为一种面向开放的非平衡系统的自组织理论，从一般物理科学上揭示了动态开放系统的性质和规律，可以说解决了基础科学理论问题。然而，要将基础科学的一般理论转化为工程科学理论，再将工程科学理论转化为工程设计的理论和方法，转化为工业生产运行过程的运行调控技术和组织方法，进而引导新技术开发，特别是共性、关键技术的开发，都需要相关领域的专家、学者长期的不断努力和合作。我们也许正处在这一时期——用耗散结构理论、协同论[7-8]、系统论[9]、信息论[10]等理论和方法来推动流程（过程）工程的发展，指导工程设计和企业的生产运行以及投资方向，并指导流程制造业的产业升级。

1.4　冶金流程学的提出

冶金流程学是在《冶金流程工程学》[1-3]、《冶金流程集成理论与方法》[4-5]的基础上进一步深化和提炼的系统研究成果，其理论基础之一是开放的、非平衡系统热力学，其特征是流程系统与环境之间不间断地进行物质、能量和信息的交换，换言之，系统结构在与环境的共生之中而存在。不断输入流程系统的负熵流可以抵消流程系统运行过程的熵产生。开放系统一定是动态的，动态运行除了具有物质、能量的含义以外，还一定具有时间、空间含义，当然，还有相关的信息含义；离开时-空概念来讨论动态运行是没有意义的，也是不可能的。在钢厂内部碰到的过程问题主要有三类：第一类是分子和分子、原子和原子之间的过程，例如还原过程、氧化过程等；第二类是装置或工序的运行过程，例如高炉、转炉、连铸机等运行过程；

第三类是车间或工厂运行的流程。这三类过程之间有层次关系、结构关系——体现为层次性、结构性、整体性。那么，要使得流程整体的动态运行能够实现多目标优化，必须建立在过程耗散最小化的基础上，要实现过程耗散最小化就应有一个合适的耗散结构（结构不好，耗散就大；结构好了，耗散相对就小）。那么什么叫结构？结构一定是由物质、能量、时间、空间、信息五位一体所组成的。要谈结构，一定会涉及静态结构和动态运行的要素（节点、流程网络、运行程序等），并涉及要素之间的作用关系和层次性，一定要有时-空观念；而就静态结构而言，"时"（时间）的概念不明显，但"空"（空间）的概念还是有的，并且空间的因素往往因总平面图等的确定而被"固化"了。当然，在某些条件下，流程动态运行过程中的某些"空间"性的因素也可以间接地转化为"时间"的效果或价值。简言之，生产流程的结构体现着不同工序或不同节点之间的相互作用关系和动态运行的程序。

　　冶金制造流程是由相关的异质异构的工序/装置通过一系列"界面"技术按照一定的结构构成的、集成的动态运行系统，包括连续性/准连续性的操作方式和间歇性的操作方式。怎样才能把这些差别很大的众多单元工序/装置组织成协调一致的运动？必须把运动的重要参数之一——时间作为目标函数来分析处理。在耗散结构和自组织理论指导下，把看起来变幻无常的问题转变为动态-有序的、逻辑一致的运动，也就是组织成为动态-有序、协同-连续运行的"流"。由于"流"的运动具有时-空上的动态性、矢量性和过程性，在"流"的动态运行过程中其输出/输入具有矢量动态特征，而"流程网络"实际上是"流"运行过程的空间-时间框架，为了减少运行过程的耗散，必然要求"流程网络"简捷化、紧凑化；优化的"流程网络"是十分重要的，否则就会导致"流"的运行过程出现无序或混沌。"流程网络"（例如工艺流程图、总平面图等）直观地表达了空间概念、空间因素，实际上也间接或直接地表达了时间因素，表达了某些时间程序性的规则。这一点在冶金工厂的生产运行和/或工程设计过程中应作为重要的指导原则之一。也就是说在思考制造流程的工程科学中，建立起"流""流程网络"和"运行程序"的概念是十分重要的，是制造流程动态运行的基本要素。

　　"流"的动态过程性质，必然蕴含着"运行程序"，流程的"运行程序"实际上在很大程度上是"他组织"的信息指令。"流程网络"优化和"运行程序"合理，则促进"流"进入动态-有序、稳定状态；反之，如果"流程网络"欠佳，"运行程序"不合理或是失稳，则将导致"流"进入混沌、失稳状态。

　　为了实现开放系统中"流"的持续不断地输入/输出过程的优化，应该建立起优化的"流程网络"和合理的"运行程序"，这样可以使开放系统中的"力"和"流"之间通过非线性相互作用（这将体现为一系列"界面"技术——链接件），形成功能的、空间的、时间的自组织系统——动态-有序化的运行系统。也就是说，通过构建一个合理、优化的"流程网络"（如平面图等），随着"流程网络"中各个"节点"运动的"涨落"以及各"节点"之间链接件（"界面"技术）的相干、协同关系，可以形成一个非线性相互作用的场域（动态结构），并通过编制一套反映流程动态运行物理本质的自组织、他组织调控程序，实现开放的流程系统中各运行工序/装置之间的非线性"耦合"，从而形成开放系统合理的"耗散结构"，使"流"在动态-有序运行过程中耗散"最小化"。

　　如此，以开放复杂系统的整体论、层次论、耗散论思维为基础，进一步探索冶金制造流程工程设计和生产流程动态运行的理论和方法，其中涉及如下的理论和方法。

1.4.1 动力论

经过对钢厂生产流程中不同工序和装置运行方式的观察分析，可以看出不同工序/装置运行过程的作业方式是有所不同的。例如：烧结机、高炉的运行过程从运行方式上看是连续的，转炉/电炉运行过程从作业方式上看是间歇的；铁水预处理和二次精炼装置的运行过程从运行方式上看也是间歇的，连铸机的运行过程则是连续/准连续的，加热炉的运行过程是连续/准连续的，但出坯方式则是间歇的；轧件在热连轧机的轧制过程是连续的，而对轧机而言，其轧件的输入/输出方式则是间歇的，当实现半无头轧制、无头轧制时，将有助于提高连轧机运行的连续化程度。如果进一步对整个钢厂生产流程的协同运行过程进行总体性的观察、研究，则可以看出不同工序/装置在流程整体协同运行过程中扮演着宏观运行动力学中的不同角色。从钢厂生产过程中铁素物质流的运行时间过程来看，为了生产过程的时钟推进计划的顺利、协调、连续地执行，钢厂生产流程中不同工序和装备在运行过程中应该分别承担着"推力源""缓冲器""拉力源"等不同角色。

一般可以将整个钢厂的生产流程分解为两段，即上游段是从炼铁（包括球团、烧结等）开始到连铸，下游段是从连铸出钢坯开始到热轧过程终了。上游段主要是化学冶金过程和凝固过程（主要是金属的液态过程），下游段则是铸坯的输送、储存、加热（均热）、热压力加工、形变和相变的物理控制过程（主要是高温金属的固态过程）。由此，可以从高炉、连铸、热连轧机三个连续/准连续运行"端点"的连续运行动力学特点入手，对生产流程整体运行的宏观动力学进行解析-集成。可以说，对于上游段而言，连铸的连续运行是"拉力源"，高炉的连续运行是"推力源"，中间工序/装置（炼钢

炉、铁水预处理/二次冶金等）是物质流连续运行过程中的
"缓冲器"；对于下游段而言，连铸机高温出坯是"推力源"，
轧机连续轧制运行是"拉力源"，中间工序/装置（钢坯库、
加热炉、辊道等）是"缓冲器"。

　　流程连续/准连续运行"动力论"的运行规则（即流程宏
观层次上的协同运行规则）理应是：间歇运行工序/装置的运
行规则应该适应、服从连续运行工序/装置的运行规则；连续
运行工序/装置的运行规则要引导并规范间歇运行工序/装置的
运行规则；低温状态工序/装置的连续运行应适应、服从高温
状态工序/装置的连续运行；当存在工序/装置间有串联-并联
结构的情况下，物质流在工序/装置之间应尽可能保持"层流
式"运行的状态。这些运行规则和宏观运行动力学原理都是
为了促进实现物质流动态-有序、协同-连续运行，使之过程耗
散优化。

1.4.2　结构论

　　现代化的钢厂制造流程不应是各单元（工序/装置等）的
简单堆砌、叠加、拼凑，它应以整体论、层次论、耗散结构理
论为基础，通过动力论、协同论等机理研究，构建出合理的、
动态-有序的流程结构来实现特定的功能和卓越的效率。所谓
流程结构是指制造流程内具有不同特定功能的单元工序构成的
集合和各单元工序之间在一定条件下所形成的非线性相互作用
和动态耦合关系的集合。流程结构的内涵不只是制造流程内各
工序的简单的数量堆积和数量比例，更主要的是单元工序功能
集的优化，单元工序之间关系集的适应（协调）性，时-空关
系的合理性和制造流程整体运行过程的动态协调性。因此，流
程内各组成单元（工序或装置）的功能及参数应在流程整体
优化的原则指导下进行解析-集成。即以流程整体动态运行优

化为目标，来指导组成单元的功能及其参数优化和单元之间的关系优化（体现为顶层设计和层次结构设计），并以单元工序/装置优化和单元工序/装置之间关系优化为基础，通过层次间的协调整合，促进流程动态运行优化。具体包括如下内容：

（1）选择、分配、协调好不同工序/装置各自的优化功能（域），这些工序或装置的功能（域）是有序、关联地安排的，进而建立起解析-优化的工序功能集合，即建立起工序功能集合解析-优化的节点。

（2）建立、分配、协调好单元工序/装置之间的相互连结、协同关系，构筑起协同-优化的工序之间关系集合，即建立起节点-节点之间协同关系优化的链接件。

（3）在工序/装置功能集的解析-优化和它们之间关系集的协调-优化的基础上，集成、进化出新一代流程的工序/装置集合，实现流程系统内工序/装置组成的重构-优化，即构建起优化的"流程网络"，并确立优化的"运行程序"。力争出现流程整体运行的"涌现"效应（例如高效率、低成本的洁净钢制造平台，能源高效转换并及时回收利用的能量流网络体系等），并推动新一代简捷、紧凑、协同、高效的流程结构的涌现，其实质是制造流程的耗散结构优化和耗散过程优化。

1.4.3 连续论

时间因素是研究开放的冶金制造流程动态运行过程不可脱离的重要参数。"物有本末、事有终始"，一切事物的变化，各种过程的演变都是在时间坐标中展开的。没有时间概念就谈不上运动变化，也更谈不上过程和流程。运动速度、变化速率、动态耦合、协调运行都要通过时间来表现。出于对制造流程运行过程的协调和连续以及便于调控的需要，应该研究时间在制造流程运行过程中的表现形式，即时间的表现形式已不能仅仅简单地表现为某些过程所占用的时间长短，而是以时间序、时间点、时间域、时间位、时间节奏、时间周期等形式表现出来[1-3]。为了实现制造流程的连续化和准连续化，时间参数不仅是一个重要的动态自变量，同时必须将时间作为目标函数来研究分析它在制造流程各单元工序/装置本身以及各单元工序/装置相互之间协调（集成）过程中的作用和含义。在包括冶金工业在内的流程制造业中，制造流程的连续化程度是技术进步、企业的市场竞争力和可持续发展潜力的标志，也往往成为科技界、企业界追求的技术经济目标之一。

基于制造流程的连续化/准连续化和紧凑化的总体性命题，必须以制造流程的动态-有序、协同-连续为运行目标（吸引子），注重研究运行程序优化与网络化整合的动态过程集成，将整个制造流程有效地衔接、匹配、协调、贯通起来，形成一种整体优化的、连续化（准连续化）和紧凑化的制造流程与工程系统。

1.4.4　嵌入论

所谓"嵌入论"是要将较小时-空尺度的、较低层次的运行（运动）过程恰当地、有效地嵌入时-空尺度更大、过程更复杂、更高层次的开放系统的过程中去。这实际上是一种多尺度的集成理论和方法，其中包括"层次性嵌入"和"协同-连续性嵌入"等需求方式。

将过程工程的层次性概念与多尺度关联的"嵌入论"相结合，可以使不同层次的运行过程纳入一个统一的、层层嵌套的完整的协同体系中，并有利于指导流程体系的网络化整合和动态运行程序的建模。

设计也好，生产也好，管理也好，都是要考虑开放系统的动态运行特征的。在确立物质流、能量流、信息流等概念的同时，必须联系与之相应的时-空概念、层次概念和跨层次耦合，即单元操作、单元反应的选择、优化必须和工序/装置的动态运行程序联系起来，工序/装置的动态运行过程必须能有序、有效地嵌入上一层次流程的动态运行过程中。也就是说，制造流程的动态运行是由不同单元工序/装置的运行过程和不同层次的协同运行（运动）过程集成起来的，集成的原则是有关分子尺度的运动过程要能够嵌入相关装置/工序尺度上的动态运行过程中去，装置/工序尺度的动态运行过程要能够嵌入制造流程尺度上的动态连续过程中去。

对于同一层次的运行过程，例如工序/装置之间的动态运行过程，也有"嵌入性"问题，这往往是出自流程整体协同-连续运行的需要，会对不同工序/装置运行的时间、空间、功能集提出"嵌入性"的参数要求，而且不能脱离优化的"界面"技术的支持，以实现上下游工序/装置的协同-连续运行的目的。如此，方能使整个制造流程实现动态-有序、连续-紧凑、协同-稳定的运行。

1.4.5 协同论

协同学是关于一个由大量的子系统所组成的整体系统，在一定条件下，子系统之间如何通过非线性相互作用而产生协同现象和相干效应，使系统形成有一定功能的自组织结构，进而使系统在宏观上产生功能结构、时间结构、空间结构或时-空结构，并出现新的、整体的、有序状态的学问。可见，协同论是关于多组元系统如何通过子系统的协同行动而导致整体结构有序演化的自组织理论。

在流程系统动态运行过程中，协同论作为一种理论和方法，其意义在于帮助认清各单元工序/装置之间如何引起非线性相互作用，如何实现非线性相互作用和动态耦合并使系统处于稳定状态。具体而言，通过协同学理论和方法，在工程设计、生产运行和管理调控上可以落实到编制原料场—焦化—烧结(球团)—高炉过程动态运行的甘特（Gantt）图；可以落实到高炉出铁—铁水预处理—炼钢炉—二次精炼—连铸过程动态运行的 Gantt 图；可以落实到铸坯运输—加热炉—热连轧机—卷取机/冷床过程动态运行的 Gantt 图。也可以指导建立起工序/装置之间新的"界面"技术，更有利于指导制造流程（过程工程）中网络化/程序化整合、集成，推动建立新一代生产流程及其新的"界面"技术。

1.4.6   功能论

对于包括钢铁企业在内的流程制造企业而言，制造流程具有广泛的关联性和很强的渗透性。钢铁制造流程的总体性功能（钢铁产品制造功能，能源转换功能、废弃物消纳-处理和再资源化功能）是由多个工序的功能相结合而涌现出来的，但绝非各单元工序功能的简单堆砌和叠加。各工序的功能必须相互协调和配合，使制造流程的功能达到完善的状态。制造流程将影响到企业的诸多市场竞争力因素（包括综合成本、物质/能源消耗、产品质量、产品品种、生产效率、投资效益等）和可持续发展能力的许多方面（例如资源、能源的可供性，生产过程的排放和对环境的影响，构筑工业生态链，处理和消纳社会大宗废弃物甚至关联到通过生态化转型融入循环经济社会等）。因此，不应将制造流程局限地看成只是生产产品的工艺技术问题。钢厂的制造流程直接关联到钢厂功能的定位和社会、经济角色。通过对钢铁制造流程动态运行过程的物理本质研究，可以清楚地看到，现代和未来的钢厂应定位于高效率、低成本的洁净钢产品制造功能、能源高效转换和及时回收充分利用功能和大宗社会废弃物处理-消纳-再资源化功能。

1.4.7 归纳

冶金流程学是在《冶金流程工程学》与《冶金流程集成理论与方法》两本专著的基础上，在理论上进一步深化和提炼，以新的概念、新的术语、新的模型来阐述冶金制造流程整体动态运行问题，研究了流程型制造流程的共性特征，突出了"以流观化"和耗散以及耗散结构的概念，突出了流程物理系统的本构特征与耗散结构的关系，突出了流程的自组织性和人为输入的他组织力的关系，讨论了钢厂动态精准设计和集成理论，讨论了流程制造业智能化的内涵和推进方向，讨论了钢铁与低碳化发展的时代命题。

冶金流程学的研究内容主要包括：

（1）论冶金学科的视野和架构；

（2）开放系统与耗散；

（3）冶金流程动态运行的物理本质和基本要素；

（4）制造流程物理系统的本构特征与耗散结构；

（5）制造流程的"自组织性"与"他组织力"；

（6）制造流程中的时间因子及其表现形式；

（7）冶金制造流程宏观运行动力学和"界面"技术；

（8）钢厂的动态精准设计和集成；

（9）关于流程制造业智能化的讨论；

（10）钢铁与低碳化发展。

研究冶金流程学的意义在于：

（1）对冶金学理论的层次性开拓；

（2）揭示"流"的概念，研究冶金流程网络化、结构化集成的规律和方法；

（3）为促进冶金过程群程序化、协同化运行和推动冶金工厂绿色化、智能化发展提供理论支撑。

　　冶金流程学是一个新的冶金学分支，其定位是总体集成的冶金学，顶层设计的冶金学，宏观动态运行的冶金学，工程科学层次上的冶金学，具有时代创新性。

参 考 文 献

[1] 殷瑞钰. 冶金流程工程学 [M]. 北京：冶金工业出版社，2004.

[2] 殷瑞钰. 冶金流程工程学 [M]. 2 版. 北京：冶金工业出版社，2009.

[3] YIN Ruiyu. Metallurgical process engineering [M]. Beijing：Metallurgical Industry Press，and Verlag Berlin Heidelberg：Springer，2011.

[4] 殷瑞钰. 冶金流程集成理论与方法 [M]. 北京：冶金工业出版社，2013.

[5] YIN Ruiyu. Theory and methods of metallurgical process integration [M]. San Diego：Academic Press，Elsevier Inc.，and Beijing：Metallurgical Industry Press，2016.

[6] 尼科里斯，普利高津. 探索复杂性 [M]. 罗久里，陈奎宁，译. 成都：四川教育出版社，1986：1-23.

[7] 哈肯. 高等协同学 [M]. 郭海安，译. 北京：科学出版社，1989.

[8] 霍兰. 隐秩序 [M]. 周晓牧，韩晖，译. 上海：上海科技出版社，2000.

[9] VON Bertalanffy L. General system theory：Foundations，development，applications [M]. New York：Georges Braziller，Inc.，1968.

[10] SHANNON C E. A mathematical theory of communication [M]. Bell System Technical Journal，1948，27 (3)：379-423.

第2章 开放系统与耗散

2.1 流程系统动态运行过程及其物理层次

钱学森早在 1947 年夏天，在浙江大学、上海交通大学和清华大学为工科学生所做的"工程和工程科学"演讲中指出[1]："有关冶金的工程科学的实际进展，超越吉布斯相律的应用并不多……换句话说，在实际工程和科学研究之间存在一个宽阔的空隙，对待这一空隙必须架起桥梁。在冶金领域中努力利用物理理论将不仅会对大量积累的经验数据作出系统的解释，而且一定会在材料开发的领域揭示出新的可能性。"他还指出："物理学家的观点与工程科学家的观点之间有一个基本差别。物理学家的观点是纯科学家的观点，主要兴趣在于把问题简化到这样的程度，从而能找出一个'精确'的解答。工程科学家则更有兴趣去求取提交给他的问题的解答。问题将是复杂的，所以只指望找到近似的解答，然而对于工程目的来说却又足够精确。"

钱学森先生有关工程科学的论述，对当今工程领域仍有指导意义，值得进一步深入学习和理解。实际上，作为国民经济重要基础的流程制造业（例如冶金、化工、建材、造纸等），有着共同或相似的工程和工程科学命题，这就是流程工程与过程工程问题。流程制造业运行的本质是过程、过程群与过程结构的动态集成。

2.1.1　流程系统动态运行过程的混沌现象

在流程制造业（包括冶金工业内）的生产运行过程中，伴随着复杂的、密集的物质流、能量流和相关的信息流。当流程系统动态运行时，其不同层次过程运行的状态有可能处于无序的、混沌的或者有序的状态。对无序、有序的理解，用不太严格的通俗说法，即可以把有序理解为事物之间有规则的相互联系，把无序理解为事物之间不规则的相互联系。纯粹的有序或无序只是理论抽象，真实系统的有序或无序是相对的。至于复杂系统，有序与无序总是相伴而生的。那么如何理解混沌呢？

哈肯认为混沌（chaos）的技术意义指的是无规则运动。他给"混沌"下的定义是："混沌性多来源于决定性方程的无规则运动"[2]。我国学者郝柏林认为混沌是确定论系统的内在随机性[3]。混沌又常被称为"内随机性""自发随机性"或"动力随机性"。

"混沌"并不等于"混乱"，混沌状态与无序混乱状态有本质的差别。无序与混乱是在分子运动的尺度上定义的，例如墨水溶液中分子处于高度无序的混乱状态。而混沌所指的无规律状态是从宏观尺度上定义的，例如湍流等。正是为了区别，那些在宏观上无规律（即平常意义上的无序）但在微观上有序的状态才称为混沌状态。郝柏林指出："混沌决不是简单的无序，而更像是不具备周期性和其他明显对称性的有序态。在理想状态下，混沌状态时有无穷的内部结构，只要有足够精密的观察手段，就可以在混沌态之间发现周期运动或准周期运动，以及更小的尺度上重复出现的混沌运动"。

混沌是非常普遍的自然现象，在钢铁制造流程等制造流程的运行过程中，也是常见的现象。

2.1.2　三类物理系统

　　系统的、发展的观点有助于克服还原论方法的局限性和片面性。埃里克·詹奇（Erich Jantsch）曾转引普利高津（Ilya Prigogine，1917~2003）的建议[4]：在物理学中我们至少必须区分、探索和描述的三个层次，这三个层次彼此之间不能相互归结，即：

　　（1）经典力学❶或牛顿力学。牛顿用力学的术语描述了质点的相对位置或速度。它把世界还原为质点的轨迹或空间-时间曲线。即质点从 A 点到 B 点的运动完全是可逆的，例如牛顿运动方程 $F = m\dfrac{\mathrm{d}^2x}{\mathrm{d}t^2}$ 所描述的过程，其中时间是绝对的和反演对称的。质点运动的推动力由外部提供，不存在自组织……牛顿力学是严谨的科学，能准确描述和预测物体的运动。利用周期性运动可以准确测定时间，而且不区分时间的方向。因此，经典力学变成了某个质点的"纯"运动的理想化描述。然而"脏"的现实却包含着种种冲突、碰撞、交换、相互激励、挑战和强制性，还伴有复杂性和集合性。

　　（2）经典热力学或平衡态热力学。以卡诺的研究为基础，1852 年克劳修斯建立了热力学第二定律。第二定律阐明，一切自然发生的过程都是不可逆的，过程的进行总是指向熵增加的方向。这里对过程的描述引入了宏观参数值变化的有序概念；换句话说，熵不是物质的直接物理属性，而是能表征系统能量分布特征的量度。对于孤立系统，其未来状态的熵总是不

---

　　❶　力学包括动力学（dynamics）和静力学（statics），本书极少涉及静力学。在化工、冶金一类学科中通常把研究反应速率有关的学问称为动力学（kinetics），于是形成的中文名词"动力学"有两种不同的概念，不能满足术语单义性的要求。本书中动力学（dynamics）简称为"力学"。在流程层次上的，使用"运行动力学"这个名称。

低于其过去状态的熵，这就包含了时间不可逆性或方向性的内在逻辑。熵的变化描述了过程演化的方向，这种描述第一次把时间箭头表达为演化过程的内在特质。这是经典热力学与牛顿力学根本区别之处。

在经典热力学系统中，系统的组元（原子、分子等）经历了彼此之间无数次的碰撞和交换，其宏观状态的熵总是在增加。从这一意义上看，在孤立系统中，熵增具有不可逆性。熵增加导致无序程度增大，导致系统的对称性无限增加而结构毁坏。

由于不可逆性，系统的演化只能沿着熵增的梯级所确定的热力学方向进行。即一个"无环境"的孤立系统（系统与外界环境之间没有物质、能量的交换）成为一种特殊的自组织。这种"自组织"的吸引因子是平衡态，也就是过程自动向平衡态发展并最终止于平衡态。

经典热力学有时也讨论封闭系统和开放系统，例如，等容（或等压）过程的自由能：

$$F = U - TS$$

式中，F 为自由能；U 为内能；T 为温度；S 为熵。

这里，实质上是内能和熵的竞争。低温时，自由能主要取决于系统的内能。高温时，熵占主导地位。自由能判断过程方向虽然不限于孤立系统，但环境和系统之间的物质/能量交换主要是为了保持系统参数（如温度、压力）处于某种恒定状态，变化后的平衡结构并不需要外界环境供给能量或物质来维持它的稳定。因此，从某种程度上说，经典热力学也可以称为"孤立系统热力学"。

（3）非线性不可逆过程热力学或远离平衡态热力学。在与外界环境存在着能量和物质不断交换的开放系统中，形成了另一类基本的物理系统，即一种特殊的非平衡系统。随着研究的深入，出现了物理学探究和描述的第三个层次，可以把它称为相干进化系统的层次——耗散结构的层次（普利高津，1969年）。

开放系统可能从系统外的环境中连续不断地输入物质和能（负熵），同时也输出物质和能。与孤立系统不同，开放系统中的熵产生，可以从环境中输入的负熵得到补偿。

熵可以分割为两部分，即一个特定时间间隔内的熵变 dS，可分解为系统内部的不可逆过程所致的熵产生 d_iS 和系统与外部环境进行能量/物质交换过程中伴随产生的熵流 d_eS。其中，d_iS 只能为"+"或"0"，而绝不可能为"−"，即 $d_iS \geq 0$；d_eS 则可能为"+"，也可能为"−"（孤立系统 $d_eS=0$）。

可见，远离平衡的系统所形成的稳定有序状态只有在系统开放时才能得到维持，此系统必须与外界环境不断地进行物质和能量交换，并不断地新陈代谢，所以称为耗散结构，在这个层次上，存在与演化共同发生。

综上所述，可以看出，对物质的运动和演变的描述，至少需要三个层次的物理学探究，这是一种重要的认识。

正如普利高津[5]所言，世界之丰富多彩，不能用一种语言可以尽括。音乐既有古典音乐，也有现代流行音乐等各种风格。我们的经验有各种不同的方方面面，不能用单一的论述加以包罗。力学的可逆性和热力学的不可逆性，是一枚硬币的两面。世界的结构非常丰富，我们不能用一种论述来概括。应该把不同层次探究到的认识融合起来，有助于认识决定人类行为和自然演化的法则。

2.2 热力学的发展进程

力学和热学是经典物理学中最基本、最广阔的两个领域。

蒸汽机出现后，提出了如何提高热机效率这一技术命题，促使人们对有关物质的热性质、热现象的规律进行科学研究，从根本上来研究蒸汽机（热机）的效率，在此基础上，进而拓宽了科学的视野，催生了热力学。

2.2.1　从热机学到热力学

为了提高热机的效率，卡诺（S. Carnot，1796~1832）对热和功的转化过程做了深入的研究，1824 年他敏锐地认识到：在热机中，做功不仅以消耗热量为代价，也与热量从热的物体向冷的物体的传送有关。卡诺对热机的研究应用了物理学的抽象方法（如质点、刚体、理想流体等），即把所研究的客观事物抽象为一种理想标本并能概括出客观事物的本质特征。

卡诺通过抽象的、理想的卡诺循环（图 2-1），给出了至关重要的卡诺定理：所有工作于同温热源和同温冷源之间的热机，以可逆热机的效率为最大，而可逆热机的效率正比于高、低温热源的温度差。1824 年卡诺的学说虽然还没有完全摆脱热素说的束缚，但是对于热-功转化问题的认识具有伟大的前瞻意义。当热之唯动说逐渐被认识并认定为正确理论后，研究热功当量问题的著名学者焦耳（J. P. Joule，1818~1889）曾对卡诺的理论提出质疑：功可以转化为等（当量）值的热，反过来是否也应该如此？为什么有部分热不能转化为功，不能转化的热到何处去了？对于焦耳的质疑，由开尔文（L. Kelvin，1824~1907）和克劳修斯（R. Clausius，1822~1888）的研究得以解决。他们认识到，来自高温热源的热包括两部分，一部分被转化为功，另一部分传递给低温热源。开尔文说，热能虽然不消失，但对人类来说是浪费了。

1850 年克劳修斯指出：不可能使热量从低温物体流向高温物体而不引起其他影响。几乎与此同时，开尔文于 1851 年

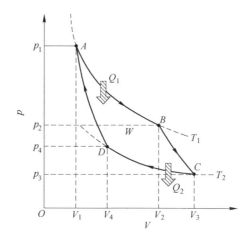

图 2-1 卡诺循环

提出：不可能从单一热源吸取热量，使之完全变为有用功而不产生其他影响。两人的研究都提出了过程方向问题，两者都可以归结为自发进行过程的不可逆性。为了用热力学状态函数的方式表述不可逆性，1854 年，克劳修斯创造出一个新概念——状态函数 S，来表达转化量。考虑到要在语言上体现永恒性，他采用了来源于古希腊语的 εντρωπη（发展）来命名，其对应的德文同音字词写成 Entropie（英文 entropy）。该名称和 Energie（英文 energy）联系密切，而且字形也非常接近。1923 年普朗克到中国南京讲学，中国物理学家胡刚复担任翻译时，他创造了新汉字"熵"，形象而且确切地表示了名词 Entropie 的物理概念。从此，"熵"广泛流传开来，成为这个表述不可逆性的热力学函数的中文命名。

函数熵 $\mathrm{d}S$ 的值：

$$\mathrm{d}S \geqslant \frac{\delta Q}{T}$$

式中，"＝"表示可逆，意指平衡（可逆过程）是过程进行趋向的量度；"＞"表示不可逆，意指一切自发进行的过程是不可逆的。这种用不等号和等号共同表示的数学式，是表示不可逆性规律的有效方式。

2.2.2　热力学系统的分类

在热机学中，一般只讨论热-功转换，而热力学则进一步扩展为研究系统的能量及其转换的科学。

热力学研究中，为了界定不同对象适用的热力学函数以及系统内发生物质、温度等变化的条件，常把研究对象按其与环境的关系概括成三种系统：孤立系统、封闭系统和开放系统（图 2-2）。孤立系统和外界环境既不交换能量，也不交换物质，封闭系统和外界环境之间只有能量的交换而没有物质的交换，开放系统和外界环境之间是开放的，能量和物质的交换都在不断进行。

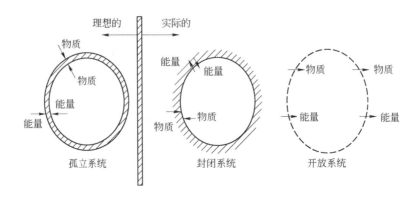

图 2-2　孤立系统、封闭系统和开放系统

孤立系统内，发生了任何实际过程之后，按照热力学第一定律，其能量的总值保持不变，而按照热力学第二定律，其熵的总值恒增。换言之，在一切实际过程中，能量的总值虽然保持不变，但其可资利用的程度，总是随着熵的增加而降低。

有人从熵增问题，进一步引入了有序能量和无序能量的概念，指出能量转化方向的规律：有序能量可以全部无条件地转化为无序能量，而无序能量全部转化为有序能量是不可能的或有条件的[6]。

孤立系统是理想状态，在现实工业系统中实际上是很难真正存在的，完全绝热绝缘的材料难以找到，而且宇宙射线和高能粒子总是在射向地球，通过边界而进入系统。所以说，孤立系统是理论上的抽象。但它却是一个很重要的概念，阐明熵增原理不能不用孤立系统的界定。由于和环境没有物质和能量交换，孤立系统中函数熵的变化：

$$dS \geqslant 0$$

该式说明，在孤立系统中，不可逆过程的自发进行总是伴随着熵的增加。$dS=0$ 意味着系统的熵增加到最大值，过程的进行达到平衡（equilibrium）。平衡似乎是一种静止状态，但是不应仅仅把平衡视为静止；相反，运动恰恰从它的反面——静止找到其量度。反应进行的方向和限度正是由平衡计算加以判断。

由于实验中难以实现真正的孤立系统，而封闭系统依靠恰当的能量交换使系统达到等温状态（图 2-2），冶金物理化学研究通常应用封闭系统测定过程的自由能变化，自由能是温度和压力（或体积）的函数。现在人们已经掌握了相当充分的冶金热力学数据。当问题涉及金属液、熔渣等溶液时，需要利用化学位（偏摩尔自由能），改变摩尔量的影响则要依靠开放系统的实验。无论对应哪一种系统，经典热力学能够准确知道的只是平衡状态。平衡是很重要的，因为它是过程的指路标，是演变的方向标，自动进行的过程都必然向平衡演变。

如果把钢厂生产流程整体看作一个系统，为了认识各个工序的演变规律，常需要把某一环节分割开来进行研究，例如铁水预脱硫工序,这种分割出来的子系统也有可能是开放系统或封闭系统。对于分割出来的工序环节,如果仅仅是孤立地研究,不一定能得到恰当的结果,需要把它嵌入流程整体中来考查,因为工序局部优化不等于流程全局优化。孤立地研究问题,在流程学中,可能会导致错误的结果。但也应该指出,孤立研究问题和孤立系统是两种概念。孤立系统是热力学的基本概念之一,熵增定律就是用孤立系统导出的。而整个的制造流程作为一个系统,必然和外界环境有物质、能量以及信息的交换,必然是一个开放系统。可见,对于生产制造流程的研究,不应只是孤立地、分割地研究各个局部或工序/装置,而需要从各工序/装置入手,并加上“界面”技术,再集成到整体流程上来。

2.2.3　不可逆性

从热力学第二定律的研究可以得出,熵的增加使能量不能全部转化为有用的功。热机最大效率公式是熵增所致的结果。因此,熵产生可以被看作是能量的耗散。能量和熵是所有自然过程的基础。能量守恒定律不限于热能和机械能之间,各种能量,包括电磁能、化学能、核能等之间的相互转化也遵从守恒规律。熵的产生也不仅是由热功转换时的温度差所导致的,例如,燃料电池中化学能直接转为电能,没有转化为热的中间阶段;核反应不是由于原子间温度差,但熵增照样存在。无情的熵增是和所有自然过程相联系的普遍原则。太阳能利用也不是免费的午餐,转化成其他形式的能量必然熵增,对环境造成特定的影响。

熵产生规律的普遍性和自然过程的不可逆性相联系。不可逆性表明时间具有单向性(时间之矢的不可逆性),$\Delta S \geqslant 0$ 说明熵增加过程指向时间的正方向。此式中虽不出现 t 这个参变量，利用不等号公式已把时间的单向性纳入定律之中。定律表明，熵函数具有特殊性质，即只随时间而增加。

过程的单向性可以从宏观系统由大量分子所构成得到解释。设想在一个容器内，可以自由运动的气体分子们分布于整个容积的可能性必然远远大于只分布于容器的一个角落的可能性。玻耳兹曼（L. Boltzmann，1844~1906）意识到连续性的宏观世界和具有不连续结构的微观世界具有共性，最先把宏观的熵和微观的分子运动相联系，穷其毕生精力得出著名的玻耳兹曼公式：

$$S = k\ln\omega$$

式中，ω 为热力学概率，代表众多分子的微观状态数；$\omega = 1$ 表示均匀分布的平衡态，其他状态 $\omega < 1$。

由玻耳兹曼公式出发，可以得出"熵增加意味着无序程度增大"的推论。

玻耳兹曼公式是一个重要的基本式，把宏观的熵和微观世界相联系。但它也受到许多质疑，认为是"从微观层面的可逆出发，而以宏观层面的不可逆结束"。分子呈现某个状态是依靠分子运动来实现的，单个分子的运动规律服从牛顿力学。牛顿力学是决定性理论，有极强的预测能力。描述力学运动的微分方程，只要知道了初始条件（即现在），既可以推算过去，也可以预测未来。时间 t 对于过去和未来是等价的，把 t 换成 $-t$，牛顿力学的公式都保持不变。牛顿力学破除了空间的绝对性，认为所有的位置都是相对的；但是，仍然保持时间的绝对性。牛顿力学认为不同地点所测定的时间是相同的；不管人在何处，两人的表永远显示相同的时间，只要时间测量技术足够精确。这对于地球范围内的各种运动是适用的。宇宙空间速度近于光速的运动，就服从相对论了，不再存在时间绝对性了，但相对论仍然保留了时间反演对称。

2.2.4　稳定态的演变过程——近平衡区

平衡是热力学的基本概念。但平衡具有局限性，平衡只描述过程的终点，而不能直接描述演变的过程。因此，从这一角度上看，经典热力学可以看成是热静力学。克服这种局限性，就要由平衡状态跨越到非平衡状态。调查了解关于非平衡的不可逆过程的第一步，是研究离平衡不远的非平衡系统，研究其中过程驱动力和速率的关系，形成了线性非平衡热力学。

非平衡热力学（又称不可逆过程热力学）讨论离开平衡的状态和过程，可以不涉及孤立系统。在封闭系统和开放系统中，系统和外部环境之间有能量的交换或者说有热的流动。熵是一个广延性（容量性）变量，可以把它区分为两部分，并且可以把流体力学的衡算（balance）方法应用于熵的分割过程，使系统的熵区分为内、外两部分：

$$dS = d_iS + d_eS$$

式中，d_iS 称为熵产生，是系统内的过程的不可逆性的量度；d_eS 称为熵流，是系统和环境进行能量交换所引起的熵变化。需要指出，它们两者的意义是不等价的。判断系统内过程演变方向的是熵产生，所以 d_iS 是正的，即 d_iS 永远不可能成为负值。而由外部环境输入的熵流 d_eS 可正可负，但它永远不能使系统内部过程的熵变为负号。

由于不讨论平衡态，可以把熵的守恒（$dS=0$）排除在外，而在式中引入时间 t 作为变量写出熵的时间导数。$\dfrac{d_iS}{dt}$ 即熵产生的时间导数，称为熵产生率 σ。σ 和温度 T 的积称为耗散函数 Φ：

$$\Phi = T\sigma = T\frac{d_iS}{dt}$$

　　耗散函数说明，系统内的熵产生越大，能量的耗损也越大。

　　熵流可以是正号也可以是负号，也就是说可向系统内输入熵或由系统输出熵。物理学家薛定谔（Erwin Schrödinger，1887~1961）提出"负熵"（negentropy）概念，用负熵表示有序的量度。

　　当 $d_eS<0$ 时，表示向系统输入负熵或存在负熵流。输入负熵是一种形象化的说法，表明可以和系统内的熵产生相互补偿。

　　当输入的负熵量和熵产生量相等时：

$$dS = 0$$

$$d_iS > 0$$

$$\frac{dS}{dt} = \frac{d_eS}{dt} + \frac{d_iS}{dt}$$

　　$d_iS>0$ 表明过程在继续进行。但 $\frac{dS}{dt} = 0$，表明系统的状态不随时间变化。这种状态称为非平衡稳定态，就是过程的演变在平稳地进行，既不是爆发型的越来越快，也不是逐渐衰减而又返回平衡。非平衡稳定态的熵产生率为最小值。在平衡附近，假定局部平衡存在：

$$\sigma = \frac{d_iS}{dt} \geq 0$$

　　该式说明，近平衡区在外界影响下，边界条件阻止系统达到平衡，系统就在耗散最小的状况下稳定下来。也就是 $\Phi > 0$，$\frac{d\Phi}{dt} = 0$。当耗散增大时，$\frac{d\Phi}{dt}>0$，过程稳定性受到破坏而偏离稳定态。稳定态是熵产生率最小的状态。

　　负熵流的存在是维持稳定态演变的必要条件。负熵流停止输入，稳定态趋于瓦解。孤立系统没有熵流，永远不可能出现稳定态，只能走向平衡。

2.2.5　线性不可逆过程

在离开平衡态不远的区域，线性不可逆过程可以呈稳定态运行。所谓线性，就是演变（运动）的速率和过程的驱动力成比例关系，驱动力增大多少倍，演变速率也增加多少倍。在自然界许多现象中，特别是传输现象中，线性关系是普遍存在的，例如传导热流和温度梯度的关系，扩散物质流和浓度梯度的关系，对流物质流和边界浓度与主体浓度之差的关系，电流和电动势的关系，反应速率和化学亲和势的关系，流体内切应力和速度梯度的关系等。这些线性关系也称为唯象关系。可以用一个概括性的通式来表达：

$$J_i = \sum_{k=1}^{n} L_{ik} X_k \qquad (i = 1, \ 2, \ \cdots, \ n)$$

式中，J 代表各种演变（运动）过程的速率，被命名为广义"流"，简称流；X 代表各过程的驱动力，被命名为广义"力"，简称力；L 代表比例系数，被命名为唯象系数。式中的 i 和 k 代表过程的种类：$i = k$ 时，L_{ii}（或 L_{kk}）称为自唯象系数；$i \neq k$ 时，L_{ik} 称为互唯象系数。

不同种类的力和流可以互相干涉，例如，温度梯度可引起物质流，即索瑞（Soret）效应或热致扩散；温度差可引起电流，即汤姆逊（Thomson）效应；诸如此类。这些相互干涉现象由昂萨格（L. Onsager）归结成著名的倒易关系，即 $L_{ik} = L_{ki}$。昂萨格倒易定律表明，唯象系数组成一个对称的矩阵，主对角线排列自唯象系数 L_{ii}，其余位置排列互唯象系数 L_{ik}。因为对称，力和流的选择可以是任意的，一种流可以受另一种力的影响。昂萨格关系被许多试验检验过，证明它是一个具有普遍性的规律，适用于平衡态附近的各种情况。

火法冶金中的反应是高温化学反应，化学反应速率都很大，大多数能较快趋向平衡态，在某种意义上讲，反应过程相当大程度上取决于传质。因此，在稳定态进行的过程物质流对于冶金过程的效率有很大意义。冶金工程技术研究因而有必要扩展到近平衡区的线性不可逆过程，即反应器内物质、能量的传递过程和流体的流动，其时-空尺度随之从反应本身的分子-原子层级扩大到反应装置层级。然而对于整个冶金流程层级，由于其过程和过程之间的结构更加复杂多变，不可能是稳定的，相互关系也不是线性的。因此，非线性非平衡热力学——耗散结构和自组织理论的发展，必然对大尺度的冶金流程问题的理解和阐明，具有更重要的意义。

2.2.6 热力学的发展——从孤立系统到开放系统

根据热力学"力"和热力学"流"之间的关系，把热力学研究的领域分为三个部分，这是热力学发展过程的三个阶段。

热力学"流"是由热力学"力"产生的。研究的第一阶段是平衡态热力学。平衡态热力学或称可逆过程热力学，或称经典热力学，在达到平衡态时，热力学体系中"力"和"流"均为零，有人建议应将平衡态时的热力学（thermodynamics）系统重新命名为热静力学（thermostatics）系统。非平衡态热力学中涉及"力"和"流"，才是名副其实的热力学。

当体系偏离平衡态不远时，即热力学"力"较弱时，"流"和"力"是线性关系。满足线性关系的非平衡态叫非平衡态的线性区，研究线性区特征的热力学称线性非平衡态热力学，是热力学发展的第二阶段。

当体系远离平衡态时,热力学"力"比较强,热力学"流"是"力"的非线性函数,这种非平衡态称为非平衡态的非线性区。研究非线性区特征的非平衡态热力学称非线性非平衡态热力学,或非线性不可逆过程热力学,这是热力学发展的第三阶段。

普利高津在 1967 年首次提出耗散结构[5]的概念:系统在开放和远离平衡条件下,在与环境交换物质与能量的过程中,通过能量耗散过程和内部的非线性动力学机制形成和维持的宏观时空有序结构。

对大量相关的自组织现象而言,只要体系处于开放和远离平衡条件下,在体系与环境进行物质、能量交换过程中,只要这些交换能够维持足够低的负熵流 ($d_eS<0$),体系就有可能维持在某种比平衡态的熵还低的某种有序态。

需要注意的是:体系内部的不可逆过程在建立有序方面也能起到积极作用。在更远离平衡态时,非平衡的均匀的定态有可能失去其稳定性而形成宏观的有序结构。

远离平衡态只是(体系)产生宏观有序结构的一个必要条件。另一个必要条件是描述体系动力学行为的动力学方程中必须包括适当的非线性项。例如制造流程中的链接件系统——"界面"技术等。

开放的、远离平衡态的系统在动态运行过程中的有序性、协同性和连续性将影响到过程中的耗散。系统运动的有序性、协同性和连续性取决于事物的本性和结构性以及运行程序。

2.3 开放系统的耗散结构

2.3.1 耗散结构理论及其形成

耗散结构理论是以普利高津为代表的布鲁塞尔学派在研究

远离平衡的开放系统时，于20世纪60年代提出的一种系统不可逆过程有序演化的理论——自组织理论，是研究开放系统怎样从混沌的初态向有序的结构组织演化的过程和规律，并且力图描述系统在临界点附近相变的条件和行为。

在系统状态离开平衡足够远的情况下，演变过程的稳定态开始失去稳定性。这种远离平衡的情况如图2-3所示。

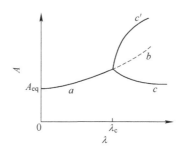

图2-3　分岔和奇异点示意图

图2-3中纵坐标函数 A 代表系统状态，例如浓度等；横坐标 λ 代表离开平衡的距离，即受外界参数控制而偏离平衡的程度。当 $\lambda=0$ 时，系统为平衡状态；$\lambda=\lambda_c$ 时，为临界状态，演化轨迹出现奇异点；当 λ 介于 $0\sim\lambda_c$ 之间时，最小熵产生原理保证过程稳定态的稳定性，总能使系统回到与外界环境条件相适应的状态。平衡态和稳定态都有保持空间均匀性、时间不变性和对各种扰动的稳定性的特点。因此，不可能自发形成时空有序结构。当 $\lambda>\lambda_c$ 时，稳定态不再是稳定的，过程不再沿 b 线延长。临界状态时很小的扰动或涨落会诱使系统向新的状态变化，触发非平衡相变。新的稳定态可能是无序的（c'），而在序参量的引导下，可能成为时空有序的结构状态（c）。不同的稳定性共存现象的出现称为分岔现象。分岔可以出现第二次或更高级次，即多级分岔。分岔点以前的无序是平衡态，是以时空高度对称为特征的，而新的有序状态的出现是时空对称性

结构发生了破缺的结果。维持时空有序结构必须依靠环境输入负熵流，所以称为耗散结构。耗散结构的形成与三方面有关：决定系统功能的物理化学变化孕育了不稳定性，这是内因；而在一定的"阈值"——临界条件下，涨落的相关性使之放大为慢弛豫的序参量，引起失稳的旧相转变为非对称的、时空有序的新相；而时空有序状态必须依靠耗散负熵来维持。由此可知，系统远离平衡态时，有多种多样可能性可供选择，有可能出现不同的耗散结构，有可能出现混沌，也有可能出现爆发性反应。这种彻底的复杂性，使得难以直接用因果联系的决定性推理。

普利高津提出的耗散结构理论的核心认识是：任何一个系统，在平衡态附近，如果没有和外界环境进行能量或者物质交换而使其发生不稳定的话，那么这个系统的发展过程将服从热力学第二定律，即 $dS \geq 0$，系统的熵逐步增加，过程趋向平衡、走向无序。如果系统处于远离平衡态的条件并与外界环境进行物质流/能量流的交换（输入与输出），则该开放系统的发展进程可以通过局部"涨落"和非线性相互作用而导致有序度的增加和新的结构形成。也就是说，通过输入系统的负熵流，用以补偿系统内耗散的熵，系统才能够动态-有序运行。

一个开放系统（不管是力学的、物理的、化学的还是生物的）在达到远离平衡态的非线性区时，一旦系统的某个参量的变化到达一定阈值时，通过"涨落"和非线性相互作用，系统可能发生突变，即非平衡相变，由原来的混沌状态转变到一种时间、空间或功能有序的新的状态。

混沌作为系统的一种状态，应理解为可以和其他状态具有相互转化的非线性的、分岔状态。混沌不是无序和杂乱。混沌当然不同于有序。混沌更像是没有周期性的次序[7]。菲根包姆

（M. J. Feigenbaum）认为：混沌是在决定性系统中出现的不规则的、非周期的、细节错综复杂的、不可预言的运行的非线性效应。

当系统远离平衡后，稳定态失去了稳定，过程的演变不再遵循确定性的力学方程，外界的扰动、内部的涨落可以造成系统偏离均匀性，并使时空对称产生破缺。在接近临界阈值时，通过内部涨落来恢复对称运动的能力变小，涨落的弛豫时间也就越长；其中一个或几个慢弛豫涨落可以（交替地）成为序参量。

涨落是一种随机性因素，涨落既可能促进动态-有序结构的形成，也可能导致混沌。这是系统演化过程达到临界点出现的两种可能。

涨落、系统功能和不稳定性引起的时空结构，三者相互影响，有可能导致产生时空动态-有序的耗散结构。耗散结构是原有的不稳定态的产物。但是，当其一旦产生，就具有相对的稳定性。

新的动态-有序状态需要不断地与外界环境进行能量、物质交换（输入、输出）才能维持，并保持一定的稳定性，不因外界的微小扰动而消失。普利高津把这种远离平衡的非线性区内形成的新的稳定的有序结构，称为耗散结构[8]。这种开放系统能够自行产生的组织性和相干性，被称作自组织现象。例如，生命现象、天体演化都可认为是自组织现象。所以，耗散结构理论又称作非平衡系统的自组织理论。耗散结构理论是研究开放系统在一些特殊条件下演化的理论，可以用于探讨不同系统的演化问题。

2.3.2 耗散结构的特征

耗散结构这一概念是相对于平衡结构而产生的。平衡结构是一种静态有序结构，例如晶体等，但这类有序结构与耗散结构的有序性存在着诸多本质性的差别。耗散结构的特征就体现在这两类"有序"的本质差别之中[9]。

（1）两类有序的空间尺度范围不同。平衡结构的有序大多是指微观有序。其有序的表征尺度是微观单元结构的尺度，与原子、分子处于同一数量级的尺度上。而耗散结构中的有序，其有序的表征尺度则是宏观的数量级，在长程的空间关联和大量级的时间周期中表现出有序。

（2）稳定有序的平衡结构是一种"死"的结构，而稳定有序的耗散结构是一种"活"的结构。

所谓"死"的结构，是指此类稳定有序的平衡结构一旦形成，就不会随时间-空间的变化而变化。晶体内部的热运动只能使其分子、原子在平衡位置附近振动。条件变化，只能使平衡结构破坏，走向无序状态。

所谓"活"的结构，是指此类稳定有序的耗散结构是一种动态的变化着的有序，它随着时间或空间的变化呈现出有规律的周期性变化。当获得新的突变条件时，系统可以走向另一个新的有序结构。

（3）两类有序结构持续存在和维持的条件不同。在平衡结构中，一旦形成稳定有序，就可以在孤立的环境中维持，而不需要和外界有物质或能量交换。平衡结构是一种不耗散能量的有序结构。耗散结构则必须在开放系统中才能形成，也必须在开放系统中才能维持。它必须和外界环境持续地发生能量、物质、信息的交换，必须耗散外界流入的负熵，才能维持有序状态，故名"耗散结构"。

2.3.3　耗散结构的形成条件

系统在远离平衡状态下，可以形成动态-有序运行的耗散结构。然而，耗散结构的形成是有条件的，即系统必须开放并远离平衡状态，而且系统内有"涨落"现象和非线性相互作用机制[10]。

（1）系统开放才能存在。开放系统具有如下特点：

1）系统不断地同外界环境进行物质、能量和信息的交换，没有这种交换，开放系统的生存和发展是不可能的。

2）系统具有自组织能力，能通过反馈进行自动调控以达到适应外界环境变化的目的。

3）系统具有趋稳性能力，具有一定的抗干扰性，以保证系统的结构稳定和功能稳定。

4）系统在同外界环境的相互作用中，具有不断变化和完善化的演化能力。

5）系统受到自身结构、功能或环境的种种参数的约束。

耗散结构形成和维持的第一个条件是系统必须处于开放状态，即系统必须要与外界环境之间动态、有序地进行物质、能量和信息交换。

（2）非平衡是动态-有序之源。系统可能有三种不同的存在状态：1）热力学平衡态；2）近平衡态；3）远离平衡态即非线性非平衡态。平衡态不可能导致动态-有序，而恰恰相反，呈现无序运动；近平衡态，虽与外界环境有适度的能量交换，但其趋势是在外界影响的作用下形成非平衡稳定态，但也不能产生耗散结构。系统只有远离平衡态并处于开放条件下，才有可能形成新的稳定的、动态-有序的耗散结构。"非平衡是有序之源。"

（3）涨落导致有序。开放性和非平衡，主要是指构成有序结构的外部条件。但要使系统演化发生质变，还需要内部条件。使系统产生有序结构的内部诱因是"涨落"。"涨落"是指系统中某个变量的行为对统计平均值发生的偏离，它能使系统离开原来的状态。大多数"涨落"逐渐衰减（弛豫），系统恢复原来状态。但远离平衡时，有的"涨落"衰减很慢，有可能被反馈放大为"巨涨落"，达到临界值时导致系统从不稳定状态跃迁到一个新的有序状态，即耗散结构的出现。这种"涨落"慢衰减的变量可称之为序参量。

任何一种稳定有序的状态，都可以看做是某种无序状态失去稳定性而使某种"涨落"放大的结果。

（4）非线性作用机制。开放性、非平衡和"涨落"都是形成耗散结构的重要外因和内因，但还不是系统一定能自发地形成和维持耗散结构的充分条件。只有通过系统内部各构成要素之间的非线性相互作用和动态耦合，才能使系统内部的各个要素之间产生协同作用和相干效应，产生反馈现象，才能使系统从无序变为有序，从而产生耗散结构。

此处还要强调一下，耗散结构揭示出两类不同行为[11]：

（1）接近平衡时，有序将被破坏（如同孤立系统的情景）。

（2）远离平衡时，有序得以保持或者超出不稳定性阈而出现有序。

后一类行为被称为相干行为。耗散结构中进行的过程必然会产生熵。然而，这种熵产生并不在开放系统内积累，而是某种与环境不断地进行能量/物质交换的一部分……与自由能和反应物属于被输入不同，熵产生和反应生成物是属于被输出。这是最简单的一种新陈代谢。即借助与外界环境交换能量/物质，开放系统保持着它内在的非平衡，而这种非平衡又反过来维持着交换过程。

可见，表征一个耗散结构的，不是给定状态分配给总系统能量的熵的统计度量，而是熵的产生率和与外界环境进行交换的动力度量，亦即开放的、动态过程中输入能量（也可以来自物质的输入）的补偿和转化的强度。

要进一步认识耗散结构的过程特征，还可以有两类不同的理解：

（1）将耗散结构理解为组织能量流的物质结构（例如，燃煤发电厂），这是在组织能量流转换、运行过程中的物质耗散角度上看问题（例如，采用什么样的发电工艺流程和装备以及每度电的耗煤量）。

（2）将耗散结构理解为组织物质流的能量结构（例如，冶金厂），这是从组织物质流转换、运行过程中能量耗散角度上看问题（例如，采用什么样的冶金工艺流程和装备以及吨钢能耗等）。

从自组织层次上看，两种描述各有侧重，同样有意义。这两种理解构成了耗散结构特征的互补的两个方面，并且，也可以由此联系到如何认识工程系统中相应涉及的如下逻辑：

（1）由物质流概念发展到物质流网络（空间结构）以及物质流转换、物质流运行程序（动态时-空结构）；

（2）由能量流概念发展到能量流网络（空间结构）以及能量流转换、能量流运行程序（动态时-空结构）。

2.3.4　涨落、非线性相互作用与工程系统自组织

2.3.4.1　关于涨落

涨落现象是对系统中非平衡稳定态过程参数平均值的偏离。增加某个特征参数的数值时，会出现分岔点。在分岔点 λ_c 以前，函数只有单一解，超过分岔点，函数的解增多，继续分岔下去，解也相应增多，概率论方法起着重要作用，涨落会被放大，并且决定系统走向哪一个分岔。

　　涨落是普遍存在的，在平衡点附近，涨落很快减弱到零，只有在非平衡区，涨落才显现出来。例如，金属凝固时，温度降低到熔点以下，也就是有足够的过冷度，结晶开始出现核心必须获得和临界半径相适应的额外能量，才能发生均相形核。这个额外能量来自金属液中的能量涨落。如果没有能量涨落，只能成为过冷液体，凝固不会发生。

　　涨落是对平均值的偏离，属离散型特征的事件。在平衡区或局部平衡假定中，涨落的分布函数是泊松分布。当均值为 ξ 时，变量 x 的概率：

$$P(x) = \mathrm{e}^{-\xi}\, \frac{\xi^x}{x!} \qquad (x = 0,\ 1,\ 2,\ 3,\ \cdots)$$

　　泊松分布的特征是均值和方差都等于 ξ。ξ 确定，泊松分布就确定了。随变量 x 的增大，分布概率下降很快。平衡态附近的涨落属泊松分布，所以很快衰减到零。当系统离开平衡态较远时，涨落的分布偏离泊松分布，在分岔点，涨落的非泊松化使之能被放大，呈现长程关联性，导致空间对称破缺，驱动失衡的旧相转变成一个组织结构不同的新相，而发生非平衡相变。涨落原来是一种混乱，是触发不稳定的因素。而在临界区，长程关联化的涨落促使新的时空结构表现为宏观有序。涨落的作用还在于其弛豫时间，即由高峰落入衰退的时间。慢弛豫的涨落能被放大而成为新相的序参量。所以说，耗散结构是一种矛盾的统一体。

　　然而，也应该注意到涨落是偶然性事件，具有双重属性，即建设性与破坏性并存。合理的、适度的涨落诱发系统向新的动态-有序结构演化；反之，不合理的涨落也会使原来动态-有序化结构的稳定性减弱，甚至失效。研究合理的、适度的涨落在于它对结构有序化的建设性。为此，要同时注意表述系统的决定性理论。世界是丰富多彩的，决定性和涨落是互补的，必然性和偶然性都要注意。非线性热力学的功绩，在于预示耗散系统出现有序结构的可能性。涨落是有序之源。"秩序来自混乱"，在关注涨落现象对复杂而开放的工程系统形成有序化的机制的同时，还应该注意到在复杂、开放系统中涨落的形式具有多因子性（例如温度/能量、浓度/质量、时间、空间等）和多单元性（例如不同功能、结构的单元工序/装置等）。

2.3.4.2 关于非线性相互作用

非线性相互作用与线性相互作用是对应存在的。线性相互作用是指各部分作用的总和等于各部分作用叠加（代数和），每一部分的作用都是独立的，且满足数学上的可叠加性。在数学上，动态系统的线性作用项可以表示为一阶微分方程。而非线性相互作用不满足数学上的可叠加性，即系统的整体作用不等于每一部分作用的叠加。

对比哲学上的矛盾范畴，相互作用就是矛盾对立面的排斥与吸引、竞争与合作。在线性相互作用条件下，事物或事物内部的诸要素之间的关联比较简单、单一，即系统或系统内部各单元（子系统）之间的关联协同关系不复杂。而在非线性相互作用条件下，系统内部各单元（子系统）之间的排斥与吸引、竞争与合作，有可能产生整体的涌现性。正是这种非线性相互作用，会导致系统内局部的涨落得以放大、引起突变，从而推动系统演变。

在复杂、开放系统的运行过程中，在同一层次上，不同运行单元之间的非线性作用（衔接、匹配、协同等），往往表现为非线性耦合（图2-4），而这种非线性耦合的"力"来自于多因子性的涨落（例如温度、时间等）和多单元性涨落

（例如工序/装置等异质单元）之间的协同。这是由开放系统中存在着多因子性的竞争和合作关系引起的。也就是涨落诱发了序参量的产生，序参量推动了非线性作用或非线性耦合。

图 2-4　同一层次单元间的非线性耦合与涨落
Ⅰ，Ⅱ，Ⅲ—不同单元

在复杂、开放系统中存在着不同层次间的非线性相互作用，这种非线性作用主要体现为低一层次的单元对高一层次系统的适应性、服从性和高一层次的系统对于低一层次单元的选择性、规范性。不同层次之间的非线性相互作用形式，往往表现为不同异质单元对开放系统整体的适应性、服从性和开放系统整体对不同异质单元的选择性、规范性。

开放是系统动态-有序运行的前提，涨落导致有序，非线性作用是有序化的协同机制。

在工程系统中，同一层次单元之间的非线性相互作用和系统-单元之间非线性作用（选择-适应）是开放系统有序化的协同机制，而这种机制的源头则来自单元性涨落和多因子性涨落。

2.3.5　关于耗散结构的自组织性

复杂的、开放的、不可逆的、远离平衡的系统，具有内在的自组织性，其作用机制源自系统具有多因子性涨落（例如温度、时间等）和单元性涨落（例如不同的工序/装置等），由于不同单元既具有异质性，又可以具有相同的因子，通过单元之间的非线性耦合和/或系统与单元之间的非线性相互作用，可以获得自组织性。

开放系统的自组织性是一种性能。具有自组织性的开放系统，在不同的有序化状态下可以具有不同的自组织化的程度。自组织化程度的提高取决于两个大方面：（1）改善开放系统内部的有序化状态及其自组织机制，例如不同单元确定适度的、合理的涨落机制，提高各单元之间的非线性耦合程度以及确定系统与单元之间的选择-适应关系；（2）通过外界输入的信息，调控其有序化状态，并促进系统的自组织化程度的改善。进而言之，就是通过外加的信息控制"力"和系统内在自组织的"流"的结合，进一步提高开放系统的自组织化程度。生产流程的自组织现象，具有多种形式，主要有自创生、自复制、自生长、自适应等[12]。

工程设计是为了构建一个人工存在物的事前谋划和实施方案。工程设计过程是通过选择、整合、互动、协同、进化等集成过程，来体现工程系统的整体性、开放性、层次性、过程性、动态-有序性等为特征的自组织特性，又通过与基本经济要素（资源、资金、劳动力、土地、市场、环境等）、社会文明要素、生态要素等要素结合，设计、构筑起合理的结构，进而通过实践运行体现出工程系统的功能和效率。从这个意义上讲，工程设计必须符合事物运行演变的客观规律。不仅各个单元符合其本身的规律，而且这些单元还要能够有效地嵌入整体流程中，使流程整体成为具有很高自组织程度的系统，为此要设计流程网络（物质流网络、能量流网络、信息流网络），设计功能结构、时-空结构和信息结构等。

信息是从物质、能量、时间、空间（生命）等基本事实中蕴含和反映出来的表征因素。信息流的自组织与物质流、能量流密切相关,物质流的自组织、能量流的自组织是信息流自组织的基础。反过来,信息流又可以促进或改善物质流、能量流的自组织性程度,即:

(1) 在物质流具有自组织性的基础上,通过人为输入的信息流调控作用,可以优化物质流的自组织程度,提高物质流的运行效率,并使物质流动态运行过程中的损耗最小化。

(2) 在物质流与能量流之间具有自组织性的基础上 (具体体现为物质流网络和与之相应的能量流网络),即通过物质流/能量流协同优化,进一步通过人为输入的信息流调控作用,可以提高能量流的转换效率和二次能源的回收/利用程度,并使物质流/能量流各自运行过程的能量耗散最小化。

信息不具有守恒特征。信息在传输/传递过程中可以被复制和放大,也可能因阻断而损失。这是信息和物质、能量的差别。信息流网络、信息流的调控程序就是在开放系统中物质流、物质流/能量流和能量流的动态、有序运行过程中,为了实现开放系统 (流程系统) 耗散最小化而建立起来的自组织系统。

2.3.6　临界点与临界现象

制造流程的结构重组,在某种程度上可以看作相变的过程。随着系统远离平衡程度的增加,稳定态失去稳定性,时空对称性突然降低,形成对称破缺。对称性的改变伴随着物质的运动和结构的改变,从一种物相转变为另一种物相,也就是产生相变。相变有两类。第一类相变的特点是热力学势本身连续,而其一阶导数不连续,相变过程伴随有潜热和体积变化,新相可在旧相中生核并且逐渐长大，大多数物理学中的相变属于这种类型。第二类相变是热力学势和它的一阶导数连续，二阶导数不连续，相变过程没有潜热和体积变化，不出现两相共存的生核和长大现象，而是突变发生的；相变没有确定的位置和边界，而呈现若隐若现、此起彼伏、相互嵌套的动态图像。这一类高阶相变也可称之为连续相变，发生相变的点称为临界点。临界点是演变轨迹上的奇异点，奇异点是函数曲线上不存在单一斜率的特殊点，在该点处函数不能求导，无法用解析式的状态方程描述。流程结构重组所对应的相变是非平衡态相变，有些类似于高阶相变。

过程的时空对称性破缺可以用序参量来表述。过程变量涨落行为衰减慢的称为慢弛豫变量，这是决定系统有序程度的序参量。序参量支配着子系统的行为，在临界点附近，使涨落衰减的恢复力越来越小，因而弛豫时间也就越长。另外，临界点附近不同地点的涨落彼此关联，关联长度逐渐增大，到达临界点时关联长度可以达到无穷大，充满整个系统，从而使新的相、新的结构瞬间涌现出来。

在冶金生产流程中，从宏观尺度上历史地看，也曾出现了一系列的临界现象，而影响了流程的结构、性质和效率。冶金流程的不同的宏观结构、性质、效率是与不同微观（介观）有序状态相联的。例如：氧气转炉取代平炉，连铸替代模铸—初轧机、开坯机，薄板坯连铸—连轧，薄带连铸等工艺和装置的出现，都曾引起了钢铁生产流程中序参量的涨落，导致了宏观流程结构的重新整合、重新构筑。从而，也出现了若干工程效应。

在冶金生产流程中，所谓工程效应是指在技术进步的过程中，由于某些新工艺、新装置的出现并触及整体流程或区段流程中序参量的临界值，而出现的涉及流程宏观结构、性质、效率变化的效应[13]。

在钢厂制造流程中，由某些或某一序参量达到临界值，而激发出的“临界-优化”或“临界-紧凑-连续”的工程效应，使某一工序的某些功能被其他工序取代，某些设备（工序）在生产流程中被淘汰，流程得到简化（图 2-5）。

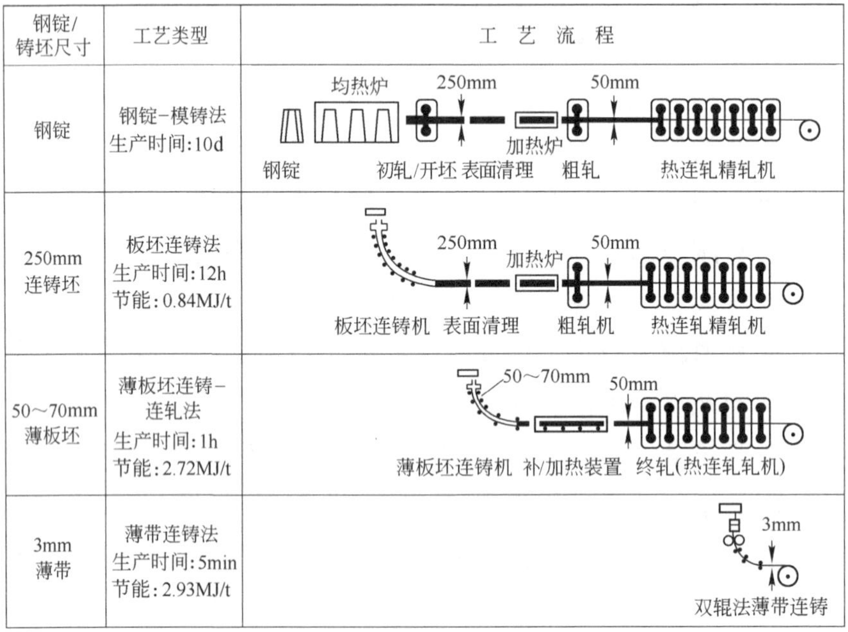
钢锭/铸坯尺寸
工艺类型
工 艺 流 程
钢锭
钢锭-模铸法
生产时间:10d
均热炉
250mm
50mm
加热炉
钢锭
初轧/开坯 表面清理
粗轧
热连轧精轧机
250mm
连铸坯
板坯连铸法
生产时间:12h
节能:0.84MJ/t
250mm
加热炉
50mm
板坯连铸机 表面清理
粗轧机
热连轧精轧机
50～70mm
薄板坯
薄板坯连铸-连轧法
生产时间:1h
节能:2.72MJ/t
50～70mm
50mm
薄板坯连铸机 补/加热装置 终轧(热连轧轧机)
3mm
薄带
薄带连铸法
生产时间:5min
节能:2.93MJ/t
3mm
双辊法薄带连铸

图 2-5　钢铁制造流程的演进与“临界-紧凑-连续”效应[13]

例如，连铸机的铸速影响铸机单流生产率以及年产量，必须使铸速达到某临界值，才有可能实现全连铸工艺并获得合适的经济效益。如果连铸机要能代替年产能力 300 万吨左右的初轧机，则大型板坯连铸机的铸坯厚度应在 220～300mm 之间，这是一个铸坯厚度的临界值。由“临界拉速”和“临界厚度”所构成的“临界流量”就是用全连铸工艺取代初轧机（开坯机）工艺的临界序参量。一旦用全连铸工艺完全取代模铸—初轧、开坯工艺，则钢厂的结构、性质、效率发生明显变化。特别是以重锭—厚坯和初轧、开坯为核心标志的"百货公司式"钢厂被以连铸—连轧为标志的专业化钢厂所取代已成为发展的潮流。可以看出在一个相当长的历史时期内，在钢铁制造流程中，凝固成型工序是关联度很大的工序。

热带轧机铸坯的厚度从 250mm（220mm）下降到 180mm（150mm）时，仍不能彻底取消粗（荒）轧机。但一旦实现铸坯厚度减薄到 50~70mm，则非但可以取消所有的粗（荒）轧机，而且可以实现通过隧道式辊底炉进行长尺铸坯加热—轧制，甚至进行半无头轧制。近终形连铸使得流程的结构进一步紧凑化、准连续化（图 2-6）。

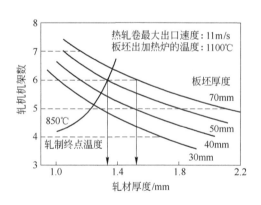

图 2-6　板坯厚度临界值与轧制系统的关系[14]

"临界-紧凑-连续"的效果也表现在解决制造流程中某一设备的"瓶颈作用"方面。"瓶颈"现象可能出现在设备容量方面，也可能出现在功效强度方面。例如，氧气转炉的炉龄一度适应不了连铸多炉连浇周期，特别是炉衬热喷补或火焰喷补本身要占用相当长的时间，仍难以实现炼钢和连铸的协调运行，进一步还会影响炼钢车间和轧钢机的协调和节奏。转炉溅渣护炉技术成功地消除了转炉—连铸在连续-协同运行过程中的时间"瓶颈"。转炉溅渣护炉技术使得转炉炉龄可以按照合适的目标来控制。第一步，可以使炉龄保持在连铸机计划维修的时间周期，使两者的维修协调一致地进行。第二步，炉龄应保持到炼钢车间和轧钢机及加热炉的维修周期协调。第三步，还可以考虑实现炼钢车间、轧钢车间和制氧站的生产运行和大修能够协同进行。这些就是关于转炉炉衬寿命的临界值。

由以上可见，临界点、临界效应、临界值对于耗散结构的形成，对于动态-有序运行，具有十分重要的意义。

参 考 文 献

[1] 钱学森．工程和工程科学 [J]．Journal of the Chinese Institution of Engineers，1948，6：1-14.

[2] 哈肯 H. 协同学 [M]．徐锡申，等译．北京：原子能出版社，1984：403.

[3] 郝柏林．混沌现象的研究 [J]．中国科学院院刊，1988 (1)：5-14.

[4] 埃里克·詹奇．自组织的宇宙观 [M]．曾国屏，吴彤，宋怀时，等译．北京：中国社会科学出版社，1992：31.

[5] 尼科里斯，普利高津．探索复杂性 [M]．罗久里，陈奎宁，译．成都：四川教育出版社，1986：1-23.

[6] 冯端，冯少彤．熵的世界 [M]．北京：科学出版社，2005：36-39.

[7] 孙小孔．现代科学的哲学争论 [M]．北京：北京大学出版社，2003：92-107.

[8] 宋毅，何国祥．耗散结构论 [M]．北京：中国展望出版社，1986：13-14.

[9] 颜泽贤．耗散结构理论与系统演化 [M]．福州：福建人民出版社，1987：79-80.

[10] 颜泽贤．耗散结构理论与系统演化 [M]．福州：福建人民出版社，1987：72-78.

[11] 埃里克·詹奇．自组织的宇宙观 [M]．曾国屏，吴彤，宋怀时，等译．北京：中国社会科学出版社，1992：38.

［12］许国志. 系统科学［M］. 上海：上海科技教育出版社，2000：196-202.

［13］殷瑞钰. 钢铁制造流程结构解析及其若干工程效应问题［J］. 钢铁，2000，35（10）：1-7.

［14］Flick A，Schwaha K L. Das conroll-verfahren zur flexiblen und qualitäts-qrientierten warmbanderzeugung［J］. Stahl und Eisen，1993，113（9）：66.

第3章 冶金流程动态运行的物理本质和基本要素

3.1 过程系统及其基本概念

3.1.1 过程的时空尺度

过程泛指体系的状态随时间的延续性改变。过程所论及的事物对象范围广阔，概念的外延很大。其尺度可大可小，大至宇宙天体的演化，星球的运动；小到分子/原子之间的反应和变化，都可以称之为过程。而在不同学科中，根据所研究对象的不同，往往要对过程的论述范围和含义再加以规范。

从时间-空间角度看，制造流程一般是大尺度单元或较大尺度单元的集成系统。以我们现在对客观世界的认识，事物具有不同层次的结构，事物的运动在不同层次的时间-空间尺度上进行，差别极大，规律也各不相同。在微观世界中，基本粒子空间尺度的量级为 10^{-18} m（am），甚至更小，原子核为 10^{-15} m（fm），分子、原子、离子为 10^{-9} m（nm），聚合物分子可达到微米（μm）级。而在宇观世界里，恒星、银河系等则以光年为空间尺度。介于微观世界和宇观世界两者之间，在地球范围与人类的生活、生产活动有关的各种运动和变化，物理学界统称之为宏观世界，其空间尺度在微米（10^{-6}m）至千米（10^3m）范围。从工程学科观点，需要更深入认识不同层次、不同环节的演变规律，进一步划分时-空尺度层级，如图 3-1 所示。

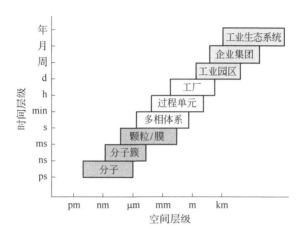

图 3-1　不同过程的时-空层级示意图[1]

以冶金工程学为例：基本的冶金反应在分子、原子或离子间进行，空间尺度属纳米（nm）级（或埃（Å）级），高温反应速率很快，时间尺度为 $10^{-9} \sim 10^{-6}$s；固态金属中的各种相变、形变也在纳米级尺度上发生，但时间尺度更大些；其规律适用于冶金物理化学——热力学和动力学的研究方法，属于微观层次的基础科学。当冶金过程在各种生产装置（反应器）内进行时，由于其中的浓度、温度分布不均匀，需要考虑到物质和能量的传递以及反应装置的几何形状，包括边界层（$10^{-5} \sim 10^{-6}$m）直至反应器整体（$10^0 \sim 10^1$m），空间尺度属 $10^{-6} \sim 10^0$m 级，时间尺度可达 $10^{-4} \sim 10^4$s 范围。其规律适用于传输现象和反应器工程学理论，属于介观层次的技术科学。而对于流程型制造业的生产流程整体，涉及长时间（$>10^4$s）和大尺度（$>10^1$m）的关联，需要宏观层次的工程科学，其研究方法的理论基础是流程学。

3.1.2 过程和流程

在生产制造流程中，进行着各种性质、不同形态的变化过程。流程和过程是密切相关的两个术语。关于它们各自的概念内涵和外延，需要明晰地加以区分和界定。

制造流程特指在流程型工业生产条件下由相关的异质异构的工序/装置通过一系列链接件（"界面"技术群）集成构建起来的制造过程，是一个整体集成系统中的复杂过程。流程一般是工厂层级（包括车间层级）的制造过程，这类过程的时-空尺度比单元操作、单元工序层级的过程时-空尺度大。对钢铁制造流程的近代研究进程而言，人们首先研究液态和固态金属内部发生的物理化学变化过程和金属组织性能变化过程，例如熔炼和精炼、结晶和偏析、晶体滑移和位错等过程，解决原子-分子尺度上的问题。继而研究单元装置内的操作单元以及物质和能量的转换，例如熔池流动和混合等过程，解决工序或装置尺度上的问题。进而在上述基础上，进一步整合集成研究生产制造流程整体尺度上的规律，解决市场竞争力和可持续发展等问题，形成了流程学。

以上是过程和流程在概念外延大小和时-空尺度大小两个方面的区别。

关于过程，还需要对可逆过程和不可逆过程加以区分。可逆过程，不能简单地从字面上理解为能够向逆方向进行的过程，而是特指一种过程，每一步都可朝逆方向进行而且不对外界环境留下任何影响，才能称为可逆过程。例如，在没有摩擦阻力的情况下，运动过程进行的每一步都处在平衡状态，也就是体系的平衡状态在无限长的时间过程中做无限缓慢的转移的一种极限情况。因此这是不可能真正实现而只能无限趋近的理想过程。一切实际的过程，都是不可逆过程。冶金生产流程中的所有实际过程，都是不可逆过程。

3.1.3 流程制造业

流程制造业往往是指原料经过一系列以改变其物理、化学性质为目的的加工-变性处理，获得具有特定物理、化学性质或特定用途产品的工业。流程制造业有时为突出其物质流在工艺过程中不断进行加工-变性、变形的特点，也可称之为过程工业。过程工业的生产特征是：由各种原料组成的物质流（注意，不是一般意义上的物流）在输入能量的驱动、作用下，按照特有工艺流程，经过传热、传质、动量传递并发生物理、化学或生化反应等加工处理过程，使物质发生状态、形状、性质等方面的变化，改变了原料原有的性质而形成期望的产品。流程工业的工艺过程中，各工序（装置）加工、操作的形式是多样化的，包括了化学的变化、物理的变换等，其作业方式则体现为连续、准连续和间歇等形式。

流程制造业包括化学工业、冶金工业、石油化学工业、建筑材料工业、造纸工业、食品工业、医药工业等。具体地讲，这些流程工业一般都有如下特点：

（1）所使用的原料主要来自大自然。

（2）产（成）品主要用做制品（装备）工业的原料，因而其中不少门类的工业带有原材料工业的性质，当然某些流程制造业的产品也可直接用于消费。

（3）生产过程主要是连续、准连续和间歇生产，或追求连续化生产，也有一些是间歇生产。

（4）原料（物质流）在生产过程中在输入能量流的驱动和作用下通过诸多化学-物理变化制成产品及副产品。

（5）生产过程往往伴随着各种形式的排放过程。

对于流程制造业而言，制造流程一般包括物料、能源的储运、预处理、反应过程和反应产物的加工等过程；并且包括为实现制造流程的功能而与之相连接的辅助材料和能源供应的整个集成系统。

　　制造流程也可以广义地理解为包括物料、能源的选择、转换/转变、储运，产品的选择、设计，制造加工过程的设计与创新，排放过程和排放物、副产品的控制、利用和处理，也包含了有毒、有害物质的处理与消除，以及产（成）品的使用、废弃、回收处理、循环利用等内涵。

　　从根本上看，对于流程制造业的生产（制造）流程而言，制造流程是一个集成了物质流控制、能量流控制和信息流控制的多因子、多尺度、多工序、多层次、多目标的工程系统。例如，典型钢铁联合企业的钢铁制造流程就是物质状态转变、物质性质控制、物流管制等过程在流通量、温度、时间和空间等参数上贯通、协调和控制的多因子、多尺度、多工序、多层次、多目标的运行控制系统[2]（图 3-2）。

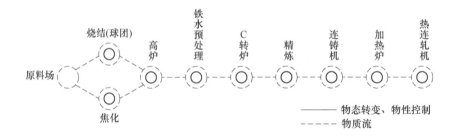

图 3-2　钢铁制造流程系统内物态转变、物性控制
和物质流组合示意图[2]

　　一个完整的生产制造流程是由若干个互相衔接、互相关联的异质、异构单元和工序组成，其中还包括了不同工序之间的链接件（"界面"技术）。整个流程的协调、有序运行要求在相当长的时间尺度上使组成流程整体的各单元工序/装置按同一逻辑、规则达成一致的行动（运动）。由于流程的诸单元

（工序）的物理转换、化学变化功能互不相同，各单元（工序）间的相互关系十分复杂，而且还受外界环境的影响，因而工序之间的链接件（表现为"界面"技术）是必不可少的。表面看来，流程的动态运行是变化无常的复杂性问题，似乎难以找到规律。然而普利高津学派所开创的耗散结构自组织理论，使得研究这类似乎是变化无常的复杂性问题成为可能。为了认识制造流程整体的动态-有序运行规律，学习和研究耗散结构理论是必要的。

3.1.4 流程制造业的共性特征和个性特征

制造流程是动态-有序运行的开放系统，不是"孤立系统"。《冶金流程工程学》[3]一书中研究了制造流程动态运行的物理本质，制造流程作为一个整体运行的物理系统，其共性特征是追求"流"的动态-有序、协同-连续运行。其运行的要素是"流""流程网络""运行程序"。

流程制造业是立足于制造流程而建立的。其制造流程有着共性的物理特征，这就是：将一组输入流（包括物质流、能量流和信息流）经过互相关联而又异质异构的制造单元（工序/装置）之间的非线性相互作用和动态耦合构成的网络（物质流网络、能量流网络和信息流网络），在特定的开放条件下，按照设定的运行程序，经过传递、相互作用、动态耦合等机制，转化为一组期望的目标输出"流"的过程。

制造流程中"流"的持续输入/输出是其基本现象，耗散过程是其基本特征，耗散过程中能量耗散的多少及其形式取决于流程所代表事物的本性及其"流"所流经的流程网络结构（耗散结构）和运行程序的合理程度。

流程动态运行系统是开放复杂系统。这个系统在不断地与外界环境进行物质流、能量流、信息流的交换过程中获得外部动力（负熵流）；同时通过流程系统内部各组成单元之间的"界面"技术相互作用和动态耦合，形成自然约束和相互协调机制，产生内部协同的动力，导致内部熵产生的减少，进而引起流程系统内部结构的优化。在内、外动力的共同作用下，推动流程系统内各组成单元以同一运行逻辑向着耗散结构优化的共同目标发展，即促进流程物理系统的优化。

开放系统动态运行过程中"流"所流经的路径、网络形成的动态结构就是耗散结构。耗散结构体现着系统动态运行的耗散过程。

对于动态运行的流程系统而言，它的动态运行自组织优化过程往往体现为从混沌运行状态演化成物质流、能量流、信息流"三流"协同的稳定有序的运行状态，即在耗散结构优化基础上的耗散过程优化。

流程制造业涉及很多不同的行业，各个行业也有其个性特征，例如水泥、石化、钢铁等，见表3-1。

表 3-1 流程制造业不同行业的个性特征

制造流程	物质性质	物质状态	过程物质流	作业线规模 /$Mt \cdot a^{-1}$
水泥	硅酸盐类	固态为主	固相物质流	1~3
石化	碳氢化合物（烃类）	气相/液相为主	流体物质流	1~10
钢铁	铁素（铁矿石/废钢铁）	固相/液相/气相 多相共存	多相物质流	1~10

可见，水泥制造流程的特征主要是硅酸盐类的固体物质流，石化制造流程的特征主要是碳氢化合物的流体物质流，而钢铁制造流程的特征是固/液/气多相共存的铁素物质流（可简称为铁素流）。

3.2 制造流程动态运行的物理本质

在流程制造业（例如冶金工业）的生产运行过程中，伴随着复杂的、密集的物质流、能量流和相关的信息流，其中存在着力学相互作用、热相互作用和质量相互作用等行为，这些相互作用的行为表现为流动、化学反应、能量转换、热交换、相变、形变等不同类型、不同性质、不同时-空尺度的过程。

实际工程系统中，并非所有的宏观性质都可以从其构成单元的性质及其组合中推导出来。工程系统的特性不能简单地归结为静态结构，而必须看到工程系统内部各构成单元之间的非线性相互作用和动态耦合，甚至工程系统与外部环境之间的动态适应——这些动态因素将对工程系统的结构、功能和效率产生重要的影响。可以说，正是通过对工程系统的开放性、非线性相互作用和动态耦合的研究，复杂的工程系统才成为可观察、可确定的。可见，工程系统（包括流程工程系统在内）运行的本质是过程和过程结构的宏观动态运行问题，即流程系统是由不同类型、不同性质、不同时-空尺度的过程通过综合集成构建出来的，过程之间是有结构的，这种过程结构是动态的、有序的、有层次的，且因其开放性、涨落性和非线性相互作用等原因，所以是复杂的。过程结构涉及的基本参数包括物质、能量、时间、空间（甚至生命）以及与上述各类物理实在派生出来的信息参数。

3.2.1 关于制造流程的特征

制造流程研究的主要目标在于探索、发现制造流程中种种不同层次上的组织原理，进而以集成-协同为手段，改进流程的结构，实现革新，推动系统演化并提高流程系统的运行效率，减少耗散，进而引起功能拓展。

研究流程应特别重视：

（1）流程的整体系统性。流程是具有"活"结构的有机系统，这个有机系统具有与其各组成部分所不同的性质和规律。

（2）流程的动态运行性。流程是对外界环境开放的系统，是"活"的动态系统，其基本特征体现在它的组织-集成性以及与环境的相互依存特性。

（3）流程的层次性。流程是按时-空等级、按层次组织和集成起来的有机系统，其不同层次、不同时-空尺度（等级）系统的组元、结构和边界条件是不同的，因此，不同层次、不同时-空尺度系统的运行过程中的序参量是不同的，但又有某种相关性。

（4）流程的进化性。流程是不断发展、演化的，流程系统进化的根本机制是整体与局部、局部与局部在发展进化中的内在矛盾的统一，具体体现在单元工序功能集合的解析-优化、工序间关系集合的协同-优化以及流程内工序集合的重构-优化，这三个"集合"的优化就是流程进化的集中体现[4]。

因此，制造流程的结构、运行特征体现为：

（1）系统整体性与层次性。

（2）随机涨落与非线性相互作用通过反馈、放大促使流程形成宏观有序性。

（3）选择性与适应性的相互作用机制。

（4）系统是开放的，需要与外界环境进行物质和能量的交换才能维持其稳定。

这些结构和运行特征使制造流程体现出：系统的自组织性、运行过程的耗散性和环境适应性等性质，而这些性质将影响到技术集成方式（工程设计的理论和方法）、生产运行方式（生产计划编制、组织与调控）以及企业的组织管理方式（机构设置和企业管理模式）等方面演进和发展。

3.2.2 制造流程动态运行的基本参量

制造流程动态运行的基本参量可以分为五维，即物质、能量、时间、空间、信息。这五维是分维分形的（图 3-3～图 3-7），例如：

物质：包括质（重）量、组分、性质、状态、形状、尺寸等；

能量：包括压力、热焓、温度、自由能、机械功、无用功、余热、余能等；

时间：包括时间点、时间序、时间域、时间位、时间周期、时间节奏、时间频等；

空间：包括尺寸、形状、体积、面积、表面积、距离、容积等；

信息：包括事物内在信息、背景（环境）信息、组织调控信息等。

图 3-3　物质维及其内涵(形)

图 3-4　能量维及其内涵(形)

图 3-5　时间维及其内涵(形)

图 3-6　空间维及其内涵(形)

图 3-7　信息维及其内涵(形)

　　制造流程动态运行的要素有三个："流""流程网络"和"运行程序"[3]。"流"分别呈现为物质流、能量流、信息流。因为除了这三维以外，还有时间维、空间维，从而构成了物质流网络、能量流网络和信息流网络（三流融合在时间/空间维之中）。由于是开放动态的、有输入/输出的复杂系统，必然有动态的运行程序（物质流运行程序、能量流运行程序、信息流运行程序）。实际上，"三流"涉及"五维"（物质维、能量维、信息维、时间维、空间维），且"五维"又是分别"分形"的。这一点，对于链接件（"界面"技术）的形式有着重要意义，即流程系统内不同组成单元之间的链接件（"界面"技术）也是分维分形的，不是以同一形式的"界面"技术链接的。

3.2.3 制造流程动态运行与耗散过程

制造流程是一类动态开放系统，"流"的持续输入/输出是其基本现象，耗散过程是其基本特征，耗散过程中能量耗散的多少及其形式取决于流程所代表事物的本性及其"流"所流经的流程网络结构（耗散结构）和运行程序的合理程度。

流程制造业（化工、冶金、建材等）制造流程动态运行过程的物理本质可以表述为：物质流（对钢厂而言主要是铁素流）在能量流（长期以来主要是碳素流）的驱动和作用下，按照设定的"程序"（例如生产作业指令等），沿着特定的"流程网络"（例如总平面图等）做动态-有序的运行，并实现多目标优化（不只是生产产品）。优化的目标包括了产品优质、低成本，生产高效-顺行，能源使用效率高、能源消耗低，污染排放少、环境友好（绿色低碳）等。

因此，不难理解制造流程的物理本质是多因子的物质流和能量流按照信息流规定的程序沿着流程网络做动态-有序、协同-连续的运行——"三流一态"。演变和流动是流程运转的核心（这不同于一般的位移性物流），体现在耗散结构中的耗散过程、耗散现象之中。

从热力学角度上看：包括冶金制造流程在内的各类生产流程是一类开放的、非平衡的、不可逆的、由相关而结构-功能不同的单元工序（节点）和"界面"技术（链接件）通过非线性相互作用和动态耦合所构成的耗散结构，流程动态运行过程的性质表征了耗散结构内的自组织性，为了减少"流"在运行过程中的耗散，流程将通过外界输入的他组织"力"使之趋向动态-有序、协同-连续、稳定-紧凑地运行。这个他组织"力"就是人为输入的信息调控指令，即他组织信息流。

3.2.4　钢铁制造流程动态运行的物理本质及其功能

现代钢铁企业的制造流程已演变成两类基本流程，如图 3-8 所示。

（1）以铁矿石、煤炭等天然资源为源头的高炉—转炉—连铸—热轧—深加工流程或熔融还原—转炉—连铸—热轧—深加工流程。这是包含了原料和能源的储运与处理、烧结、炼焦—炼铁过程（包括熔融还原）、炼钢—精炼—凝固过程、再加热—热轧过程及冷轧—表面处理过程的生产流程。

（2）以废钢-再生资源为主要原料和以电力为主要能源的电炉—精炼—连铸—热轧流程。这是以社会循环废钢、加工制造业废钢、钢厂自产废钢和电力为源头的制造流程，即所谓短流程。

从工艺表象上看，钢铁制造流程由原料场、炼焦、烧结（球团）、炼铁、炼钢、轧钢等生产单元组成。因此，长期以来，人们往往只注意各单元工序的设备装置及其自身的运行以及它们各自的静态设计能力，并简单地通过并联-串联的方法来构建起钢厂的生产流程。例如，300 万吨/年的炼铁能力、300 万吨/年的炼钢能力与 300 万吨/年的轧钢能力加起来就是 300 万吨/年钢厂。粗略看来，从局部的工序/装置能力和工艺表象上看，上述认识似乎是没有什么问题的。但是，从钢厂的实际生产运行过程看，人们不难发现，当上、下游工序不能动

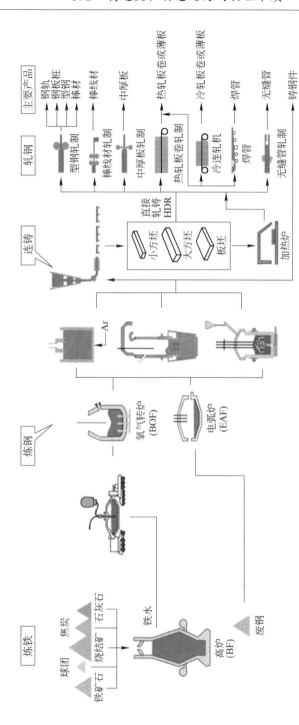

图 3-8 两类典型的钢铁制造流程示意图

态衔接、匹配、协同、连续运行时，就会出现能力"不足"或是能力"冗余"或"放空"的现象。基于这种认识，不同生产单元的设计者和运行者又各自以"能力富余系数"来抵消上述动态"短板"现象的影响。由于各生产单元分别从各自的局部情况考虑"保险"，又往往出现新的不平衡，甚至导致某些生产单元的能力过剩、不协调，单位产能的投资量过大等问题的出现（由于钢铁生产是投资密集的重装备生产），这种不协调会造成极大浪费。

可见，不能将生产流程看成各工序简单相加。各工序相加在一起最多只是钢厂制造流程的静态表象。生产制造流程实际上是一种动态运行的过程和系统结构，钢铁企业的生产过程实质上是物质、能量以及相应信息在合理的时-空尺度上流动/演变的过程。其动态运行过程的物理本质是：物质流（主要是铁素流）在能量流（长期以来主要是碳素流）的驱动和作用下，按照设定的"程序"（例如生产作业指令等），沿着特定的流程网络（例如总平面图等）做动态-有序的运行，并实现多目标优化。优化的目标包括了产品优质、低成本，生产高效-顺行，能源使用效率高、能源消耗低，污染排放少、环境友好（绿色低碳）等。因此，不难理解流程的物理本质是多因子的物质流和能量流按照规定程序沿着流程网络做动态-有序的运行。演变和流动是流程运转的核心。

钢铁制造流程是一类开放的、非平衡的、不可逆的、由不同结构-功能的单元工序通过非线性动态耦合所构成的耗散结构，流程动态运行过程追求的目标是提高耗散结构的自组织程度，减少运行过程中的耗散，趋向动态-有序、协同-连续、稳定-紧凑地运行。

从钢铁制造流程动态运行的物理本质出发，可以清楚地看到钢铁制造流程的功能[5]（图 3-9）应该是：

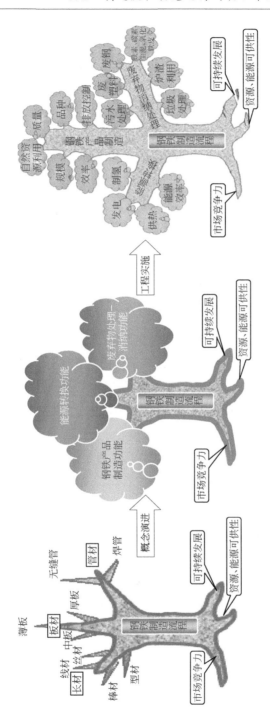

图 3-9　钢铁制造流程功能的演变

（1）铁素流运行的功能——钢铁产品制造功能。

（2）能量流运行的功能——能源高效转换和及时回收利用功能。

（3）铁素流-能量流相互作用过程的功能——实现制造过程工艺目标以及与此相应的废弃物消纳-处理功能。

这三个功能体现了时代性命题——钢铁工业的绿色化、智能化和品牌化发展，进而体现出市场竞争力和可持续发展力。

3.3　制造流程物理系统宏观运行的基本要素

3.3.1　制造流程宏观运行的要素与机制

物质、能量、信息等不同类型事物的运动，都是在各个相关节点（工序/装置）内以不同的形式按序进行自复制，并通过相互之间的链接件（连接线弧、"界面"技术）发生非线性相互作用和动态耦合，形成不同类型的"流"（物质流、能量流、信息流）。"流"具有内在的自组织性，包括自复制、自适应、自生长、自坍塌等现象；也包括形成连续流、准连续流、间歇流（规则间歇流、不规则间歇流）等形式；从中反映出了"流"的不同的自组织程度。"流"的自组织程度随不同因素的影响而变化，例如取决于是随机自发运行，还是受外部输入的他组织力（信息流）的调控。

生产流程是一种开放的、多单元（工序/装置）相关集成的、动态-有序运行的过程。为了动态-有序的运行过程能高效地、持久地进行，减少其内部耗散，减少熵产生率是关键。参照流体流动，可将动态运行的"流"区分为"层流式"运行和"紊流式"运行两种运行方式。"层流式"运行易于使"流"实现有序、稳定的状态，一般而言，其过程的耗散较小。而"紊流式"运行又可分为两类亚状态，即自发的混沌状态和随机的无序状态，运行过程的耗散大，过程中熵产生率高（图 3-10）[6]。

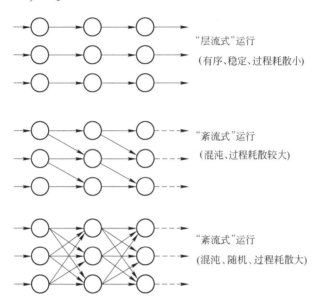

图 3-10　生产运行过程中"层流式"运行、"紊流式"运行与耗散

"层流式"运行是一种比较理想的运行状态，其前提是前后单元工序/装置的功能、能力能匹配并相互适应。

"层流式"运行是指运行的"流"没有交叉和干扰，是指上游工序的输出流是下游工序的唯一输入流，两者是动态匹配、耦合协同、持续稳定的。其运行方式是动态-有序、协同-连续的。"紊流式"运行是指"流"在运行时会发生相互干扰和交叉，有时干扰很强烈，导致运行过程紊乱无序。无序包括瞬时停顿、相互等待、随机交叉、上下游不匹配-协同、运行节奏失稳、运行效率下降等，显然其过程的耗散较大。为了在术语上表现这种含义，对于"流"的运行方式专门称为"层流式"运行或"紊流式"运行，而不宜简化成为层流或紊流。

综上可以看出，生产制造流程动态运行过程中的基本要素是"流""流程网络"和"运行程序"。对于开放复杂的制造流程系统的动态运行而言，需要树立新的概念。

流的概念包含狭义、广义和流动三个方面：狭义的流是指事物（物质、能量、信息等）的"动"；广义的流是指单位时间单位面积通过的质量、能量、动量或电量等的统称；流动是指连续介质（主要是流体，也可以扩展到非流体）的运动。除了较为严格的定义外，"流"还泛指在开放系统中有序运行着的各种形式的资源、事件的动态演变。

在工业系统内，"流"泛指在生产制造流程中运动着的各种形式的"资源"和/或"事件"的动态运行/变化过程。这一层次上的"流"具有如下特征：

（1）输入/输出的动态-开放性；

（2）动态运行/变化过程的时间性；

（3）输入/输出方向的空间性；

（4）运动过程的无序性、有序性和混沌性；

（5）运动过程可以伴有物质和/或能量之间的转换性；

（6）运动过程可以用"流通量""速率"等特征参数来表征。

3.3.2　制造流程物理系统中的三种"流"

在制造流程物理系统运行过程中，"流"有三种形式来体现，即以物质形式为体现的物质流，以能源形式为体现的能量流和以信息形式为体现的信息流。

物质流是指制造流程中物质运动和转化的动态过程，该过程中会发生不同的物理转换、化学变化和各类加工制造过程以及相应的位移等。物质流有别于一般输送过程中的物流。

在钢厂生产过程中，铁素物质流（如铁矿石、废钢、生铁、钢水、铸坯、钢材等）是被加工的主体，碳素能量流（如煤炭、焦炭、煤气、电力等）则作为驱动力、化学反应介质或热介质按照工艺要求对物质流进行加工、处理，或使其发生位移、化学和物理转换、形变和相变等变化，并实现生产过程生产效率高、成本低、产品质量优、能源消耗低、过程排放少、环境和生态友好等多目标优化。

钢铁制造流程内的物质流是多因子性质的"流"（例如有化学-组分因子、物理-相态因子、几何-形状因子、表面-性状因子、能量-温度因子、时间-时序因子、空间-分布因子等）。

钢铁生产流程中，能量流中包括：化学能、热能、电能、机械功等，其中碳素化学能（碳素流）是主要类型的能源形式。在钢铁生产流程中，不同形式组成的能量流是按序、按需形成的，由各类能源介质组成的能量流在钢厂生产流程中既有与物质流（主要是铁素流）相对独立运行的行为，又有相伴而行、相互作用的运行行为。

在钢厂生产运行过程中，信息流是物质流的行为信息、能量流的行为信息、外界环境信息的反映和（特别是）人为输入的他组织调控信息的总和。

制造流程内"三流"的关系：

（1）物质流在能量流的驱动和作用下动态-运行，通过物质状态转变、物质性质控制和物流矢量管制实现多目标优化的生产制造。

同时，物质流往往又使能量流分解为两支，其中一支能量流始终伴随着物质流运动并逐步耗散；另一支能量流则以不同形式脱离物流运动，以二次能源/三次能源/甚至四次能源的形式逐步转换、利用并耗散。

对制造流程而言，物质流是通过多种相关的但又异质异构的物质、相关的工序装置和"界面"技术形成的，在相关链接的结构化过程中，包含着内在的自组织信息。这是制造流程中信息流的组成部分之一。

物质流是制造流程运行的基本系统，是"本"。

（2）能量流是驱动并控制着物质流运动的动力，是矢量，并使之发生化学变化和/或物理变换和/或发生位移，以期实现期望的工艺目标。对不同行业而言，能量流是由多种能源介质按需、按序组成的，在能量流的输入—转换—输出过程中，也伴随着不同类型的信息和信息流，这类信息流是由伴随着物质流运行的能量流信息和脱离物质流运行的能量流信息共同组成的，这是构建企业能源中心的重要内涵。能源中心包含着能量流与物质流、信息流之间的关联。

能量流是制造流程运行的动力系统，是"力"。

（3）制造流程中的信息流由三大部分组成：一部分是存在于物质/能量自身组成与运动过程的信息——内在自组织信息；另一部分是人为输入的指令/调控信息——他组织信息。当然，还有外部环境的信息。信息流既需要感知、搜集、组织流程物理系统内在的自组织信息和外部环境信息，并以此为基础，输入不同类型的他组织信息，使得制造流程系统得到不同层次、不同过程、不同类型、不同尺度目标的优化，甚至智能化。信息流在制造过程中主要体现为运行的指令系统。

信息流是调控制造流程动态-有序、协同-连续运动的"魂"。

3.3.3　钢铁制造流程中的"三流"

再进一步到具体的钢厂生产过程中，"三流"具体表现为：

（1）钢铁制造流程中的铁素流。指钢铁制造流程系统中以铁元素为主要成分的物质按照设定的物质流网络按程序运动、转化的动态运行过程。从铁矿石进入冶金流程系统开始，铁元素即处在原料场、烧结（球团）、高炉（非高炉）炼铁、炼钢、二次冶金、连铸和轧钢等工序间的传递、转化等动态过程中。包括六个方面参数的衔接匹配、连续和稳定控制：

1) 状态、性质和数量上的转变、传递、衔接和匹配。

2) 时间因素上的协调、缓冲和配合。

3) 由固态转变为液态，继而再由液态转变为固态并获得一定几何尺寸的铸坯断面，进而进行断面形状和尺寸的转变、传递、衔接和配合。

4) 在温度和能量上的转变、传递、衔接和有效利用。

5) 产品表面质量、宏观结构、微观组织以及性能的转变、遗传和调控。

6) 传输途径和方式的调整、衔接和优化。"铁素流"概念的提出，为高效优质的产品制造功能的实现、钢铁制造流程的精准设计和动态运行调控提供了理论基础。

（2）钢铁制造流程中能量流的主要表现形式为碳素能量流，是指钢铁制造流程系统中以碳元素为主要成分的能源载体在时间-空间上按照设定的能量流网络传输、转化、利用和回收的动态过程。以煤炭、天然气、石油等形态的能源载体进入钢铁制造流程系统，从原料场开始，经输送过程，煤炭中的碳元素在焦化工序转化为焦炭、焦油、粗苯和焦炉煤气等二次能源，焦炭在高炉中经燃烧转化为铁水中溶解的碳和高炉煤气，铁水中的溶解碳在炼钢工序（主要包括转炉、炉外精炼）转化为钢中的溶解碳和转炉煤气，焦炉煤气、高炉煤气和转炉煤气经过净化、回收和储存，以适当的形式应用于钢铁制造流程若干个需要加热功能的工序，同时也大量地转化为电能等加以利用。整个钢铁制造流程，可以理解为铁素物质流在碳素能量流的驱动和作用下，沿着给定的流程总平面布置图动态运行，以实现各类物质-能量转换和位移过程。碳素能量流概念的提

出，将钢铁制造流程系统多种形式的能源介质统一为对能量流
的调控和管理，为能源的高效转换和充分利用提供了新的理论
认识。

（3）钢铁制造流程中的信息流。信息流是指人们采用各
种方式来实现信息交流，包括信息的收集、传递、处理、储
存、检索、分析等渠道和过程。信息流是从现代信息技术研
究、发展、应用的角度看，指的是信息处理过程中信息在计
算机系统和通信网络中的流动。钢铁制造流程中的信息流是
涉及铁素物质流和碳素能量流以及外部环境信息等所有信息
资源在计算机系统内进行收集、传递、处理、储存、检索、
分析、管控，按照制造流程动态-有序、连续-紧凑的要求，
依靠他组织和自组织等手段，建立耗散结构物理模型，编制
"运行程序"，以达到钢铁制造流程的高效化、智能化和绿色
化。一个钢铁企业成功与否，最有效的途径就是通过铁素
流、碳素能量流和信息流的优化以及相互耦合和调控，提高
制造流程的高效化、智能化、绿色化水平。深入认识钢铁制
造流程的信息流，并实现"三流一态"，将掀开新一代钢铁
制造流程发展的新篇章。

3.3.4 制造流程宏观运行与"流程网络"

3.3.4.1 "网络"是什么

从图论的角度上看，"网络"是由"节点"和"线"构成
的图形，通过图形形成了某种特定的结构。所以，也可以说：
"网络"是"节点"和"线"（弧）以及它们之间关系的总
和。"网络"是其运行载体的运动路径和轨迹以及时-空边界。

研究"网络"非常重要，它将涉及诸多方面，例如交通
运输业、信息通讯业、流程制造业等产业，以及文化教育、金
融财政等方面。在许多产业中，"网络"都是相关运行载体的

路径、轨迹和时空边界。所谓运行载体包括了交通运输业承运的各类货物和各类人群等，包括了信息通讯方面的各类文字信息、图像信息、声光信息等，包括了各类制造业特别是重化工企业内的物质流、能量流、信息流等，也包括了电力输变分配过程中不同等级的电压、不同流通量的电流等，甚至还包括了金融业内货币、资金流……这些不同类型运行载体的有效运行都需要有必要的、合理的"网络"与之匹配，才能优化其"功能"和"效率"。

因此，在现代世界"网络"是一个具有普适性的概念和"工具"，并已经逐步形成结构合理、功能恰当、效率很高的工程实体。

3.3.4.2 怎样研究"网络"

在流程工程学中，"网络"不仅是概念，并且也是工程实体。

A "网络"与"流"和"程序"

研究"网络"不仅要研究"网络"本身的结构、功能和效率，而且必须同时研究在其中运行的各类"资源"和/或"事件"，也就是要研究各种不同性质、不同类型的"流"，例如物流、物质流、能量流、信息流、资金流等。这些"流"是以不同特性、不同运行方式通过相应的"网络"动态-有序地运行的。不同特征、不同类型、不同运行方式的"流"将对"网络"的结构与功能提出不同的要求。

"流"在"网络"中运行的形式是多种多样的，例如可逆的、不可逆的、有序稳定的、随机的；层流式的、紊流式的；串联的、并联的、串-并联的等。为了适应不同特征"流"的运行效率、安全、稳定等要求，"网络"的设计、构建和运行要在结构和功能上与之适应，同时还必须注意"流"在"网络"中运行的"程序"。这些"程序"将涉及各种规则、策略以及功能序、空间序、时间序和时-空序等。

　　由上述分析可以看出："流""网络""程序"三者构成了特定环境条件下的动态运行系统，这个动态运行系统是有结构、有功能而且是追求运行效率的，是流程工程系统动态运行过程中的基本要素。

　　B　"网络"的结构和功能

　　对"网络"的研究而言，首先要研究它的结构和功能，进而分析其运行效率。

　　在认识"流""网络""程序"三者是流程动态运行系统基本要素的同时，应深入认识"网络"的整体性、动态性、有效性以及与之相关的层次结构性。

　　在研究"网络"的结构时，图论和运筹学是有用的方法、工具。由于不同性质、不同类型、不同运行方式的"流"对"网络"的要求不同，因此与之相适应的"网络"结构就不同。例如，在专业化高效率生产的钢铁企业内往往要求铁素物质流网络是一种最小有向树的结构（图3-11），以适应铁素物质流动态-有序、简捷-高效、不可逆运行的需求。而其能量流网络则要求有初级回路的结构（图3-12），以利于一次能源高效转换，二次能源及时回收、充分利用和集成优化利用。所以对钢厂物质流网络、能量流网络提出这些要求，都是源于物质流的运行效率、损耗和能量流耗散优化的要求和效率"最大化"的要求。

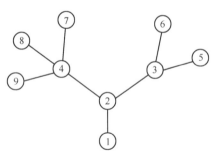

图3-11　最小有向树网络的示意图

（图由点的集合和连接点集中的某些点的连线构成）

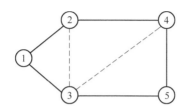

图3-12　初级回路网络示意图

（初级回路（1、2、4、5、3、1），简单回路
（1、2、3、4、5、3、1，点3重复，边不重））

又如在交通运输业，则要求"网络"结构具有通达性、快捷性和运行稳定、安全舒适性等，因此交通运输业的"网络"结构就不同于重化工流程制造企业的"网络"结构，往往属于复杂回路。但是作为"网络"结构的研究工具、方法，都可以运用图论、运筹学等数学手段来处理，以求得合理的"节点"个数、"节点"布置和连通线的形状、长短、串联、并联、串-并联关系，以及网络图形特征、达到的时-空边界等。

在研究"网络"的功能时，必须从"流"的性质、类型和运行方式出发来研究。首先是"流"的属性，是物质流、能量流、信息流、资金流等；继而要根据"流"运行过程的特征，进一步分析"流"的类型，例如是连续流、准连续流，还是间歇流、高频脉动流等。也可以根据"流"运行过程的时间因素特征，将之分为稳定流、随机流等，对这些不同性质、不同类型、不同运行方式的"流"而言，它们对"网络"的结构、功能的要求是不同的。

C　"网络"的效率

在充分理解特定"流"对"网络"结构、功能要求的基础上，就比较容易对"网络"效率提出清晰的目标。由于"流""网络""程序"组成了一个动态运行系统，因此对

"网络"效率的要求,往往是多目标优化的,这种优化实际上就是在不同环境条件下的多目标选优系统。

在研究"网络"的效率时,必须充分注意效率最大化(简捷、高效)、耗散最小化(能量耗散、物质损耗、信息损失等)、环境友好性(过程排放、环境污染、生态保护等)和安全性(生命财产安全、运行的稳定性和舒适性)。这将涉及最小有向树问题、最短有向路问题、最大流问题、最小费用流问题等方面的应用研究及技术开发[7]。

可见,流程网络是由"节点"(工序/装置)和"线弧"(链接件)构成的图形,流程网络是"节点"和"线弧"以及它们之间关系的总和。流程网络构成了制造流程静态结构框架以及动态运行的路径、轨迹和时-空边界。流程网络包括了物质流网络、能量流网络和信息流网络。对制造流程的"三网"而言,物质流网络是"本",与之关联的还有能量流网络、信息流网络;工程设计固定了制造流程的静态网络框架(其中包括了一系列"界面"技术),生产运行过程的计划指令决定了动态运行路线;流程网络是"流"(矢量)运行的承载体、时-空边界和体现自组织性的关联纽带。

3.3.5　制造流程动态运行与"运行程序"

运行程序是制造流程内在自组织性、外部环境信息与人为输入的他组织指令的结合和体现;"三流"的运行程序都具有层次性、结构关联性和综合集成性。

运行程序是动态系统运行过程中内在自生的和外界输入的一系列信息指令的集成。运行程序与"流"的动态性紧密相关,这种与动态运行的相关性体现在系统内"流"的各类"序"和"量"以及相关"序"和"量"之间动态变化的逻辑关系上。

进一步讲，运行程序体现着各种相关"序"和"量"之间关系的逻辑化整合与协同，是各种相关"序"和"量"特别是序参量之间关系的动态-有序化措施的集成方法和结果。

"序"就是按次第区别、排列或按次第来表示其先后、大小的顺次性。也就是说按某种规则或规定对一系列组元（个体）进行排列，称为排"序"。在数学上严格定义了偏序（即通常讲的"序"）的意义，认为"序"是一种具有传递性、反对称性和自反性的二元关系。

在研究运行程序和程序化协同过程中，必然会涉及序参量。序参量的概念来自协同学。协同学[8]认为：序参量是子系统间协同作用的结果。任何系统的子系统都有两种运动趋势：一种是自发的无规则运动（如分子热运动），这种运动的趋势只会导致系统混乱、无序；另一种趋势则是通过子系统自身运动的"涨落"和子系统之间的非线性相互作用引起相干和协调运动，这种运动促使开放的动态系统形成特定结构，走向宏观有序。显然，序参量的产生是由于非线性相互作用引起的相干、协调运动在整个系统中占据了主导地位，序参量支配着系统内大量子系统的行为。序参量的基本特征包括：它是由大量子系统在竞争与协同作用中形成的宏观变量，并能进一步支配大量子系统的行为；它贯穿于子系统演化过程的始终；它必须是能够作为度量该系统有序程度的参量；它与其他状态变量之间的关系是役使与服从关系，即满足役使原则（slaving principle）。应当指出，在一个开放的动态运行系统内，序参量可以是一个或是少数几个交替、竞争出现。

可见，运行程序对于系统及其子系统内的"序""量"和序参量而言，都具有逻辑相关性、整合协同性和动态-有序性。运行程序是利用信息对自组织系统进行调控的一种重要方法、措施。

运行程序作为信息指令，将涉及物质、能量、时间、空间等信息源。因此，有不同类型的程序，例如，以物质为主的程序指令，以能量为主的程序指令，以空间、时间为主的程序指令，甚至以成本为主的指令等。由于运行程序所涉及的系统层次、尺度不同，所以，运行程序具有不同的层次性或不同的尺度范围。不同层次、不同尺度、不同类型的运行程序，也可以集成在一起构成运行程序的网络，这种"软件"与相应的"硬件"结合在一起构成了信息流网络。

3.4　流程构成要素的抽象

对制造流程中的若干组成单元（节点）和彼此间链接的结构化设计过程、动态运行过程的研究可以认识到流程运行实体中"流""流程网络""运行程序"等概念的重要性，进而可以将不同行业的流程构成要素进行共性化抽象。例如：单元（节点）、"界面"技术（线弧链接件）、流程网络（静态框架/动态链接）、运行程序（各类规则和信息指令等）。

节点、链接件、网络、程序是组成开放、复杂的流程系统不可或缺的概念。这些概念经过集成、协同、结合等步骤，体现出"序"、结构、功能等现象。

"序"的概念包括了功能序、空间序、时间序。在工程设计中已经包含了"序"的设计安排。工程设计中主要确定流程系统的功能序、空间序及一部分的时间序，从而形成了流程系统的静态框架结构；生产运行过程则全面地、具体地反映出流程系统运行的功能序、空间序和时间序，形成了流程系统动态运行结构，并涌现出该流程具体的功能及效率。信息流强烈地影响着流程系统动态运行的结构、功能和效率。

节点（工序/装置）是有功能、有时-空概念的开放、动态单元。节点不是孤立系统，不是孤立论性的，节点是"流"赖以输入/输出的基本实体单元。在制造流程中，节点可以是某一工序或某一装置，而这些工序/装置都是有输入/输出功能的，是动态的。

连接线弧（链接件）是相关单元之间形成非线性相干作用的联系纽带，并以"界面"链接形式、"界面"技术的方式存在着。"界面"技术（链接件）既有"硬件"又有"软件"。

连接线弧（链接件、"界面"技术）是相关的节点群（集）形成网络（包括静态网络、动态网络，物质流网络、能量流网络、信息流网络等）的过程中必不可少的要件。

"流"赖以连通、形成的承载实体是流程网络（简称网络）。"网络"是节点（工序/装置）和连接线弧（"界面"技术）通过一定的"序"和"规则"构建出来的"图"，按照不同的"序"和不同的"规则"形成的图形，具有不同的流程结构（静态结构、动态结构）并影响着流程系统的功能及效率。究其本质是"耗散结构"中的耗散过程。

开放的、复杂的制造流程的动态运行从物理意义上看，是属于在流程整体动态运行结构中的耗散过程，因此必须加深对机理和结构的认识。

对流程制造业工厂而言，结构可分为静态结构、动态结构两种形式。

结构形成的机制可以概括为：从结构的功能要求出发，选择制造流程需要的不同节点群（工序/装置），不同但又相关的节点-节点通过链接件形成流程网络等机制，实现非线性相干、动态耦合，进而形成"流"在某种形式的耗散结构中动态-有序、协同-连续/准连续运行。

参 考 文 献

［1］ Ignacio E Grossmann. Challenges in the New Millennium：Product discovery and design，enterprise and supply chain optimization，global life cycle assessment ［J］. Computers and Chemical Engineering，2004，9（1）：29-39.

［2］ 殷瑞钰 . 钢铁制造流程多维物质流控制系统 ［J］. 金属学报，1997，33（1）：29-38.

［3］ 殷瑞钰 . 冶金流程工程学 ［M］. 北京：冶金工业出版社，2004.

［4］ 殷瑞钰 . 冶金流程工程学 ［M］. 2 版 . 北京：冶金工业出版社，2009：139-146.

［5］ 殷瑞钰 . 冶金流程集成理论与方法 ［M］. 北京：冶金工业出版社，2013：164-165.

［6］ 殷瑞钰 . 冶金流程集成理论与方法 ［M］. 北京：冶金工业出版社，2013：78-79.

［7］ 刁在筠，刘桂真，宿洁，等 . 运筹学 ［M］. 3 版 . 北京：高等教育出版社，2009：198-216.

［8］ 哈肯 H. 协同学 ［M］. 徐锡申，等译 . 北京：原子能出版社，1984：403.

第4章 制造流程物理系统的本构 特征与耗散结构

本章重在讨论流程型制造流程宏观运行的机理、模型及其相关的耗散结构、耗散过程，这将关联到制造流程的绿色化和智能化的基础理论。

4.1 流程型制造与离散型制造的比较

制造业主要可以分为流程型制造业和离散型制造业两类。流程型制造业和离散型制造业具有不同的特征和运行规律。

以机械制造为典型代表的离散型制造业生产过程中，各类机械的零件、部件的加工、组装、运行过程一般只发生几何形状和时/空变化，而很少或几乎不发生化学和生物性质变化。描述多个部件的运动关系，计算量也往往只是部件数量的线性或指数关系[1-2]。因此，只要计算机的能力足够强，算法得当，离散型制造的加工过程、运动过程的物理机制和模型就较易数字化、网络化，这是离散型制造较易智能化的重要原因。在方法论上，离散型制造往往是以还原论为主导的。

流程型制造业（例如化工、冶金、建材等工业）的生产过程是以在制造流程的时-空边界内发生物质-能量的流动/流变的过程为特征的，既有时/空、几何形状变化，同时又涉及物理-化学变化，包括状态、成分、形状、性质变化等。其工艺参数众多而又互相关联、互相作用、互相制约，属于开放的复杂系统，其中不少事物难以数字化并建立确定性的数学模型，也难以有确定的数字解[1-2]。因此，必须深入理解制造流程的本构性特征及其动态运行的物理本质和机理，必须认识到异质-异构工序/装置（节点）之间的非线性相互作用和动态耦合的关键参数，充分理解制造流程动态-有序、协同-连续运行过程中的耗散过程和耗散结构。因此，构建流程型制造的智能制造系统，必须注意既要从数字信息一侧推进，又要从物理系统优化一侧推进，两者相向而行，才能理清思路，取得事半功倍的效果。在方法论上看，是整体论主导下的整体论与还原论的结合。

4.2　制造流程的工程化模型与结构化机理

对于流程制造业的生产工艺过程（制造流程）而言，制造流程是由相关的异质异构的工序/装置通过一系列链接件（"界面"技术）集成整合而成的。集成意味着在多元事物之间相互作用、相互促进、相互制约的过程中所形成的结构化关联的综合优化。也就是耗散结构的建构与优化。

对于流程型制造业的生产过程（制造流程）而言，其工程化模型的结构性机理一般可以做如下概括[2]：

（1）流程型制造流程的运行机理是：在一个开放系统中物质、能量和信息在特定的时-空边界内流动/流变的过程。确切地讲是在特定结构内流动/流变的耗散过程。流程物理系统结构中的每一节点（工序/装置）都是有物理输入/输出的，从而体现出流动/流变等转化过程；节点与节点之间以不同方式的"界面"技术连接成物质流/能量流/信息流网络——"三网"，并通过发生不同的非线性相互作用实现动态耦合。流程型制造流程动态运行的物质流、能量流、信息流在与之相应的"三网"中相互关联并协同运行,实现在特定环境条件下的耗散过程优化——过程耗散"最小化"。"三流""三网"协同优化是实现多目标综合优化的有效路径。

(2)流程型制造流程是一个复杂的工程实体系统,其动态运行的物理机制表明:它是在一个人工构建(设计)的耗散结构内运行的耗散过程。作为制造流程动态运行框架的耗散结构是由三类不同形式的结构化机制经过综合集成而构建出来的:

1)具有不同过程之间多尺度嵌套性的层次结构(纵向集成性),即从原子/分子层次,工序/装置层次,制造流程层次之间不同类型过程的多尺度嵌套性动态运行集成结构(图4-1)。

2)上、下游工序/装置间衔接-匹配的链接结构(横向集成性)(图4-2)。

3)整体协同运行的网络结构(包括静态网络框架、动态运行路线)的集成优化(图4-3)。

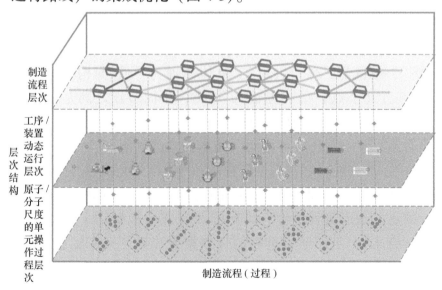

图 4-1 流程型制造流程内不同过程之间多尺度嵌套性的层次结构

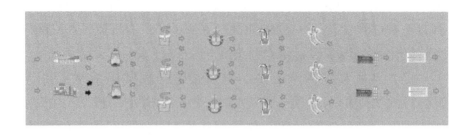

图 4-2　流程型制造流程中上、下游工序/装置间衔接-匹配的链接结构

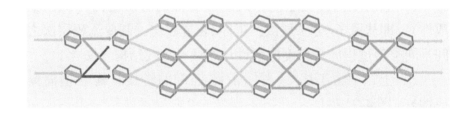

图 4-3　流程型制造流程动态协同运行的网络结构

（3）制造流程物理系统宏观运行的要素：

1）流。"流"体现为物质流、能量流、信息流三种"流"，也就是三类"矢量"。具体体现为异质/异构的相关工序/装置（节点）的物理输入/输出，不同节点之间是相互关联/非线性耦合的，为了形成"流"，必须通过"三网"，也就是必然需要一系列的"界面"技术使之关联耦合。

2）流程网络。对制造流程的"三网"而言，物质流网络是"本"，与之关联的还有能量流网络、信息流网络；工程设计固定了制造流程的静态网络框架（其中包括了一系列"界面"技术），生产运行过程的计划指令决定了动态运行路线；流程网络是"流"（矢量）运行的时-空边界和体现自组织性的关联纽带。

3）运行程序。是制造流程内在自组织性与外部他组织力结合和体现；"三流"的运行程序都具有层次性、结构关联性和综合集成性。

（4）制造流程（物理系统）结构优化要通过节点-节点之间传递、匹配、协同、缓冲等手段来实现，这将涉及：

——工序/装置（节点）的功能、容量和数量等方面参数的优化；

——工序/装置（节点）间"界面"技术的分维分形优化；

——全流程网络简捷化、协同化推进，并实现物质流/能量流/信息流三个网络协同优化。

这将引起工程设计理论和方法的革新。

（5）制造流程物理系统的功能定位：以钢铁制造流程为例，从钢铁制造流程动态运行的物质本质出发，可以清楚地看到钢铁制造流程的功能应该是：

1）铁素流运行的功能——钢铁产品制造功能。

2）能量流运行的功能——能源高效转换和及时回收利用功能。

3）铁素流-能量流相互作用的功能——实现制造过程工艺目标以及与此相应的废弃物消纳-处理功能。

这三个功能体现了时代性命题，即市场竞争力和可持续发展力。

由此，可以认为冶金制造流程的本构特征是：由相关而异质异构的单元工序通过一系列"界面"技术的集成、整合作用构建而成的整体过程群。这个过程群具有多单元、多界面的衔接-匹配、动态-耦合的协同-持续性，同时还具有多尺度、多层次嵌套的纵向集成性。可见，制造流程的物理结构（特别是静态结构）具有网络化整合的特征，即是由不同的节点（单元工序/装置）通过连接线弧（"界面"技术）构建而成的网络（图形），以此为基础，进而通过该物理结构的内在自组织性和人为输入的他组织"力"（人工信息指令），使流程整体进行动态-有序、协同-持续动态运行——流程运行的本构特征是"三流"（物质流、能量流、信息流）在"三网"（物质流网络、能量流网络、信息流网络）中，通过特定的"运行程序"进行持续运行的耗散过程、耗散现象。

其中多单元、自复制、多界面的匹配-衔接、非线性耦合的自适应、自生长以及多层次、多尺度嵌套、整合（纵向自适应、自生长）是形成静态网络和动态运行结构的物理机制。

由此，可以反证制造流程动态运行的耗散过程是：一组输入流（物质流、能量流、信息流）通过人工构建的"流程网络"（"三网"：物质流网络、能量流网络、信息流网络），按照设定的"运行程序"，动态-有序、协同-持续地运行，并实现多目标优化[3-4]。其本质是"三流"在耗散结构中运行的耗散过程、耗散现象——物质流在能量流的驱动和作用下，按照设定的"运行程序"沿着人工设计的"流程网络"做动态-有序、协同-持续的运行过程。

4.3　流程型制造流程的本构特征

概要地说，流程型制造流程的本构特征是指制造流程系统的结构框架、关联机制、信息和宏观动态性质的反映。

制造流程的本构特征可定义为制造流程静态框架结构和动态运行轨迹的总和，具有自复制、自适应与自生长等自组织特征[2]。具体归纳如下：

（1）制造流程是一种开放复杂的工程系统，流程是由若干相关的但又异质、异构的自复制制造（工序/装置）单元通过一系列链接件（"界面"技术群）非线性相互作用集成构建起来的工程系统（图 4-4 和图 4-5）。

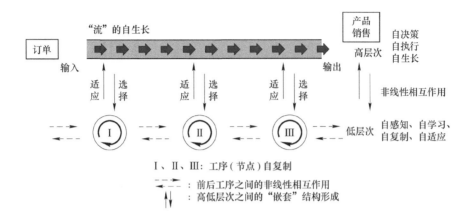

图 4-4 制造流程内不同层次的非线性相互作用

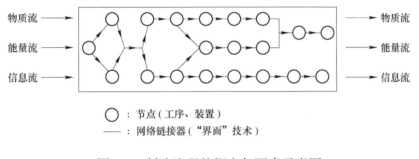

图 4-5 制造流程的概念与要素示意图

（2）自复制制造（工艺）单元分别以间歇运行、连续/准连续运行等不同方式运行，并各自都有物理输入/输出，且存在着相互间联网运行的现象。

（3）制造流程在其规划、设计、建构、运行过程中，一般都是以工序/装置、车间为基本单元的（节点），然而，要构成整体动态运行制造流程，必须要用运筹学、图论、排队论、博弈论的概念和方法，以对节点-节点之间的链接关系、层次关系作出合理的、相互适应的安排，这就引出了与之相关的"界面"技术。

制造流程不是各个自复制制造单元（节点）简单/随机相加而成，自复制制造单元（节点）之间的联网是由链接单元以"界面"技术的形式出现。其数学表达式为：

$$S = f(A_1 + \sim_1 + A_2 + \sim_2 + A_3 + \sim_3 + \cdots + A_n)$$

$$S = f(A_i, \sim_i)$$

$$S \neq f(\Sigma A_i)$$

式中　S——制造流程；

　　　A_i——自复制制造单元（节点、工序/装置）；

　　　$\sim_i$——"界面"技术；

　　$i = 1，2，3，\cdots，n$。

所谓"界面"技术是指制造流程中相关制造单元（工序）之间的衔接-匹配、协调-缓冲技术以及相应的装置、网络和调控程序等。不仅包括工艺、装置而且包括时-空配置、运行调控等一系列技术和手段，进而能够促进物质流运行优化、能量流运行优化和信息流运行优化。换言之，"界面"技术优化能促进相关的、异质-异构的一系列制造单元（工序）之间非线性相互作用关系的优化，诸如传递-遗传关系、时-空配置关系、衔接-匹配关系、缓冲-链接关系、信息-调控关系等。

"界面"技术是制造流程结构的重要组成部分，是描述制造流程宏观运行行为的动力学方程中的诸多非线性项；"界面"技术的本质是要使制造流程内所有节点-节点之间（的非线性项）形成集成协同运行的"耗散结构"，涌现出卓越的功能和效率，并实现"耗散结构"中"流"的"耗散过程"优化。

"界面"技术应体现动态-有序、协同-连续的运行特征，"界面"技术既有"硬件"，又有"软件"；以钢铁制造流程为例，"界面"技术是广泛存在的，如图 4-6 所示。此外，尚有诸多"亚界面"技术的存在。

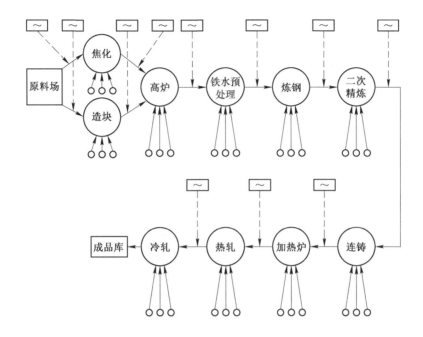

图 4-6 钢铁制造流程中的"界面"技术

"界面"技术优化的路径一般有：

1）节点-节点间链接结构的简化；

2）节点间序参量协同优化；

3）不同层次的节点间嵌套结构协同优化；

4）整体动态-有序运行过程中节点间信息传递高效化。

为了构建流程型制造流程的数字物理融合系统（CPS），努力构建一个能充分表达制造流程宏观动态运行内在物理机制的物理模型是重要基础之一——构筑一个合理的物质流、能量流、信息流渠道及其网络；其中，一系列"界面"技术的合理表达和优化应该是不可忽视的重要组成部分，必须加以深入研究。

（4）制造流程联网动态运行应在一定的运行规则约束下

进行，运行规则是运行程序的重要构成部分；对钢铁工业而言，钢铁制造流程的动态运行应遵循如下六条规则：

1）间歇运行的工序、装置要适应、服从准连续/连续运行的工序、装置动态运行的需要。例如，炼钢炉、精炼炉要适应、服从连铸机多炉连浇所提出的钢水温度、化学成分特别是时间节奏参数的要求等。

2）准连续/连续运行的工序、装置要引导、规范间歇运行的工序、装置的运行行为。例如，高效-恒拉速的连铸机运行要对相关的铁水预处理、炼钢炉、精炼装置提出钢水流通量、钢水温度、钢水洁净度和时间节奏提出要求与规范。

3）低温连续运行的工序、装置服从高温连续运行的工序、装置。例如，烧结、球团等生产过程在产量和质量等方面要服从高炉动态运行的要求。

4）在串联-并联的流程结构中，要尽可能多地实现"层流式"运行，以避免不必要的"横向"干扰而导致"紊流式"运行。例如，炼钢厂内通过连铸机-二次精炼装置-炼钢炉之间形成相对固定的、不同产品的专线化生产等。

5）上、下游工序装置之间能力的匹配对应和紧凑布局是"层流式"运行的基础。例如，铸坯高温热装时要求连铸机与加热炉-热轧机之间工序能力匹配并固定-协同运行等。

6）制造流程整体运行一般应建立起推力源-缓冲器-拉力源的动态-有序、协同-连续/准连续运行的宏观运行动力学机制。

（5）集成联网。对于开放的复杂系统而言，耗散是一种共性现象和普适规律，动态运行的制造流程在集成联网过程中应遵循耗散结构中流动的耗散过程优化的原则。

4.4 制造流程运行与耗散结构、耗散过程

对流程型制造业而言，制造流程乃是立业之根本，如何认识制造流程物理系统运行的耗散过程、耗散结构，将是流程型制造业工厂智能化发展的重要科学命题之一。

4.4.1 如何认识"耗散"

对于开放的复杂系统而言，耗散现象是一种共性现象和一类普适规律。开放的复杂系统一般都是由一系列相关过程（例如还原过程与氧化过程，形变过程与相变过程，加热过程与冷却过程等）及结构化的过程群构成的，这体现在多组元、多因子、多层次、多尺度的物理特征以及相关的网络结构上，也体现在多工序及其异质异构性和工序间的非线性相互作用及动态耦合的运行特征上。

耗散现象、耗散过程体现在开放复杂系统中相关的过程和过程群的结构性关联（过程网络）之中，并将涉及物质、能量、时间、空间、信息甚至生命等基本存在形态。

任何与能量衰减/损失相关的现象都是耗散现象。任何与能量衰减/损失相关的过程都是耗散过程。这种耗散过程可以存在于能量的转换过程之中，可以存在于物质转变的过程之中，可以存在于过程时间存留长短之中，可以存在于空间变换过程之中，可以存在于生命过程之中，也可以存在于信息的传递/转换过程之中。耗散过程中能量耗散的多少及其形式取决于该过程中事物流经的路径、网络的结构，这就是耗散结构[5]。

耗散结构是开放系统中"流"运动过程中发生耗散现象的承载体。耗散过程是开放系统中动态运行的事物在历经耗

散结构的过程中发生耗散现象的过程。在相同的始态与终态
条件下，同一类事物在流经不同耗散结构的过程中所发生的
耗散现象及其耗散值是不同的，耗散结构决定着耗散过程的
优劣。

耗散结构必然与发生耗散过程的机制、步骤、路径、程
序等因素有关。在开放复杂系统中，同样的始端、终端，其
机制、步骤、路径可以是多样的、混沌的、有序的，是多尺
度、跨层次嵌套性的；不同类型机制的实施是混沌的或有序
的、分步骤的（或多或少的），从而构建出制造流程的耗散
过程群，并形成耗散结构的步骤、路径和程序。由此，可以
联系到制造流程动态运行的物质流网络、能量流网络和信息
流网络以及各自相关的运行程序对耗散结构和耗散过程的
影响。

耗散现象、耗散过程、耗散结构以各种不同的复杂的形态
存在于各类动态开放的复杂系统之中。耗散现象、耗散过程、
耗散结构在物理本质上首先将关联到能量在不同过程、不同尺
度、不同层次、不同组元之间转换机制、转换方向、转换效率
方面。在物理、化学和生理过程中，能量与物质是相关的，在
一定条件下是可以相互转换的，在这种转换过程中，转换机
制、转换效率不仅取决于一般原理，而且在很大程度上取决于
工程（工艺）过程和工程模型以及相关的工程结构——耗散
结构。

对于制造工艺流程而言，耗散过程、耗散结构的优劣取决
于工艺流程中的"流"（物质流、能量流、信息流）、"流程网
络"（物质流网络、能量流网络、信息流网络）和"运行程
序"（物质流运行程序、能量流运行程序、信息流运行程
序)[6-7]的合理性。

研究耗散过程、耗散结构在方法论上要注重动态性、结构

性、链接性，特别是非线性耦合和涌现性。总之是要以"流"观"化"，在各种"流"的流动过程中观察其耗散现象。

4.4.2 制造流程的结构——耗散结构

制造流程是过程和过程群及其结构化的整合，是开放的、复杂的、动态的、有序化的过程群所构成的特殊工程结构——耗散结构。

制造流程是由不同类型的、不同时空尺度的、相关的、异质异构的过程组成的过程群，而这些过程群之间是通过互相之间功能的衔接、流通量的匹配和合理的时空链接所构成的一个开放的、复杂的结构（静态的耗散结构的框架）。在制造流程运行时，物质流、能量流、信息流通过输入这个结构才能出现耗散现象，因此，"流"在这个开放的、复杂的结构中的运行才体现出真正的动态过程的耗散结构。当制造流程动态运行时，则物质流、能量流、信息流将以负熵流[8]的形式注入这个耗散结构框架，并在这个结构框架中以不同的运行路线发生不同的耗散现象和不同的耗散过程。可见，耗散结构是耗散过程的承载体，在这个承载体中，体现了耗散的机制、耗散的方式、耗散的路线、耗散的过程。

4.4.3 制造流程动态运行的耗散过程与共性规律

制造流程的动态运行过程中总是伴随着耗散现象的，这是一种耗散过程。耗散过程中能量耗散的多少及其形式，取决于输入"流"动态运行的耗散机理、耗散方式、耗散路线与耗散结构。

从物理机制上看，流程型制造业的共性规律是将一组输入"流"（包括输入的物质流、能量流和信息流）经过相互关联而又异质异构的制造单元（工序/装置）之间的非线性相互作用和动态耦合的网络（包括物质流网络、能量流网络和信息流网络），在特定的环境条件下，按照设定的运行程序，经过传递、相互作用，转化为一组期望的目标输出"流"的动态、开放过程，并实现多目标优化。

流程型制造流程是一类开放复杂系统。"流"的持续、有组织、按程序输入/输出是基本现象，耗散过程是其基本特征，耗散过程中能量耗散的形式和多少取决于流程所代表事物的本性及其"流"所流经的耗散结构（动态运行过程经过的"网络"）和运行程序的合理程度。对于一个开放复杂系统而言，如果其始态与终态确定，其耗散过程的优劣主要取决于输入流的运行路线、作用机制、运行节奏、运行规则等，由此时间、空间、信息因素的重要性凸显；路径长、时间长、节奏慢、流通量小将导致流程过程系统内耗散过程中熵增值过大，而不利于过程耗散优化。

4.4.4 制造流程运行的特征

实体性制造流程是为了实现特定的功能目标而构建的，一般是由相互关联而又异质-异构的工序/装置（子系统，这个子系统本身也具有相对于下一层级的整体属性）和相互之间的链接"界面"技术在设定的时-空边界内，通过特定的信息管控系统动态地集成构建起来的、结构优化的整体系统。其中，物理系统是主体（本体），数字（信息）系统是"灵魂"，但数字系统不能替代物理系统，在流程型制造业的制造流程中，数字（信息）有的依附于物理系统，有的独立于物理系统；作为一个整体，物理系统应体现其应有的自组织性，人为输入的数字（信息）系统则属于他组织力。

制造流程的动态运行过程是开放性的、非平衡的，属于在一个耗散结构内运动的耗散过程。为了优化流程运行的耗散过程，流程系统的理想运行状态应是追求动态-有序、协同-连续/准连续运行。主导形成流程静态结构的"序"以及流程运行的"序"是来源于制造流程内部结构及其相关的自组织信息，因而必须认识到制造流程（物理系统）本身具有自组织性[9-10]。制造流程的自组织性来自流程内相关工序/装置的功能序、空间序和时间序的合理配置和集成组合。制造流程自组织力的强弱取决于制造流程系统内工序功能集的解析-优化，工序之间相互作用关系集的协同-优化和流程内工序集合的重构-优化的程度。

可见，对制造流程而言，有自组织性的系统未必有完全合理的结构，在其运行时也未必有很强的自组织力，从而影响到耗散过程的优劣。

为了优化流程系统的耗散过程（例如能量消耗的多寡、生产过程效率的高低、生产过程稳定性的好坏等），往往需要外界的帮助、支持、调控（例如进行技术改造、加强管理调控手段、全局性的信息化调控支持等），这种来自制造流程物理系统外的帮助、支持、调控手段是他组织力。因此，流程制造业工厂的设计过程和运行过程，体现了制造流程的自组织性和外部的他组织力。当今，流程工业的制造流程这一物理系统的本质性结构优化和融入强有力的信息化手段（包括人工智能等）是流程工业绿色化、智能化发展的关键和共性特征。

4.4.5 制造流程中的自组织与耗散结构

制造流程是一个开放的、远离平衡的系统，持续开放是有序之源。开放动态过程导致"三流"（物质流、能量流、信息流）、"三网"（物质流网络、能量流网络、信息流网络）和三类"程序"（物质流运行程序、能量流运行程序、信息流运行程序）的存在，形成耗散结构。开放生"流"，"流"者必动，动者循"网"，网动依"序"，"序"关耗散。在开放系统动态运行过程中，将相关的过程群集成为动态-有序、协同-连续/准连续"流"的概念至关重要。确立"流"的概念，导出耗散过程、耗散现象和耗散结构之间的关系。

流程系统远离平衡才有可能处于动态-有序的稳定态运行，并发展到协同-紧凑-连续运行。构成流程的各个单元之间的非线性相互作用、动态耦合是其基本特征，涨落现象的优化（包括技术进步引起的、资源/能源变化引起的、环境/生态因素形成的突变）将引起制造流程的功能-结构进化。

制造流程系统内存在着复杂的非线性相互作用关系，具有内在的自组织性和不同的自组织程度。其中重要的是单元工序/装置的功能优化以及它们相互之间的链接关系优化（特别是"界面"技术）。也就是说，要在组成单元功能优化的基础上，注意单元-单元之间非线性相互作用关系的优化——从制造流程本构特征的概念出发，优化制造流程动态运行过程中的非线性相互作用关系（包括各类"界面"技术），相互反馈，实现自组织、自复制、自生长等方面的优化。

制造流程进化的过程是以组成单元优化（包括渐进性、突变性优化）为基础，通过非平衡、非线性相互作用机制及其优化（自组织程度的优化），并在人为输入他组织力的推动下，构建出一个动态-有序、协同-紧凑-连续-稳定的耗散结构，以实现流程运行过程中耗散过程的不断"合理化"。

上述制造流程的耗散结构比较集中地体现为物质流网络结构、能量流网络结构和相关的信息流网络结构；而且，这"三网"是相互关联的。这种关联关系是制造流程实现智能化的重要基础。因为自组织、耗散结构优化是制造流程的物理系统优化的本体和终极追求目标。

4.4.6 开放复杂系统的"熵"

流程动态运行系统是开放的复杂系统。这个系统在不断地与外界环境进行物质流、能量流、信息流的交换过程中获得外部动力（负熵流[8]）；同时通过流程系统内部的各组成单元之间的相互作用、动态耦合下形成自然约束和相互协调，产生内部协同的动力（导致内部熵产生的减少），进而引起流程系统内部结构的优化。在内、外动力的共同作用下，推动流程系统内各组成单元以同一运行逻辑，朝着耗散结构优化的共同目标发展——流程物理系统的自组织优化。

开放系统动态运行过程中所形成的结构就是耗散结构。

对于动态运行的流程系统而言，它的动态运行自组织优化过程往往体现为从混沌运行状态演化成物质流、能量流、信息流"三流"协同的稳定有序的运行状态，即在耗散结构优化基础上的耗散过程优化。

在开放系统中，耗散过程的描述可以用熵来表示（图4-7）。

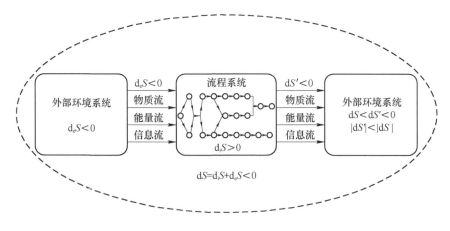

图 4-7 制造流程耗散过程

$$dS = d_iS + d_eS$$

式中　dS——制造流程动态运行过程的熵变；

　　　d_iS——熵产生，是系统内的过程的不可逆性的量度，d_iS 是正向增加的，只能是熵增，不可能成为负值，但在不同条件下熵增值可以有大有小；

　　　d_eS——熵流，是系统和环境进行能量、物质、信息交换（输入/输出）所引起的熵变化，熵流 d_eS 一般为负熵流入。

$$dS = d_iS + d_eS \longrightarrow dS'$$

式中　dS'——制造流程输出熵流，相对于绝对零度的状态仍将为负值。

为了促进制造流程动态运行的优化，从物理本质上需要思考的问题是：

（1）如何使系统内耗散过程的熵产生（熵增量）d_iS 尽可能小（耗散优化路径之一）。

（2）如何使系统外输入的熵流 d_eS（负熵流）和系统内耗散过程的 d_iS 值处于相适应的合理区间（耗散优化路径之一）。

（3）在合理调控 d_iS 和 d_eS 的基础上达到 $dS = d_iS + d_eS =$ "－"。即以尽可能小的负熵流输入使流程运行过程处于稳定态（耗散优化路径之一）。

d_iS 取决于"流"运行过程路径（动态运行的流程网络）和运行程序及其耗散过程的方式，例如衔接-匹配程度、动态-有序程度、简化-紧凑-协调程度、层流-混沌程度、有序-紧凑-协同-稳定程度、嵌套-有序-合理程度等。

d_eS 取决于物质流、能量流、信息流输入/输出的种类、方式、强度、协同、稳定程度。

物质流/能量流的输入/输出表征了与物质流、能量流相关

的熵流的方式和熵流的强度，以及自组织信息流的源头和自组
织力的源头。

信息流的输入/输出，表征了信息熵的始末和流程动态-有
序运行的受控度。信息流（特别是他组织信息流）的输入也
是负熵流的具体体现。

需要指出，由物质流/能量流的输入/输出引起的负熵流和
由信息流输入/输出引起的负熵流在计算量纲上是不同的，不
是简单加和性的，而是相互之间的某种函数关系，需要进一步
深入研究。

4.4.7 "流"的分维分形与"界面"技术

制造流程是一类人工物理系统，由相关的、异质异构的自
复制物理单元按照"流"在相应"运行程序"的指令下，通
过各类"界面"技术的链接，在"流程网络"中做各种形式
的、不同有序度的"动态-有序""协同-持续"的运行。

其中物质流是流程运行的本体（主体），是"本"；能量
流的驱动和作用是流程运行的动力（"力"）；而信息流是流程
动态运行过程中自组织/他组织的"魂"。

需要深入思考的是"三流"实际上是"三维"（物质维/
能量维/信息维）。维（流）的表现形式是可以分形的，例如
物质维可以分形为质量、组分、状态、性质、尺寸、形状、体
积等；能量维可以分形为热焓、温度、自由能、机械功、无用
功、余热、余能等；信息维可以分形为内在自组织信息系统、
背景（环境）信息系统、人工输入的他组织信息系统等，这
些信息系统还可以进一步解析分形……

在制造流程物理系统的自复制物理单元（工序/装置等）
中，只具有某种程度的"独立性"，其"独立性"是受到流程
内上/下游物理单元（工序/装置等）的自复制行为的制约的。

相互关联的、异质异构的自复制物理单元之间存在着输入/输出
关系；因此必然有各种不同类型的"链接件"存在（"界面"
技术），进而通过"链接件"（"界面"技术）形成流程网络。

　　制造流程中的"界面"技术也是分维分形地链接的，例
如：高炉—转炉之间的物质流链接，可以分形为质量、流量、
时间、温度、组分等；连铸—热轧之间的物质流链接可以分形
为坯重、断面尺寸、长度、流量、时间、温度等。制造流程中
的各种"界面"技术实际上包含着不同分维分形性的衔接、
传递、匹配、缓冲、协同关系，不同的分维分形链接关系，体
现出不同形式的耗散过程、耗散现象。因此，耗散现象也具有
分维分形的性质。

　　链接件（"界面"技术）的分维分形性体现着相关性信
息，同时这种相关性往往关联到非线性关系（信息）。由此，
"界面"技术往往表现为动态自复制单元之间的非线性相互作
用和动态耦合关联，关联到"流"在耗散结构中流动/流变的
耗散过程以及耗散值的非线性和稳定性。

　　可见，要解决制造流程动态运行过程的非线性耦合及其稳
定性，需要建立流程物理系统以及"流""流程网络""运行
程序"的概念来提高内在的自组织性，同时，还需要他组织
信息流发挥他组织"力"的调控作用。

4.5　动态-有序运行结构内的耗散

　　制造流程动态运行的过程是开放系统内远离平衡状态的演
变过程。从耗散结构理论可知，没有向系统输入的负熵流就不
可能维持过程的持久进行，因为系统内发生的熵产生将会使过
程走向平衡，即走向停止。然而，过多地输入负熵流，也不可
能使过程的熵产生转变成负值。相反，过多的负熵流促使过程

熵产生率增大。在生产制造流程的运行过程中,"流"的形式、运行节奏和工序功能分布都将影响运行结构,都会影响耗散结构和耗散过程。

4.5.1 "流"的形式和耗散

生产流程是一种开放的、多单元(工序/装置)相关集成的、动态运行的过程。为了使其运行过程动态-有序,高效地、持久地进行,减少其内部耗散,减少熵产生率是关键。参照流体流动的形式,可将动态-有序运行的"流"区分为"层流式"运行和"紊流式"运行两种运行方式。"层流式"运行易于使"流"实现有序、稳定的状态,一般而言,其过程的耗散较小。而"紊流式"运行又可分为两类亚状态,即混沌状态和无序状态,运行过程的耗散大,过程中熵产生率高。

"流"和流动所讨论的对象是有区别的。这里,"流"的划分也仅仅是在形象上借用流动的某些说法,而运动的特性并非全都雷同。"层流式"运行是指运行的"流"没有交叉和干扰,而流体的层流流动是低速流动,流体内部摩擦力大,各流体层之间速度有较大落差。"紊流式"运行是指"流"在运行时发生相互干扰和交叉,有时干扰很强烈,导致运行过程紊乱无序。无序包括瞬时停顿、相互等待、随机交叉、上、下游不匹配-协同、运行节奏失稳、运行效率下降等。而在流动方面,和层流相对应的湍流(曾称紊流),是指高速流动的流体中有大量速度脉动,形成大大小小的涡并且处于不断的破裂与合并之中,但整体流动仍是有序的,有明确方向的。为了在术语上表现这种差别,对于"流",专门称为"层流式"运行或"紊流式"运行,而不应简化成为层流或紊流。

流体的流动:广义流(动量、质量、热量等传递)的发生,都要依靠力(广义力即梯度)的驱动。发生流动现象时,流和力之间存在某些比例关系，因此要涉及场的概念。

场是指其物理量在空间和时间中的连续性分布情况。如果某一时间在空间的每个点都对应着某物理量（例如质量、热量、流速、动量等）的一个确定值，在该空间内就存在该物理量的场。不同时间的场不存在变化的情况称为稳定场，稳定场与时间无关。当场中的物理量分布在每个时间点有所不同时，则称为不稳定场。不稳定场中物理量在空间的分布只是瞬间值。场中分布的物理量可以是标量，也可以是矢量。矢量在各空间维上的分量也是标量。在标量场中，物理量沿某一方向的变化率（方向导数）称为梯度。不稳定场中，只能确定某个时间点的梯度（瞬间梯度）。广义流和梯度（广义力）呈某种正比关系。

制造流程中，"流程网络"（平面图、立体图）和"运行程序"可以比拟为"场"。但这里的"场"是不连续的，可以理解为空间区域本身也属于场内，而函数值的分布具有突变性和不均衡性。不连续的函数不存在导数，不可能再用梯度作为驱动力。制造流程中工序之间的非线性相互作用、动态耦合作用可比拟为驱动力，例如高炉出铁对流程下游冶金过程来说呈现为推力，连铸机多炉连浇对流程上游冶金过程而言是拉力和对流程下游形变-相变过程而言是推力等。在"力"和"场"的作用下，"流"做不同形式的流动——动态运行。"力""场""流"的动态行为决定了流程的耗散。

异类的力和"流"之间还存在干涉、耦合现象。在近平衡区内（封闭系统）按照 Onsager 倒易关系

$$\sigma = \frac{\mathrm{d}_i S}{\mathrm{d}t} = \sum_{k=1}^{n} J_k X_k \qquad (k = 1,\ 2,\ \cdots,\ n)$$

$$J_k = \sum_{i=1}^{n} L_{ki} X_i$$

$$L_{ki} = L_{ik}$$

所以
$$\frac{\mathrm{d}_i S}{\mathrm{d}t} = \sum_{i,\,k=1}^{n} L_{ik} X_i X_k$$

式中　σ——单位体积介质的熵产生率，$W/(m^3 \cdot K)$；

　　　X_k——不可逆过程中第 k 种广义热力学"力"；

　　　J_k——不可逆过程中第 k 种广义热力学"流"或速率；

　L_{ki}，L_{ik}——线性唯象系数，又称为相关系数；

　　　n——独立的广义流或力的数目。

"流"的相干、耦合使熵产生率加大。推广到非线性区（开放系统），这种相干、耦合促进熵产生加大的情况也可能存在。例如，由于平面图不合理，引起物质流的不通畅将会增大散热量，使热流耗散增多；又如由于连铸机—加热炉距离过大，或是能力不匹配，导致冷坯落地，进而导致减慢"流"的速度，会引发加热炉能耗增加和某些铸坯的二次氧化加重。这些都表征着运行过程中"流"的形式对流程动态运行过程耗散的影响。

4.5.2　运行节奏和耗散

生产流程中各个工序/装置中发生的事件是不同质的，它们运行和演变的速率、节奏呈现出很大的差别。为了运行顺畅，除了"流"的运行路线不应受到干扰之外，还应该使多工序/装置运行的时间周期和频率能够相互协调。因此，需要制定生产过程的时钟推进计划来规定、预测和控制动态运行过程中事物的发展和演变过程。

对于冶金生产而言，时钟推进计划一般是以"分流量"（分钟级的流量）——铁素物质流每分钟进行的"物质流通量"作为控制基础的。也就是"流"的运行应该遵循"分流量相等"的原则。既不是"秒流量相等"，也不是"小时流量相等"。流程中的多数工序/装置（连轧机除外）宏观运行的流通量精度实际上不需要控制到秒流量相等的精度，工序之间流通量的秒流量相等对全流程的生产运行也不具有实质意义。小时流量对流程的动态-有序、协同-连续运行又过于粗放、松弛，实现"小时流量相等"对冶金流程的运行而言不意味着"流"在连续、稳定运行。还应指出，这里讨论的流通量是一种宏观上的流量；铁素物质流在前进途中要经历一系列物理、化学变化，其中一些微观变化对流量的影响不在上述宏观流量的研讨之中。

由于冶金流程是由异质、异构的相关单元（工序/装置）通过一系列"界面"技术集合而成的，为了使它们能够互相衔接、匹配、协调运行，往往会使一些运行过程"时间弹性"相对较大的工序/装置作为柔性缓冲单元，以维持流程能整体连续运转。但是，如果某些工序动态运行过程的"时间弹性"过大，也会增大流程动态运行的耗散。因此，对流程内各工序/装置而言，应该有各自优化的运行节奏（合理"涨落"），以实现流程整体能长时期处于动态-有序、协同-稳定的运行状态。

除了生产过程各工序/装置的运转节奏、运行时间周期以外，流程中各工序/装置的维修时间周期需要协同起来，如果不能互相协同，或者维修质量不佳，在运行过程中发生意外事故，必然也影响流程整体的动态运行的节奏和效率，导致运行过程耗散的增加。

参 考 文 献

[1] 殷瑞钰. 关于智能化钢厂的讨论——从物理系统一侧出发讨论钢厂智能化 [J]. 钢铁, 2017, 52 (6): 1-12.

[2] 殷瑞钰. "流"、流程网络与耗散结构——关于流程制造型制造流程物理系统

的认识 [J] . 中国科学：技术科学, 2018, 48（2）：1-7.

[3] 殷瑞钰. 冶金流程工程学 [M]. 2 版. 北京：冶金工业出版社, 2009：98-102.

[4] YIN Ruiyu. Metallurgical process engineering [M]. Beijing：Metallurgical Industry Press, and Verlag Berlin Heidelberg：Springer, 2011：70-73.

[5] Nicolis G, Prigogine I. Self-organization in nonequilibrium systems [M]. New York：John Wiley & Sons, Inc. , 1977：24-25.

[6] 殷瑞钰. 冶金流程工程学 [M]. 2 版. 北京：冶金工业出版社, 2009：150-152.

[7] YIN Ruiyu. Metallurgical process engineering [M]. Beijing：Metallurgical Industry Press, and Verlag Berlin Heidelberg：Springer, 2011：118-120.

[8] Nicolis G, Prigogine I. Self-organization in nonequilibrium systems [M]. New York：John Wiley & Sons, Inc. , 1977：60.

[9] 殷瑞钰. 冶金流程工程学 [M]. 2 版. 北京：冶金工业出版社, 2009：155-159.

[10] YIN Ruiyu. Metallurgical process engineering [M]. Beijing：Metallurgical Industry Press, and Verlag Berlin Heidelberg：Springer, 2011：122-125.

第 5 章　制造流程的"自组织性" 和"他组织力"

自然物理世界是纯自组织的，它没有人们通过劳动、知识活动的他组织。

制造流程是一类人工物理系统。现实人工物世界的一切系统都是他组织与自组织相结合的。

在数字物理融合系统中，物理系统是被数字信息系统以外在的他组织力形式的作用下，进行协同-有序-持续-稳定地运行的实体和过程。反之，也可以说，被人为设计、组织的物理系统的性质、结构，对于运行过程中外界他组织力的可导入性及其调控效率而言，物理系统的性质、结构具有基础性的意义。

人工物理系统是有组织的。但同时也应该认识到，它是被人们设计出来的，它是有组织性的（包括内在的自组织性在内），但它的自组织程度是多种多样的。总的看来，有的有比较完善的自组织程度，有的则是有缺陷的。人工物理系统的自组织性，既影响物理系统本身的结构、功能、效率，同时也影响到外界他组织力（即人为输入的数字信息指令）的可导入性及其效率。

应该看到，人为输入的数字信息指令和人工物理系统实体之间是他组织"力"和被组织的实体的关系，他组织"力"不同于被组织实体（"流"），两者之间是组织者与被组织体的关系。

制造流程的动态运行是由被组织的"流"（物质流/能量流/自组织信息流）和人为输入的他组织"力"（外界输入的信息指令）共同构成的动态运行模式。

"流"（"三流"）在人工构建的"流程网络"中，按照物理系统（人工设计固定的）内在的自组织性和人为输入的他组织"力"，进行诸多形式的动态-有序、协同-连续运行，体现出不同维度、不同形式、不同程度的耗散过程和耗散现象。

5.1 流程系统的自组织与信息化他组织

5.1.1 系统的自组织与他组织

从逻辑上看，组织一词是"属"的概念，自组织、他组织是"属"下面的"种"的概念。流程系统作为工程实体，是诸多单元工序/装置通过一系列"界面"技术组织起来的实体，即有组织的过程群体。其组织力来自系统内部的是自组织，组织力来自系统外部的是他组织。哈肯的表述是："如果系统在获得空间的、时间的或功能的结构过程中，没有外界的特定干预，我们便说系统是自组织的"[1]。类似的，如果系统是在外界的特定干预下获得空间的、时间的或功能的结构，我们便说是他组织的。"外界的特定干预"就是他组织作用。他组织过程是自上而下进行的，具有某种强制性、自觉性是人工他组织的特点。

开放的、不可逆的、远离平衡的复杂流程系统，具有内在的自组织性，其作用机制源自系统具有多因子性"涨落"（例如温度、时间等）和单元性"涨落"（例如不同的工序/装置的运行等）。由于不同单元具有异质性，通过单元之间的非线性相互作用和动态耦合，或者系统与单元之间的非线性相互作用，出现涌现效应获得自组织性。开放、涨落、非线性相互作用、反馈、涌现等机制是系统获得自组织性的诸多机制。自下而上式、自发性、涌现性是自组织必备的和重要的特征。

对系统产生自组织性而言，开放且远离平衡是形成"动态-有序"结构的前提，集中地体现在从外部环境输入足够的"负熵"（例如输入能源/物质及信息），使系统运行过程保持有序状态。由于流程系统的组成单元具有异质性，开放系统中的异质性单元都各具适度的、合理的"涨落"程度，并通过同一层次异质单元之间的竞争-合作关系，产生不同类型的非线性相互作用和动态耦合关系。系统与单元之间也具有非线性相互作用关系，体现为开放的流程系统对不同异质单元的选择性和不同异质单元对开放系统的适应性。

在流程系统中，同一层次单元之间的非线性相互作用和动态耦合，或者系统-单元之间非线性相互作用（选择-适应），是开放系统有序化的协同机制，而这种协同机制的源头则来自单元性"涨落"和多因子性"涨落"。然而，也应该注意到"涨落"具有两重性，即建设性和破坏性并存。合理的、适度的"涨落"诱发向新的动态-有序结构演化；反之，过度的、不合理的"涨落"也会使原来动态-有序结构的稳定性减弱，甚至失效。研究单元工序/装置的合理、适度"涨落"，在于通过单元工序/装置之间一系列"界面"技术的优化，促进流程运行过程耗散结构优化。没有"涨落"，就没有系统的非线性相互作用的关联效应放大和序参量的形成，并使流程系统向新的有序结构进化的可能。

5.1.2 流程集成过程中的自组织与他组织

流程设计及其动态运行是为了构建一个人工实在体系的事前谋划和实施过程。流程工程设计过程是通过选择、整合、互动、协同、进化等集成过程，来体现工程系统的整体性、开放性、层次性、过程性、动态-有序性等为特征的自组织特性，又通过与基本经济要素（资源、资金、劳动力、土地、市场、环境等）、社会文明要素、生态要素等要素的结合，设计、构筑起合理的结构，进而体现出工程系统的功能和效率。从这个意义上讲，流程工程设计和动态运行就蕴含着他组织的意义。也就是要把相关的要素，在其相互之间具有自组织性的基础上，设计出一个具有他组织特性的系统（例如设计流程网络、设计功能结构、时-空结构等），并且进一步设计出在其实际动态运行中进行他组织控制的程序（和边界）以及有关的管理方法，即设计出不同单元（要素）、不同层次的运行程序，以进一步提高流程系统在其运行过程中的组织化程度。这种组织化程度是工程系统自组织性的外在体现，它有别于内在的自组织性，组织化程度是在他组织手段控制、管理下，流程系统自组织性动态-有序化、协同-连续化所表征的具体外在表达。

5.2 制造流程中的自组织性

5.2.1 制造流程的自组织现象

制造流程系统内单元（工序/装置）之间存在着复杂的非线性相互作用关系，这些相互作用关系表征着系统内在的自组织性和不同的自组织程度，其中重要的是单元工序/装置的功能以及它们相互之间的链接关系（特别是"界面"技术）。也就是说，要在各个组成单元功能优化的基础上，注意单元-单元之间非线性相互作用关系的优化，即从制造流程本构特征的概念出发，优化制造流程动态运行过程中的非线性相互作用关系（包括各类"界面"技术），实现相互反馈，以及自创生、自复制、自生长、自适应等方面的优化。

（1）自创生。自创生是在制造流程自组织过程中形成的新的状态。在流程系统演化过程中，自组织过程类似于相变，在一定外界条件下，流程系统原来处于失稳无序态，由于流程内工序、装置之间的相互作用，自发产生新的结构和功能。相对于"自组织"过程以前的流程系统而言，是一种新状态，而以前是不存在这种状态的。这一自组织形式称为自创生。

自创生的特点在于自组织的过程中，流程系统出现了原来所不曾有的新的状态、结构、功能，而新出现的状态、结构、功能，又不能用某种组织理论来分析它与自创生前流程系统状态之间的关系。自创生实际上是集成优化和创新属性的反映。例如，钢铁生产流程中以连续铸锭替代模铸—初轧、开坯，使得凝固成型工序与炼钢炉、热轧机之间的相互关系，分别发生了明显的变化，出现了新的高温热连接状态、流程连续化程度相对高的结构，从而使钢铁制造流程的物质流、能量流运行有序程度和运行效率大幅提高，运行成本显著下降。

自组织过程后出现的新状态与原来状态相比，有序程度提高的称为自创生；反之，如果新状态比原来状态有序程度降低的，则称为自坍塌。在钢厂技术改造过程中，也曾出现过一些"自坍塌"现象，例如不顾企业总图布置的合理性，随意增加设备甚至混乱地布置生产车间；为了一时的数量扩张，追求产品"万能化"等。钢厂技术改造过程，一旦出现流程的自坍塌现象，往往会造成长期的甚至全局性的得不偿失的后果。

（2）自复制。自复制是在制造流程自组织过程中，通过工序/装置运行优化，工序/装置之间相互"作用"优化，从而使流程系统形成某种有序、稳定、周而复始的状态。流程系统自组织过程形成的时间结构（例如过程时间周期）可以看成是自复制的最简单的情况。自复制是从自组织的时间过程，来分析流程所处过程状态之间的关系和特点。经过自组织过程，流程系统的运行过程呈现出有序状态；从时间维度分析，运行过程经过一段时间后，新呈现出的图形与原来的图形一样，可以称为自复制。在研究由多个工序/装置（多个子系统）组成的流程系统时，从流程系统的层次来看，流程系统的状态是不变的，仍然保持原来的运行状态；从工序/装置（子系统）层次看，其状态是变化的，每个工序/装置（子系统）都在变。因此，在多数情况下，容易看到流程系统中工序、装置的自复制现象；而往往忽视工序/装置之间"界面"技术的自复制现象。工序、装置以及工序/装置之间的"界面技术"具有自复制功能，才能使流程系统自组织过程中形成的有序状态得以保持下来。自复制是流程系统自组织过程中所形成的状态能稳定存在的原因。在钢厂生产过程中，为生产某一批产品而编制的生产运行图——时钟推进计划，就含有某种自复制的含义。对于各个工序、装置等而言，呈现出一种周而复始的时间过程——这是工序、装置层次上的自复制现象。

（3）自生长。自生长现象是在流程整体层次的尺度上，对流程系统自组织过程所形成状态随时间演化进程的一种描述。这是对流程整体状态的分析。在自生长过程中，流程的结构、功能保持不变。自生长也要依赖于一定环境，包括物质、能量、信息的输入，通过流程系统的自组织，各工序、装置之间相互作用，而转化成整个流程系统的运行机制。在多数情况下，工序/装置（子系统）的自复制以及"界面"技术的自复制是流程系统自生长的基础。例如：转炉、轧钢机等工序周而复始地运行，体现了工序/装置（子系统）的自复制；而钢厂生产流程不断地准连续运行，不断地输入原料、能源、信息，不断地生产出产品、副产品，不断地排放出各类排放物，而且随着时间的推移，体现出自生长的演化过程。

（4）自适应。自适应是从流程系统与外部环境的关系角度上，对流程系统的一种描述。自适应强调在一定的外部环境下，流程系统通过自组织过程来适应外部环境条件，并出现新的结构、状态或功能。

乍看起来，自适应与自创生都是对整个自组织过程的分析，都是研究自组织过程前、后流程系统状态的差别。但也有不同，自创生是从自组织流程系统本身的性质来分析，从自组织过程后流程系统出现了新的结构、功能的角度来分析，是对流程系统本身状态的描述和对流程系统内部机制的探讨。自适应则是系统由于外部环境变化而产生的对"刺激"的"响应"，是从流程系统与外部环境关系的角度，来分析研究流程系统的自组织性质。因此，对于同样一个实例，强调研究其系统内部相互作用时，可称为自创生；强调研究系统与环境条件的关系时，可称为自适应。

在讨论实际问题时，往往把自组织前流程系统呈现无结构、杂乱无章的状态，经过自组织过程后（这是流程系统内部相互作用"涌现"出的新状态）出现了新结构称为自创生；而将流程系统原来具有一定结构的状态，在外部环境发生变化的刺激下，结构又发生改变称为自适应。自适应强调的是，即使流程系统已形成有序结构，只要环境条件发生变化，其有序状态也将随之改变，体现流程系统有适应环境的能力。

上述对制造流程自组织过程的分类是从不同角度、层次、尺度上对自组织过程进行描述和分析。一般而言，自创生主要体现为两个层次，一个是工序功能集的优化，一个是流程层次工序之间关系集的有序、协同、重构；自复制主要体现为组成单元的功能优化和运行优化；自生长主要体现为在单元工序以及单元工序之间"界面"技术的自复制优化基础上，从而实现制造流程整体运行的动态-有序、协同-连续化，体现出耗散结构优化。

耗散结构优化的基础是自组织性和他组织力，自组织优化一方面体现为物理系统自组织性及其自组织程度的进化；另一方面则体现为"三网"的自组织性提高及其对信息流"易抽出"与"易导入"，以及"三网"的运行程序优化。其中信息流网络与"程序"是核心，是他组织力的灵魂。自组织性促进耗散结构的优化。

在现实中，自组织过程是复杂的，在不少情况下，上述多种形式有不同程度的复合。因此，在分析实际的自组织问题时，应从多种角度进行观察、分析。

5.2.2 钢铁制造流程中的自组织现象

钢铁企业的制造流程，是一类开放的、远离平衡的、不可逆的复杂过程系统，其自组织性（动态-有序、协同-连续运行）源自相关而性质不同的单元过程的集成，即单元工序/装置通过"界面"技术进而形成流程网络的集成。

这类复杂过程系统具有诸多功能不同的组成单元、复杂的结构和复杂的运行行为。它的动态运行过程具有多层次性（原子和分子、场域及装置、区段过程、整体流程）、多尺度性、有序性和混沌性（功能、时间、空间等方面）、连接-匹配（静态）、缓冲-协调（动态）等方面的含义。这类复杂过程系统追求具有动态-有序的结构，并追求以协同-连续（准连续）-稳定-紧凑方式运行，以期实现流程持续动态运行中耗散过程的优化。

在钢铁制造流程这类开放的复杂系统中，通过调控各工序/

装置的适度和合理的"涨落"——非线性作用/动态耦合——实现自组织化有序运行等步骤,获得所谓的"弹性链/半弹性链"谐振效应[2](图5-1)。这种"弹性链/半弹性链"谐振效应实际上就是远离平衡的开放系统在他组织手段控制下使流程系统自组织程度优化的体现。

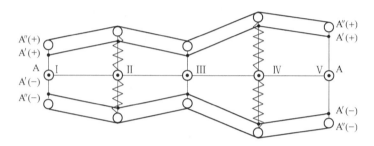

图5-1 电炉流程运行的"弹性链/半弹性链"
稳定谐振状态及其不同类型
A-A—设定的一般状态;A'(+)-A'(-)—正常柔性调控范围;
A"(+)-A"(-)—极限柔性调控范围

制造流程的自组织性来自流程内相关工序/装置的功能序、空间序和时间序的配置和集成组合。制造流程自组织力的强弱取决于制造流程系统内工序功能集的解析-优化(例如以铁水预处理、氧气转炉、二次精炼颠覆平炉等),工序之间相互作用关系集的协同-优化(例如以"一罐到底"代替混铁炉、鱼雷罐等)和流程内工序集合的重构-优化(例如连铸颠覆模铸、初轧/开坯等)——"三个集合"的优化。

5.2.3 制造流程自组织与耗散结构的关系

制造流程是一个开放的、远离平衡的有序系统,持续开放是有序之源。开放过程导致"三流""三网"和三类"程序"的存在,"三流"在"三网"中按"程序"运动,形成制造流程动态运行的耗散结构。开放才能生"流","流"者必然运动,动者必然循"网",在"网"中运动必然依"序",不同的"网络"、不同的程"序"必然关联耗散。"流"的概念导出了耗散过程,以及耗散现象和耗散结构之间的关系。

流程系统远离平衡才有可能处于动态-有序的稳定态运行,并发展到协同-紧凑-连续运行。构成流程的各个单元之间的非线性相互作用、动态耦合是其基本特征,涨落现象将引起制造流程结构-功能变化,以涨落现象为基础,即通过工序功能的解析-优化,达成组成单元工序的自复制过程优化,进而通过非平衡、非线性相互作用机制及其优化(通过各类自组织形式的自组织程度优化),构建出一个动态-有序、协同-紧凑-连续稳定的耗散结构,以实现流程运行过程中耗散过程的不断"合理化"。制造流程中的"三流"按照各类自组织形式动态运行,形成了相应的运行过程的耗散结构,但其自组织特性与其耗散结构之间存在着动态交互的关系。一方面,流程系统的涨落和演变,形成了制造流程的自创生、自复制、自生长和自适应机制,进而形成远离平衡态的稳定结构。另一方面,由耗散结构特性所决定的,维持远离平衡态的稳定结构,必须需要源源不断的负熵流输入,这是制造流程耗散结构稳定存在的前提。输入的负熵流包括了输入的他组织信息流,在一定条件下,这是最为积极、最为活跃的因素之一。

因此,制造流程自组织与耗散结构的相互关系凸显了信息化他组织的重要性。

5.3 信息流的构成及其对物理系统动态运行的影响

5.3.1 信息及其特征

信息是从物质、能量、时间、空间、生命等基本事实中蕴含和反映出来的表征因素。信息具有如下特征[3]:

（1）信息具有表征性。信息的作用或意义在于能够表征事物或对象的组分、结构、环境、状态、行为、功能、属性、未来走向……凡是信息必定属于某一或某些确定的事物，被表征的事物或对象称为信源。

（2）信息具有与信源的可分离性。所谓信息指的是能够表征事物、具有可信性而又从被表征的事物中分离出来栖息于载体上的东西。信息与信源的这种可分离性具有极为重要的意义。人们可以不直接接触某事物而获取它的信息，可以不改变对象自身而对它的信息进行采集、变换、加工、存取、利用，可以进行跨时空传送。

（3）信息具有非物质性。世界是物质与非物质的对立统一。信息就属于非物质，世界是物质与信息的对立统一，非物质的信息作为物质的一种属性而存在于物质之中。

（4）信息对物质的依赖性。作为非物质的信息不能离开物质而单独存在……一切信息作业，包括采集、固定、传送、加工处理、存储、提取、控制、利用、消除等，都是针对携带信息的物质载体施行的，都要消耗能量。

（5）信息具有不守恒性。物质的根本特征是不生不灭，能量的根本特征是守恒，都不具有可共享性，而信息具有可生灭性，同一信息可以任意复制，为人们共享；信息也可以在获取、加工、发送、接收、译码等过程中损失甚至湮灭。

5.3.2 信息/信息化对自组织和他组织的作用

认识流程动态运行过程无疑是一种信息活动，认识过程包含广义的通信过程，从中认识动态运行过程中的各项活动过程，可以引出对活动过程机制的许多新理解，把认识活动过程仅仅归结为一种通讯系统是片面的。认识过程是一个完整的信息作业过程，包括信息获取、收集、表征、传递、储存、提取、加工处理、控制和消除等各个环节，其核心环节是信息的获取、表征、加工处理。所谓认识流程动态运行过程的规律，核心是认识流程运行过程中的信息表征、加工处理的规律。这必须建立在理解流程动态运行的物理本质并构建起植根于流程运行要素及其优化的运行网络、运行程序和物理模型的基础上，即建立在使制造流程转型演化（转向高度有序化）的基础上。

信息流的自组织/他组织与系统内物质流、能量流的行为和过程密切相关，物质流的自组织性、能量流的自组织性是信息流自组织化/他组织化的基础。反之，向系统输入与其物质流、能量流有关的信息，促进其有序化，就是向系统输入"负熵"。其相互作用关系大体如下：

（1）在物质流具有自组织性的基础上，通过人为输入信息流作为他组织调控手段，可以提高和改善物质流的自组织程度，提高物质流的有序化运行效率，并使物质流动态运行过程中的（物质、能量）损耗最小化。

（2）在物质流与能量流具有自组织性的基础上（具体体现为物质流网络和与之相应的能量流网络），使得物质流/能量流协同优化，进一步通过人为信息流输入的他组织调控作用，优化组成单元（工序/装置以及相关的"界面"技术）的合理涨落范围和相互非线性作用、动态耦合关系，可以提高能量流的转换效率和二次能源的回收/利用程度，并使物质/能量流各自运行过程的能量耗散最小化。

信息是非物质性的且不具有守恒特征。在传输传递过程中可以被复制而增大，也可能因阻断而损失、湮灭。这是信息和物质、能量的差别。信息流网络、信息流的调控程序就是在开放系统中物质流、物质/能量流和能量流的动态-有序运行过程中，为了实现开放系统（流程系统）耗散最小化而建立起来的他组织系统。

信息自组织化与他组织功能的获得，就是通过对物质流、能量流动态运行过程中信息特征参数的获得、处理、反馈，构成他组织指令（措施），驱使、强迫"流"在运行过程中物质、能量、时间、空间等方面的参数，在合理、适度的"涨落"和非线性相互作用/动态耦合的过程中，提高开放系统的有序化组织程度。流程系统及其组成单元功能的、空间的、时间的有序化程度的提高，使开放系统实现稳定的动态耦合，进而实现稳态过程的耗散"最小"。

5.3.3　冶金制造系统信息流

冶金制造流程的信息流是由三类不同的信息流交织在一起的，一类是物质流/能量流运行过程中内在的自组织信息流，一类是系统外环境信息流，一类是人为输入的他组织信息流。

（1）一般管控活动信息流。一般管控活动可抽象为感知—认知—决策—控制四个环节，如图 5-2 所示，其中，物理系统在物质流/能量流运行过程产生内在的自组织信息，通过传感器进入信息系统。同时，信息系统接受外部环境信息，包括外部资源、约束、需求和目标等信息。信息系统对自组织信息和外部环境信息进行感知、认知，形成决策和控制指令，产生外驱的他组织信息，作用于物理系统的管控对象，自组织信息和他组织信息构成闭环的信息流。对于智能化系统，支撑感知、认知、决策和控制活动的还有广义模型，来源于物理系统的机理知识、管控规则的数字化，提升信息系统感知、认知、决策和控制的智能化水平。

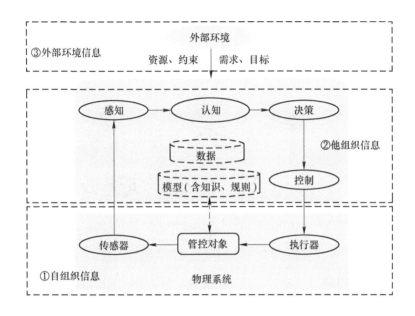

图 5-2 管控活动中感知—分析—决策—控制四个环节的信息流

对照一般管控活动信息流，依据管控对象和管控活动不同，冶金制造流程信息流可分为工序级、产线级和企业级三个层次。

（2）工序级信息流。工序级物理实体为炼铁、炼钢和轧钢等冶金工序，信息系统为基础自动化系统和过程控制系统，如图 5-3 所示，主要功能是根据生产计划和作业规程要求（外部环境信息），实时采集冶金工序现场实绩（自组织信息），进行过程预报、工况判断，对炼铁、炼钢、轧钢等工序进行工艺过程优化设定和工艺装备精准控制（他组织信息）。目前，钢铁企业已广泛应用不同类型的自动化控制，但是缺乏自主感知、自主优化和自主控制能力，需要将工艺过程模型和操作数字化规程嵌入控制系统中，提升自学习、自适应、自决策、自控制能力。

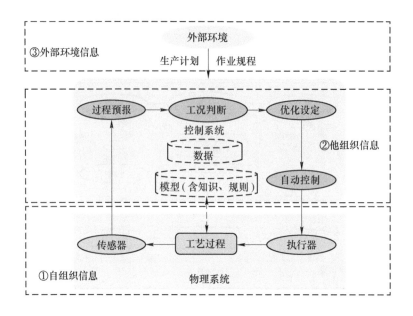

图 5-3　工序级信息流

（3）产线级信息流。产线级物理实体为炼铁、炼钢和轧钢组合的长流程，或电炉炼钢和轧钢组合的短流程，信息系统对应 MES（制造执行系统），如图 5-4 所示。主要功能是根据生产订单和资源约束（外部环境信息），实时采集冶金流程生产实绩（自组织信息），进行生产监控、生产判断，生成各工序计划优化和动态调度指令（他组织信息）。智能化系统需要将跨工序自组织信息按流程进行汇聚和时空匹配，形成与物质流、能量流同步的自组织信息流，同时需要构建跨工序的网络化仿真模型，将冶金流程学的动态-有序调控规则数字化，实现生产计划、产品质量、生产成本、产线绩效的多目标协同优化。

（4）企业级信息流。企业级物理实体为企业生产基地（产线群），信息系统为 ERP 等经营管理系统，如图 5-5 所示，主要功能是根据用户订单和资源约束等市场信息（外部环境信息），

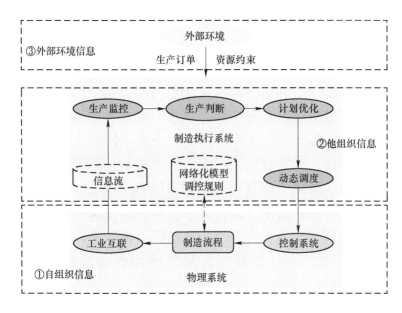

图 5-4　产线级信息流

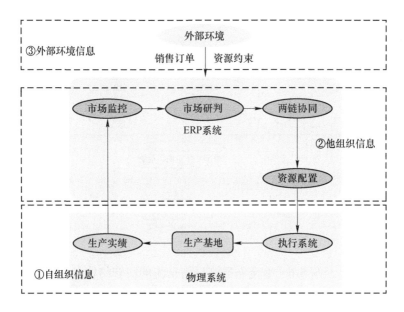

图 5-5　企业级信息流

实时采集生产基地生产实绩（自组织信息），进行市场信息收集、市场态势研判、供应链协同优化和企业资源配置（他组织信息），为企业在经管过程的精益决策提供信息集成和决策支持，实现供应链和服务链的整体协同与优化。

将上述各级信息流进行综合集成，可得到图 5-6 所示的冶金制造流程的信息流。工序、产线、企业不同层次信息流形成多级嵌套结构。对于智能化系统而言，需要全面感知反映跨工序全流程的物质流、能量流等信息（自组织信息），以及供应链和服务链的用户需求、销售订单、原燃料资源和环保要求等信息（外部环境信息），通过实时分析—科学决策—精准执行环节生成企业经营、制造执行和工序操作各层次管控指令（他组织信息）。

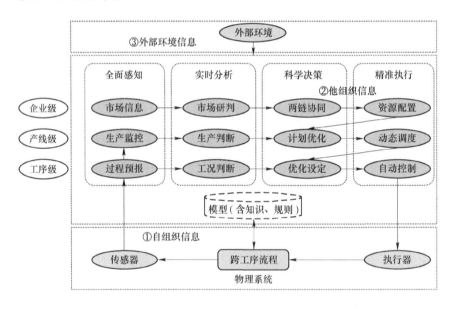

图 5-6　冶金制造流程信息流的嵌套结构

物质流/能量流运行过程内在自组织信息的稳定、简化、协调、规则化，将有助于人为他组织信息流的导入简易、可控。因此，在制造流程的数字化、网络化、智能化过程中，应该形成一种物理系统与信息系统相互适应、相互协同、相互融合的方法论机制。

在物理系统一侧：物质流运行自组织信息的简捷化、规则化、稳定化将有利于他组织信息流的导入、贯通、高效、稳定。

物质流内在自组织性简捷、规则、稳定与如下运行特征有关：

（1）上、下游工序之间的层流运行。

（2）上、下游工序能力的匹配、对应。

（3）上、下游工序/装置之间的时间关系的协同性、连续性。

（4）上、下游工序/装置之间的空间关系的紧凑性、简捷性。

（5）制造流程整体运行的协同性、稳定性。

在数字信息系统一侧，则应通过自感知、自学习、自决策、自执行、自适应等手段，针对物理系统的内在自组织信息，输入有针对性的、易于导入的他组织信息流。

数字信息系统的智能化与如下特征有关：

（1）自组织信息应与物质流、能量流融合，构建同步、有序的信息流。自组织信息是系统内物质流、能量流的行为和过程从物理空间向数字空间的映射，需要在充分理解全流程物质流和能量流自组织性基础上，对工序级呈点状分布的自组织信息（事件、过程参数、生产结果等）进行跨工序的汇集和时间、空间精准匹配，构建与物质流、能量流同步、有序的全流程畅通的自组织信息流，消除工序间信息孤岛，不失真地反映全流程各工序及界面间物质流、能量流动态"涨落"演变的全貌。

（2）他组织信息的生成需要考虑工序、产线、企业纵向协同。在工序、产线、企业信息流多级嵌套结构中，涉及企业级的资源配置、产线的计划调度和工序的过程控制等他组织调控指令，这些调控指令在不同管控层级应实现纵向协同。一方面便于上层目标的贯彻，实现全局优化；另一方面可及时反映制造流程的异动，实现动态调整。

（3）他组织信息的生成需要考虑多目标优化。钢铁制造流程协同运行需要考虑全流程物质流综合效率指标、物质流综合质量稳定性指标、全流程物料利用率指标和全流程能效指标的综合优化，是一典型多目标优化问题。每一目标的达成具有不同的约束条件、调控手段，目标间既有一致、趋同的方面，也有相互影响、抵触的方面，需要深入理解冶金流程学物质流、能量流、信息流协同优化的内涵，进行综合考量，确定逻辑一致性的多目标集合、约束条件和协同变量，探讨协同优化的协同机制和优化方法，为实现钢铁制造流程动态-有序、协同-连续运行创造条件。

（4）自组织信息、他组织信息应与物理系统深度融合形成闭环信息流。源于制造流程的自组织信息通过全面感知—实时分析—科学决策—精准执行四个递进环节产生他组织信息，再反作用于物理系统，循环迭代，持续优化，通过实时动态调控，支撑制造流程的动态-有序、协同-连续运行。

上述诸项的规范化，将促进制造流程动态运行过程中产生的内在自组织信息简捷化、规则化和稳定化。进而将有利于他组织信息流的导入、贯通、高效、稳定，达到物质流、能量流、信息流"三流"协同，建构成有效的数字物理融合系统。

参 考 文 献

［1］哈肯 H. 信息与自组织［M］. 成都：四川教育出版社，1988：29.

［2］殷瑞钰. 冶金流程工程学［M］. 2 版. 北京：冶金工业出版社，2009：236.

［3］苗东升. 系统科学精要［M］. 2 版. 北京：中国人民大学出版社，2006：30-32.

第6章 制造流程中的时间因子及其表现形式

时间对于制造流程中多因子"物质流"运行的紧凑-连续性具有决定性的影响。在钢铁制造流程中，各工序、装置运行过程在时间因素上的协调是至关重要的。各种过程的演变都是在时间坐标中展开的。没有时间的概念就谈不上运动和变化，对于制造流程来说时间和耗散紧密关联。在生产流程运行的复杂过程中，包括了大量的性质不同、功能异质的单元和工序，其中有同时进行、按顺序进行、协同进行、按节奏进行、连续进行、间歇-停顿进行等运动形式。因此，时间因子在制造流程运行过程中的具体表现形式越来越丰富，例如以时间点、时间位、时间序、时间域、时间节奏、时间周期等形式表现出来[1]。解析这些时间表现形式，对于建立起钢厂的有效信息调控系统具有重要的意义。时间在制造流程的动态—有序、协同—连续运行过程中具有既是自变量又是目标函数的两重性。

工程特别是流程制造工程是一系列相关的不同类型的事件及其过程在时间维上的合理安排，是事件、过程在时间轴上的排列、衔接运行和延续。

流程型制造工程，作为一系列事件的组合、集成过程（群），具有开放性、动态性、过程性、复杂性，不是孤立系统，是一系列输入/输出过程，开放而动态。因而必然具有空间性、时间性。

制造流程作为一种工程的表现形式，在空间上具有一定的规范性、稳定性，甚至可逆性；在时间上则具有连续性、延续性和不可逆性。

工程中的事件，具有多种运动形式，例如间歇运行的形式、准连续运行的形式和连续运行的形式。这些都是事件（群）的时间过程、时间安排，是时间"游戏"的表现。反映在事件的时间过程中，时间可以表现为时间点、时间序、时间域、时间位、时间周期、时间频率等形式。

工程中的不同事件、不同过程都是在时间轴上集成和巧妙安排的过程。

时间因素是研究冶金流程学不可脱离的基础。"物有本末，事有始终"。一切事物的变化，各种过程的演变都是在时间中展开的。没有时间概念就谈不上运动变化，也更谈不上过程和流程。运动速度、变化速率都要通过时间来表现。

在不少基础研究中，往往采用分类研究层次-尺度较为单一的运动或变化过程，对时间因素的分析相对比较单纯。而在流程制造业的生产流程运行过程中，由于所涉及的过程十分复杂，且涉及多层次、多尺度过程及其耦合的过程，流程中的复杂过程包括了大量的、相关的但又异质异构的过程，其中有的同时进行，有的顺序进行，有的协同进行，有的按节奏进行，有的连续进行，有的间歇-停顿进行；因此，时间参数的表现方式是相当复杂的。特别是作为工厂里的生产运行过程，人们无形中就把时间作为非常重要的目标函数来对待，以确保工业生产平稳、高效、安全地进行。因此，丰富多彩的时间因素就成为流程工程学中特别要加以研究的课题。

6.1　时间在过程和流程中的作用

6.1.1　时间的内涵

时间和空间是体现物质存在和运动的基本形式[2]。生产

（制造）流程中所发生的各类事件都和时间、空间有关。空间体现了物质存在和运动的广延性，空间运动具有可往复性、可逆性。而时间则体现了物质存在形式和运动过程的长短、方式，还体现了客观事物运动变化过程的延续性、周期性及其不可逆性；在运动过程中，时间是单向延伸的。研究过程和流程，时间是一个至关重要的因素，不同类型、不同层次的过程都是在时间维中单向展开的，生产流程更是如此。

时间有两种含义：

第一，时间是运动过程的量度。这是物理范畴的时间，是有关事件过程长短的量，是事件存在之久暂，物理和/或化学过程之长短。时间因素表征了状态与状态、事件与事件、状态（或事件）与过程、过程与过程之间的相互关系。

第二，时间是对整个宇宙总过程的抽象，是所有可观察到的客观现象、事物运动变化在主体意识中的一种反映；是在主观世界理想化、标准化、模式化的绝对均衡地流逝着的、理论上统一的时间，这是哲学范畴的时间。

6.1.2　时间的特点

在现代科学中，有不同意义上的时间。在经典力学系统的描述中，时间 t 只是一个外在的参数，过去与未来是对称的，即当用 $-t$ 来代替 t 时，所看到的情景没有区别。例如牛顿方程：

$$F = m\frac{\mathrm{d}^2 x}{\mathrm{d}t^2}$$

式中，t 为可逆时间，时间是对称的，时间之矢对这些被描述的过程没有意义。从牛顿力学到相对论和量子力学，基本运动方程都是时间反演对称的。

值得注意的是，对于用热力学、统计物理学、自组织理论等描述的大量的物质运动系统，时间具有方向性，过去与未来不对称。例如，描述热传导的傅里叶（Fourier）方程：

$$\frac{\partial T(x、t)}{\partial t} = -\rho \frac{\partial^2 T(x、t)}{\partial x^2}$$

式中，$T(x、t)$ 为 t 时刻 x 点上的温度；$\rho(>0)$ 为热传导系数。

用 $-t$ 代替 t，则方程将变号，表明它所描述的系统行为具有时间反演不对称性，时间具有方向性。时间之矢（arrow of time）对于研究系统演化至关重要，因为系统（流程等）演化是有方向的，时间之矢指向于系统演化的方向[3]。时间与空间之间有着根本区别。人们可以实现从空间中的一点移到另一点。但是人们不能把时间倒过来，若要使时间倒流，必须克服一个无限大的熵垒，因而是不可能的[4]。

在现实的事件、过程、流程和系统运动中，时间是不断向前延伸的一维数轴，具有不可逆性和连续性。时间是物质运动、循环、变化等一系列周期不同的理想化、标准化的过程。

在自然界中，既存在周期性的重复运动，也存在非周期性的运动，而且循环重复运动也只是大体上以某种形式、某种特征进行的重复，并不是绝对完全的重复。其总的趋势不是简单地回到原来的出发点，而是螺旋式的上升发展，是向着更先进的、更新的运动过程发展。

抽象地看，事物的发生、发展过程在不少情况下具有周期性的特点。周期性的规则运动过程是以其时间周期为等分的连续过程，具有等时性、恒定性和普遍性。然而，对于绝大多数的真实系统来说，运动的周期性这个概念也是理想化、抽象化的。现实生产过程、生活过程中周期运动只是在特定环境条件下、一定阶段的有限范围内发生的，在某些形式、某种程度上相对较恒定规则的周期性运动。如果不认识到这一点，而是孤立地看待或者片面地强调甚至夸大重复现象、重复循环，看不到差异变化是不符合客观实际的。

在现在的科技条件下，微观、中（介）观的周期现象相对容易察觉、易于考量；宏观的、复杂的、缓慢渐进的演变则往往不易察觉、难以考量，甚至易被忽视。由此，在考察不同尺度、不同层次的运动过程时，一定不要忽视相应的时间尺度的重要性。而且，应该更加警惕到这样一点，在考察总体的宏观的过程运动时，千万不要迷失在微观过程的细节之中，否则，往往会导致在时间尺度上只见"树木"不见"森林"。因此，在研究宏观的、大尺度的或是复杂的、高层次的过程系统时，应把握好相应的时间尺度。

6.1.3 时间、时钟及时钟推进计划

时间、时间周期（事物发展过程周期）和频率（单位时间内所出现的过程时间周期的数目）具有同一性，都是源于周期性运动及其过程时间的长短。

时钟是周期性的计时系统，也可以看成是标准频率发生器。时间——事物运动过程的长短，是以稳态的物质运动重复变化一个周期的过程，即以周期及其倍数作为单位来量度的。约定俗成地作为基准的重复变化事物的周期就是计量时间的尺度，其周期的稳定性、均匀性决定了计时（时钟）的精确性。

频率与周期互为倒数。频率（每秒、每分的周期数）是将循环运动过程与时钟所显示的运动过程（标准数值）相对比。反之，将时钟所显示的运行过程（标准数值）与循环运动过程相比，也就得出了它的周期（每个周期所需的时间）。

由于事物的运动过程，就时间因素而言具有连续、可数性；因此，时间是数量化了的过程，是一种有标度的基准过程。在现实中，各领域、各过程参照系的时间值，是以该参照

系中的时钟运行值来确定的。对于生产过程、生活过程而言，时钟推进计划是一种十分重要的运行计划。在实际的生产、生活过程中，往往以制定（或调控）时钟推进计划来描述、预测或控制事物的发展、推进过程。由于事物运动状态的稳定性、不变性只是相对的，不稳定、可变性才是绝对的，因此，事物运动过程中的时钟推进计划总是要不断观察、监控和调整的。

冶金制造流程是由一系列事件及其过程（群）动态集成的运行过程，也是事件、过程被动态集成地在时间轴上有序、协同安排。

冶金制造流程的物理本质是：物质流在能量流的驱动和作用下，沿着流程网络，按照设定的程序（功能、时间、空间等方面的次序或程序）做动态-有序、协同-连续的运行。可以看成是在特定的耗散结构中事件/过程持续展开的耗散过程，并可以表现为一系列事件的动态运行 Gantt 图。

动态 Gantt 图体现了制造流程这类工程形式的时钟推进计划，是物质、能量、时间、空间、信息"五维"在时间轴上的动态-有序、协同-连续的安排、衔接和展开，并期望实现有规律的重现。在持续展开、巧妙安排的构思过程中，时间是"五维"协同的主轴。

6.1.4 时间——基础性、本质性的参数

事物运动过程遵循因果律，有前因才有后果。因果次序（实际是一种时间序）的非对称性决定了事物的过程总是随着时间而向前发展的，具有不可逆性。时间是单向性的，一去不复返。因此，对事物运动过程的描述、调控只能体现在时钟推进计划的记述、调控上，而不可能在特定的一个过程中将时间退回去，再做调整。

时间是在一个复杂系统中，例如流程制造业中的钢铁冶金工厂，或是社会生活过程中，是最容易同时计测的参数之一，最容易随时随地实地连续监控的参数之一，最容易在不同工序、不同装置、不同过程、不同事物、不同地点统一计测、调控的参数之一。值得注意的是，对各类过程而言，时间因素往往具有基础性、本质性。

6.2　冶金制造流程中的时间因素

在冶金学中包括冶金制造流程中，时间是一个基本参数，同时又往往是目标函数。然而对时间因素的研究，长期以来存在着认识不足和研究得不充分的现象。

在研究过程行为或生产过程的控制中，时间参数往往被局限地认为是一个随机自变量，具有很大的不确定性，因而觉得很难研究或不值得研究；同时，在冶金制造流程中，时间作为一个重要的目标值却往往被忽视了，或是被认为是混沌甚至是无序的，或是被认为这是现场生产调度员的一种临机处理问题的经验而已，甚至认为时间参数不是冶金科学需要研究的问题。

实际上，在冶金过程工程中，如果我们从不同尺度、不同层次的视角去观察、研究过程中的时间参数，便会形成不同的概念和认识。有些现象（事件），在较低层次看来好似随机偶发的、无序的时间值，在高一层次或是更大尺度上看，恰是有序的或是有非常重要意义的。不少情况下，甚至会发现时间值竟是某一生产工序或某一类生产流程的一个"瓶颈性"环节，也就是存在时间临界值。例如在炼钢厂的生产过程中，二次冶金装置运行周期的时间值，对于炼钢炉—连铸机连浇过程中的协调性就是一例，如果二次冶金装置运行周期的时间值大于炼钢炉、连铸机运行周期的时间值，则很难实现多炉连浇，从而将影响炼钢厂运行的连续化程度。

不难看出，在生产流程中，特别是现代钢铁制造流程中，时间参数的有序性、连续性是各个不同层次上过程有序运行和更大尺度范围内实现多因子物质流连续性的保证。由于物质的一切变化发展存在于时间过程中，钢铁冶金流程的准连续/连续性，实际上是物质流在能量流的驱动和作用下，通过制造流程中不同层次的"流程网络"结构以及结构的功能优化，使物质流、能量流按特定的运行程序协调地向时间轴上耦合（图6-1）。时间参数对生产流程动态运行的连续性（准连续性）起着"主轴"的作用。为了保证冶金装置、工序、流程运行的连续性，生产过程中诸多重要参数（化学成分目标值、形变过程目标值、相变过程目标值、凝固过程目标值、过程温度目标值、物质流量目标值等）都要协同地耦合到时间轴上来。因此，对冶金生产流程的连续性而言，时间轴是其他重要参数对之耦合的主轴（图6-2），也可以说只有冶金生产流程中化学-组分因子、物理-相态因子、几何-尺寸因子、表面-性状因子、能量-温度因子、空间-位置因子等在时间轴的某些优化了的时间点上实现协调时，冶金生产流程才算达到优化与完美。此处所说的化学-组分因子包括了冶金化学反应过程中物质的化学成分变化、凝固过程中化学元素的偏析和不同温度下相变过程中化学组分的析出等。物理-相态因子包括了化学冶金过程和凝固过程中的物质聚集状态（固、液相等）特征和压力加工过程中物质的相结构及其弥散度等。几何-尺寸因子包括了化学冶金过程中物质的块度、孔隙度及物质流动的边界条件等，凝固过程中铸模（结晶器）与材料的几何特征、固-液相的几何特征、压力加工过程中加工件的各类几何尺寸等。表面-性状因子包括了化学冶金过程中物质的表面状态，相界

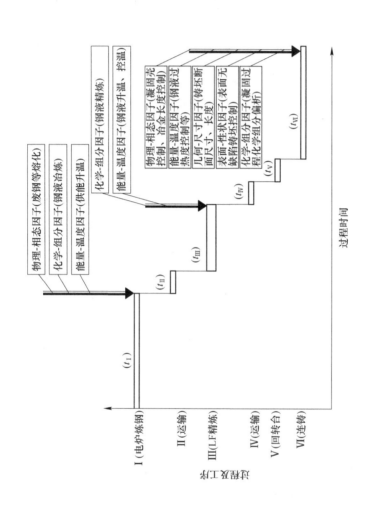

图 6-1　全连铸电炉炼钢厂中多因子物质流在时间轴间的耦合-推进过程
（由于流程是动态运行是在特定的"静态结构"中进行的，因此空间-位置因子在此图中没有涉及）

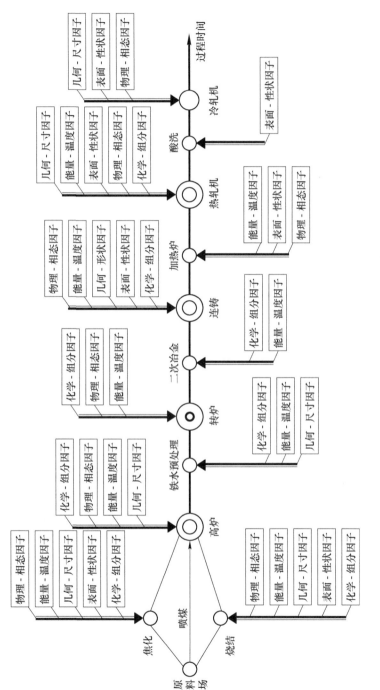

图 6-2 钢铁生产流程（钢铁联合企业）动态运行过程中各工序重要相关因子与时间间轴耦合的示意图
（由于流程动态运行是在特定的"静态结构"中进行的，因此空间-位置因子在此图中没有涉及）

面特征，凝固块表面的清洁度或缺陷特征，压力加工过程中被加工物体的表面光洁状态、表面缺陷、表面性能等。能量-温度因子则包括了化学冶金过程、凝固过程、压力加工过程以及输送、滞留、储存过程中所有的温度参数、能量（热量）的转变速率、效率、数量等（表6-1）。空间-位置因子包括不同工序、装置的"点定位"和"面定位"，例如工序、装置的个数和具体位置，工序、装置之间相互位置的关联关系和连接方式，车间平面图和工厂总平面图等。空间-位置因子将直接影响钢厂的"静态结构"。而时间-时序因子作为耦合的主轴也将以丰富多彩的内涵呈现出来，这一点将在后面展开讨论。

表 6-1　冶金流程中重要的相关因子

冶金相关因子类别	包括的主要内容			
	原料准备过程	化学冶金过程	凝固过程	高温加工过程
化学-组分因子	原料或半成品的化学成分等	反应物质与反应产物的化学成分等	凝固偏析过程的成分变化和分布等	不同温度下相变过程中析出的化学组分等
物理-相态因子	原料或半成品的气、固、液状态等	反应物质及反应产物的聚集状态特征	凝固过程中液-固-气相的变化、分布、状态等	不同温度下的相结构、析出物及其分散度等
能量-温度因子	原料或半成品的温度参数，能量、热量的转变速度、效率、数量等	反应物质及反应产物的温度参数，能量、热量的转变速度、效率、数量等	物质及能源的温度参数，能量、热量的转变速度、效率、数量等	物质及能源的温度参数，能量、热量的转变速度、效率、数量等

冶金相关因子类别	包括的主要内容			
	原料准备过程	化学冶金过程	凝固过程	高温加工过程
几何-形状因子	原料或半成品的块度、孔隙度，反应器流场的几何特征等	反应物质及生成物的块度、孔隙度，相界面的形状、弥散度、反应器流场的几何特征等	液相及凝固块的几何特征，固-液-气相的几何特征等	不同温度下物质的几何尺寸等
表面-性状因子	原料/半成品的表面孔隙度、表面洁净度等	反应物质及反应产物的表面特征、相界面性状等	凝固块的表面的清洁度或缺陷特征等	不同温度下的表面光洁状态、表面缺陷、表面性能等
空间-位置因子	作为流程运行的"静态框架"和时-空边界（包括工序、装置的个数和具体位置，工序、装置之间相互位置的关联关系和连接方式、车间平面图和工厂总平面图等）			
时间-时序因子	作为准连续化/连续化协同耦合的主轴（包括时间域、时间序、时间点、时间位、时间周期等）			

　　在冶金流程现代化进程中，信息流的贯通显得十分重要。在现代化的"紧凑型"流程中（例如薄板坯连铸—连轧流程），对制造流程中物质流"时钟推进计划"的研究应是关键性、前沿性的课题，值得作为新一代钢铁制造流程自动化、智能化的基础性课题加以全面研究。

　　从钢铁冶金的发展史来看，由于时间因素对能耗、物质消耗、质量、成本、环境负荷有着综合性影响，因而时间因素对于不少工艺、装置、生产流程的生存发展或是被淘汰而言，具有关键性或颠覆性的影响。平炉炼钢法从冶金功能的综合性、"多功能化"而言，似乎不无优点，在很长的时期内认为平炉是"灵活的""最好的"。因此，在相当长的时期内，平炉取代了空气底吹转炉（贝塞麦转炉、托马斯转炉）甚至覆盖了部分电炉的应用领域。然而主要是由于平炉的冶炼周期长，出钢—出钢时间周期至少在 5h 以上，而且不稳定，冶炼周期的波动值往往在 30min 以上，很难与连铸机多炉连浇工艺匹配运行，最终出现全局性地被淘汰出局。由此可见时间因素的重要性。

大型超高功率电炉发展的动因是廉价的废钢资源和廉价的电能。然而，从流程工程科学的角度上看，现代电炉技术进步最重要的成就是采用超高功率供电、利用物理热、化学能和氧气等手段促使大幅度地缩短熔化、升温、氧化过程时间，并将还原期转移到精炼炉。在诸多技术集成应用的基础上，电炉冶炼周期从 4h 左右缩短到 90min 左右，再缩短到 40~60min 甚至更短些，使之能够与全连铸生产体制匹配运行。而电炉本身则需每吨钢约 30m³ 以上的标准状态的氧气消耗量，才能使其冶炼周期不大于 60min。与此相关，对 LF 炉的作业时间周期也提出了相应的新要求。

在冶金工厂里特别是在钢铁企业的生产流程中，由于连续铸锭、连续轧制、半无头轧制、连续酸洗—连续冷轧，特别是薄板坯连铸—连轧工艺的出现和引领下，更加突出了过程中物质流的时间因素的重要性。因此，制造流程中时间因素的连续性、紧凑性、有序性和协调性的研究与设计，更显必要。

在钢铁冶金生产流程中，过程在时间轴上的"连续性"表现为：生产物质流在时间轴上的连续化或准连续化；过程的"紧凑性"表现为完成整个制造流程所需时间过程越来越短;过程的"有序性"则主要表现在制造流程中各工序、各装置生产运行的时序性、节奏性和稳定性;过程的"协调性"则表现在生产物质流运行过程中前后工序、相关装置在功能、效率等方面在时间轴上的可耦合性和实现耦合的速度,或是在外部环境条件发生变化而破坏了这种耦合性时,能及时恢复其耦合程度的能力,从而使过程的"连续性"可以适应复杂多变的外部环境条件。这就是所谓"界面"技术的优化。

由此可以看出,时间参数对钢铁冶金企业的生存与发展具有非常明显的综合影响力,特别是在现代钢铁企业实现信息化、智能化的进程中,对时间参数进行全面、深入的研究,应该是整个制造流程信息贯通的基础性工作。

时间参数的研究,是使冶金学的基础性研究从简单研究向复杂性研究的一个切入点,也是不同层次的过程之间跨尺度研究的钥匙之一。因为时间因素可以从不同层次、不同尺度的命题中抽出来进行研究,也可以从一个较高层面的临界目标提出要求,还原到较低的不同层次、不同尺度范畴去解析-优化,从而提出一系列的研究开发命题。

对于流程型制造业的各类制造流程的智能化而言,都有必要研究制造流程时间过程的构成、内涵、相互关系以及临界/涌现性。为了制造流程中事件/过程(群)在时间轴上安排的可协同性、延续性和可重现性,不同工序/装置的不同事件/过程的时间过程应该有恰当的、合理的关系。因此,需要解析事件的时间起止点(时间点),事件在过程中的次序安排(时间序)和事件/过程时间长短的安排(时间域),事件/过程时间安排的恰当位置(时间位),以及总的时间周期和时间频次等时间因素的构成。

6.3   钢厂生产流程中的时间因素

6.3.1   钢厂生产流程中时间因素的重要性

从上面的讨论可知，在制造（生产）流程中时间是一个特别值得注意讨论的参数。时间对制造（生产）流程"连续"抑或"间歇"性的影响，时间对转变（转换）过程和作用机理的表征，时间对经营机会和市场竞争等的影响，以及时间对社会物质、能量循环过程的影响等，对这些不同时-空尺度问题所具有的技术含义和经济含义的影响和价值，都是值得研究的。

时间是钢铁制造流程系统中的一个关键参数，是生产和经营过程中的基本参数[1]。随着全球绝大多数钢厂向着全连铸生产体制演进、企业的结构性重组时期的来临，特别是进入 20世纪 90 年代以来，薄板坯连铸—连轧工艺成功地投入生产，"紧凑型"钢厂迅速发展，钢铁制造流程的过程时间越来越短，制造过程中的时间因素的调控越来越重要。

就钢厂的经营而言，时间的重要性体现在交货周期长短对企业竞争力的重要影响。企业从接受用户订货，购买原料、燃料到准备和组织生产，直到产品发货，以及资金周转等整个过程，作业程序和时间周期必须合理安排。

就钢厂的具体制造流程而言，时间的重要性则表现为从原料、能源的储运到制造流程内各工序间的时钟推进计划以及过程中的时间点等因素的协调，同时还需兼顾生产过程中条件变化时，对时钟推进计划进行必要的变更等。

6.3.2   时间在钢铁制造流程中的表现形式及其内涵

在钢厂制造流程中特别是"紧凑型"钢厂流程中，各工序、装置在时间因素上的协调是至关重要的，时间因素在制造流程中的具体表现形式越来越丰富。为了促进流程过程的协调和便于调控，时间的表现形式已不仅仅是简单地表现为某些过程所占用时间的长短，而是以时间点、时间域、时间位、时间序、时间节奏、时间周期等形式表现出来。解析这些时间表现形式，对于建立起钢厂的有效信息调控系统具有重要的意义。为了实现制造流程的连续化和准连续化，必须将时间作为目标函数来研究，分析它在钢铁制造流程各单元工序间协调（集成）过程中的含义（实际上，钢铁制造流程正在不断地从整体上向"连续化"的方向发展，制造流程连续化的内涵比一个单纯的连续反应器要复杂得多）。例如，在研究钢厂生产过程的智能化调控时，必须通过研究各类影响因素及其影响机理，使工厂生产系统在满足各方面要求（或边界条件）的情况下，达到生产过程时间最短或工序之间时间的连续性（包括热连结的要求等）、协调性，或生产效率优化、合理化。这里，时间就是作为目标函数出现的。若着眼于制造过程中的温度变化规律，工序处理时间和传搁过程时间显然要对生产物质流（如铁水、钢水、铸坯、轧件等）的温度变化有很大影响，此处处理、输送、等待等过程的时间呈现自变量的性质。可见，时间在钢厂制造流程中具有既是自变量又是目标函数的两重性。

就某一工序、某一装置而言，其时间消耗值是由各类工艺作业时间、辅助作业时间和输送、装卸、等待（缓冲）时间组成的。其具体表现形式为工序时间点（开始时间点或离开时间点）、过程时间域（如过程时间的长短和起止时间范围等）和时间节奏（工序作业时间、流程周期时间的节律性等）等的调控。

这里尤其需要指出，针对时间因子获取的工程性研究成为现代流程型制造业智能制造研究重要的基础。只有获得了各种事件（过程）准确的时间因子信息，才能保证流程时间因子及其相关因子调控的效果。而在工程上获得时间因子信息，需要应用于时间因子信息自感知的一系列硬件和软件系统作为支撑。

就前后工序或相邻工序之间的关系而言，则表现为时间序的安排，时间位的调控，时间域的衔接、缓冲、协调范围以及缓冲协调范围的长程性/短程性（相邻两工序之间的时间协调为短程性调控，三个或三个以上工序直到整个流程系统的时间协调属于长程性调控），输送的时间过程，等待时间的长短以及输送-等待之间的时序安排等。

6.3.3 钢铁制造流程中时间概念的数学表示

钢铁制造流程中时间概念的数学表示有时间点、时间序、时间域、时间位和生产时间周期、时间节奏。

6.3.3.1 时间点

制造流程中的生产物质流（如钢厂中的矿石、废钢、铁水、钢水、钢坯、轧件等，下同）所对应的某个工序 o 中某操作 k 的起止时刻，表示为 $[t_{ks}^o, t_{ke}^o]$，见图 6-3a。时间点的含义不仅表现在某工序内，而且在生产物质流流经各工序的过程中都有时间点的概念，见图 6-3b。在实际生产过程中，也存在作业计划时间点与实际作业时间点之间的差别。

6.3.3.2 时间序

在实际生产过程中，对不同产品而言，为了获得理想的技术经济指标（质量、成本、效率等），生产物质流流经各工序的时间需要按照工艺流程的顺序进行顺次排列，串联作业，协同运行，这样必然形成流程集成运行过程中的时间序。时间序包含某工序 o 内若干个操作的时间排列序次和生产流程中若干个工序的排列序次两个概念，见图 6-4。用数学方法可以描述如下。

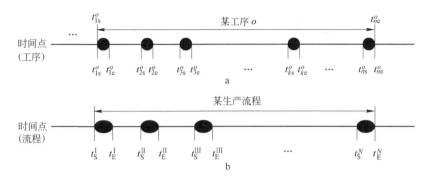

图 6-3　时间点示意图

a—某工序 o；b—某生产流程

t_{1s}^o, t_{2s}^o, t_{3s}^o, $\cdots$, t_{ks}^o, $\cdots$, t_{ns}^o—某工序 o 第 1, 2, 3, $\cdots$, k, $\cdots$, n 个操作的起始时间点；

t_{1e}^o, t_{2e}^o, t_{3e}^o, $\cdots$, t_{ke}^o, $\cdots$, t_{ne}^o—某工序 o 第 1, 2, 3, $\cdots$, k, $\cdots$, n 个操作的终止时间点；

t_S^{I}, t_S^{II}, t_S^{III}, $\cdots$, t_S^N—某生产流程第 I, II, III, $\cdots$, N 个工序的起始时间点；

t_E^{I}, t_E^{II}, t_E^{III}, $\cdots$, t_E^N—某生产流程第 I, II, III, $\cdots$, N 个工序的终止时间点

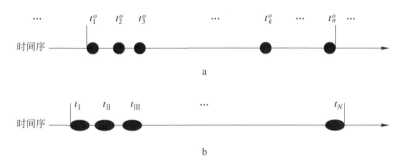

图 6-4　时间序示意图

a—工序中不同操作的时间序 $\{t_1^o,\ t_2^o,\ t_3^o,\ \cdots,\ t_k^o,\ \cdots,\ t_n^o\}$

b—流程中不同工序的时间序 $\{t_{\mathrm{I}},\ t_{\mathrm{II}},\ t_{\mathrm{III}},\ \cdots,\ t_N\}$

t_1^o, t_2^o, t_3^o, $\cdots$, $t_k^o\cdots$, t_n^o—某工序 o 中第 1, 2, 3, $\cdots$, k, $\cdots$, n 个操作的时间序次；

t_{I}, t_{II}, t_{III}, $\cdots$, t_N—某制造流程中第 I, II, III, $\cdots$, N 个工序的时间序次

6.3.3.3　时间域

生产物质流处于某工序 o 的时间一般是由工艺作业（处理）时间、若干辅助作业时间以及输送、等待、缓冲等时间

组成。所谓时间域就是上述过程时间的总和与起止时刻。表示如下：

$$t_{SE}^o = \sum t_{se}^r + \sum t_{se}^a + \sum t_{se}^w + \sum t_{se}^{buf} + \sum t_{se}^t$$

$$[\,t_S^o, \ t_E^o\,]$$

式中　t_{SE}^o——某工序 o 的时间域，min-min；

　　　$\sum t_{se}^r$——某工序 o 中的工艺作业时间，min-min；

　　　$\sum t_{se}^a$——某工序 o 中的辅助作业时间，min-min；

　　　$\sum t_{se}^w$——某工序 o 中的等待时间，min-min；

　　　$\sum t_{se}^{buf}$——某工序 o 中的缓冲时间，min-min；

　　　$\sum t_{se}^t$——某工序 o 中的输送时间，min-min；

　　　t_S^o——某工序 o 时间域的起始时间点，min；

　　　t_E^o——某工序 o 时间域的终止时间点，min。

工序时间域具有双重含义，既包括某工序起止时间点，又包括某工序中不同类型过程时间长短（图 6-5）。另外，时间域的概念也可扩展到几个工序甚至更大范围。

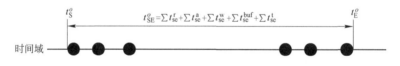

图 6-5　某工序时间域示意图

6.3.3.4　时间位

从时间域的定义可以看出，由于辅助操作、等待和缓冲时间的存在，某工序的工艺操作（处理）时间在相应的时间域内应具有合理的"位置"，而且这个"位置"将直接影响整个制造流程的调控或优化，由此需要提出"时间位"的概念。数学表示是较为复杂的：

$$t_{SE}^o = \{\,\Delta t_{BE}, \ t_{SE}^r, \ \Delta t_{AF}\,\}$$

$$t_{SE}^r = t_E^r - t_S^r$$

$$t_{SE}^{r} = \sum t_{se}^{r}$$

$$[t_{S}^{r}, t_{E}^{r}]$$

式中 t_{SE}^{r}——某工序内的工艺作业时间域，min-min；

t_{SE}^{o}——工序的时间域，min-min；

t_{S}^{r}——工艺作业的开始时间点，min；

t_{E}^{r}——工艺作业的结束时间点，min；

t_{se}^{r}——某工序内工艺作业时间域中某一操作的时间域，min-min；

Δt_{BE}——工艺作业前的辅助、传送、等待及缓冲时间，min；

Δt_{AF}——工艺作业后的辅助、传送、等待及缓冲时间，min。

上式中的 Δt_{BE}、Δt_{AF} 和 t_{SE}^{r} 相对数值的大小，直接影响 t_{SE}^{r} 在某工序时间域 t_{SE}^{o} 中所处的位置（图6-6）。因此，时间位存在三重含义，即生产物质流经历某工序的工艺作业过程时间的长短、工艺作业时间的合理时间位置及其起止时间点。

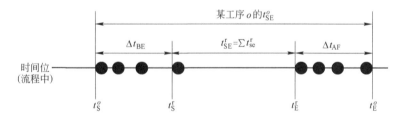

图6-6 时间位示意图

6.3.3.5 生产时间周期、时间节奏

生产物质流在制造流程内所有工序经历时间过程的总和（包括工序工艺作业时间、辅助作业时间、输送时间、等待和（或）缓冲时间等）称为生产时间周期（图6-7），表示如下：

$$t_{\mathrm{c}} = t_{\mathrm{SE}}^{\mathrm{I}} + t_{\mathrm{SE}}^{\mathrm{II}} + t_{\mathrm{SE}}^{\mathrm{III}} + \cdots + t_{\mathrm{SE}}^{N}$$

式中, t_{c} 为时间周期, min; $t_{\mathrm{SE}}^{\mathrm{I}}$, $t_{\mathrm{SE}}^{\mathrm{II}}$, $t_{\mathrm{SE}}^{\mathrm{III}}$, $\cdots$, t_{SE}^{N} 为工序 I, II, III, $\cdots$, N 的时间域, min。

若干个生产时间周期连续进行时, 若各时间周期相等或近似, 就会构成时间节奏。即:

$$t_{\mathrm{c}}^{\mathrm{I}} \approx t_{\mathrm{c}}^{\mathrm{II}} \approx t_{\mathrm{c}}^{\mathrm{III}} \approx \cdots \approx t_{\mathrm{c}}^{N}$$

这样就形成规则有序的时间节奏 (图 6-8)。

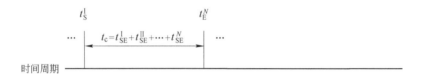

图 6-7　生产时间周期构成示意图

图 6-8　时间节奏示意图

当然, 生产时间周期、时间节奏这类表现形式, 除了表现在整个制造流程的运行过程中以外, 也可以出现在制造流程中的某一工序、某一区段 (车间、分厂) 的范围内。

6.4　时间与钢铁制造流程的连续化程度

在冶金、化工等流程工业中, 制造流程的连续化程度是技术进步、企业的市场竞争力和可持续发展潜力的标志, 也往往成为科技界、企业界追求的技术经济目标之一。当然, 制造流程连续化程度的时间尺度是不同于工序、装置级别的, 更是远远大于单元操作级的。只要观察的时间尺度足够大, 就不难看出不同层次的生产过程都具有作为时间过程而展开的特征。制造流程的存续、运行，流程整体功能的发挥，都是随着时间过程的推移而呈现出来的。

过程（包括制造流程层次上的过程）是在时间维（甚至可以认为是时间轴）中展开的。也可以把时间看成是一种算子，一切事物的运动（运行）都是它的运算对象，运行过程在时间算子作用下发生变化。在制造流程中，作为整体过程，其延续、展开的过程必然是消耗时间的过程。对流程整体生产过程而言，时间的消耗值及其各项构成是制造流程连续化程度的重要标志。

6.4.1 连续化程度

当生产某一（类）产品时，一般应该有一个理论过程时间。这个理论过程时间是在制造流程设计是正确、完善的前提下，而且制造工序、装置和工艺软件也是最优的情况下，所消耗的过程时间。也可以看成是在"理想设定边界条件"下制造（生产）某一（类）产品所消耗的最小过程时间（t_0）。t_0可以用下式表示：

$$t_0 = \Sigma t_1 + \Sigma t_2 + \Sigma t_3 + \Sigma t_4$$

式中　t_0——在生产某一（类）产品时，生产物质流在整个制造流程网络中运行所消耗的理论过程时间，min；

　　　Σt_1——生产物质流在流程各工序、装置中通过所消耗的理论运行时间的总和，min；

　　　Σt_2——生产物质流在流程网络中运行所需的各种设定的运输（输送）时间的总和，min；

　　　Σt_3——生产物质流在流程网络中运行所需的各种设定的等待（缓冲）时间的总和，min；

　　　Σt_4——影响流程整体运行的各类检修时间总和，min。

可以看出，该生产流程在生产某一（类）产品时，其连续化程度 C 为：

$$C = \frac{\Sigma t_1}{t_0}$$

$$0 < C < 1$$

必须指出，在实际设计过程当中，要提高流程的连续化因子 C 值，应该是通过缩短 t_0 值，而不是以增加 Σt_1 值为手段。

6.4.2　生产运行过程中的实际连续化程度

在生产流程的实际生产运行过程中，生产物质流在通过制造流程网络所消耗的运行过程时间与设计的"理想设定边界条件"是有所区别的（这也是正常的，因为每一单元操作的过程时间，每一工序、装置的运行过程时间都会有涨落现象），由于实际生产运行过程不可能在最优的设定边界条件下运行，因此，一般而言，生产物质流在制造流程网络中运行所消耗的实际运行时间往往大于理论运行时间。可以用下式表示：

$$t_0^{实} = \Sigma t_1^{实} + \Sigma t_2^{实} + \Sigma t_3^{实} + \Sigma t_4^{实} + \Sigma t_5^{实}$$

式中　$t_0^{实}$——生产某一（类）产品时，生产物质流在制造流程网络中运行所消耗的实际过程时间，$\min$；

$\Sigma t_1^{实}$——生产物质流在流程各工序、装置中通过所消耗的实际运行时间的总和，$\min$；

$\Sigma t_2^{实}$——生产物质流在流程网络中运行所消耗的各种实际运输（输送）时间的总和，$\min$；

$\Sigma t_3^{实}$——生产物质流在流程网络中运行所消耗的各种实际等待（缓冲）时间总和，$\min$；

$\Sigma t_4^{实}$——影响流程整体运行的各类检修时间总和，$\min$；

$\sum t_5^{\text{实}}$ ——生产物质流在流程网络中运行时出现的影响流程整体运行的各类故障时间总和，min。

因此，在生产某一（类）产品时，流程实际生产运行的连续化程度 $C_{\text{实}}$ 为：

$$C_{\text{实}} = \frac{\sum t_1^{\text{实}}}{t_0^{\text{实}}}$$

$$0 < C_{\text{实}} < 1$$

在实际生产运行中，通过采用一系列的技术进步措施和管理措施后，可以使 $t_0^{\text{实}}$ 发生明显缩短时，例如近终形连铸机取代常规连铸机连铸，隧道式加热炉取代步进式加热炉时，$\sum t_1^{\text{实}}$ 明显缩短；同时，$\sum t_2^{\text{实}}$、$\sum t_3^{\text{实}}$ 等也随之缩短时，将会出现另一种新的、更高的连续化程度的制造流程。

这里对几种不同类型钢铁制造流程的连续化程度 $C_{\text{实}}$ 进行比较，见表 6-2。

表 6-2　几种不同类型钢铁制造流程的连续化程度

制造流程	$t_0^{\text{实}}$/min	$\sum t_1^{\text{实}}$/min	$C_{\text{实}}$/%
高炉—转炉—模铸—钢锭红送—热轧流程	4900	857	17.5
高炉—铁水预处理—转炉—二次冶金—连铸冷装—热轧流程	2456	693	28.2
高炉—铁水预处理—转炉—二次冶金—连铸热装—热轧流程	1506	653	43.4
高炉—铁水预处理—转炉—二次冶金—薄板坯连铸—连轧流程	844	583	69.1
全废钢电炉—二次冶金—连铸热装—热轧流程	234	272	86.0

不同制造流程相应工序的过程时间、温度分别见表 6-3~
表 6-7。

表 6-3　高炉—转炉—模铸—钢锭红送—热轧流程的过程时间、温度

工　序	工序实际时间消耗/min	"界面"技术实际时间消耗/min	累计时间消耗/min	温度/℃
原料堆取料			10	
原料运输		30	40	
烧结过程	32		72	1400
烧结矿输送		15	87	800
矿槽储存		393	480	
高炉（上料+冶炼）过程	390		870	
高炉出铁		30	900	1450
铁水输送+混铁炉+铁水倒出		120	1020	
等待及准备兑铁		10	1030	1350
转炉冶炼过程	40		1070	1650
钢包输送与等待		15	1085	1560
浇铸	60		1145	1550
等待		60	1205	
入库		60	1265	750
均热炉过程	150		1415	1250
初轧	50		1465	400
钢坯输送+入库+冷却		360	1825	40
板坯库存		2880	4705	40
板坯运输+加热炉	60		4765	
加热炉过程	60		4825	1180
热轧过程+卷取	15		4840	700
钢材输送到成品库		60	4900	100

表 6-4 高炉—铁水预处理—转炉—二次冶金—连铸冷装—热轧
流程的过程时间、温度

工 序	工序实际时间消耗/min	"界面"技术实际时间消耗/min	累计时间消耗/min	温度/℃
原料堆取料			10	
原料输送		30	40	
烧结过程	32		72	1400
烧结矿输送与储存		120	192	350
高炉（上料+冶炼）过程	390		582	
高炉出铁		30	612	1450
铁水输送		15	627	
铁水预处理过程	40		667	
扒渣+铁水输送		30	697	1300
转炉冶炼过程	36		733	1650
钢包输送与等待		8	741	
炉外精炼过程	25		766	1580
钢包输送与等待		10	776	1570
连铸过程	60		836	1550
板坯输送		10	846	500
板坯库储存		1440	2286	60
板坯运输+加热炉过程	100		2386	1180
热轧过程+卷取	10		2396	700
钢材输送到成品库		60	2456	100

表 6-5 高炉—铁水预处理—转炉—二次冶金—连铸热装—热轧流程的过程时间、温度

工 序	工序实际时间消耗/min	"界面"技术实际时间消耗/min	累计时间消耗/min	温度/℃
原料堆取料			10	
原料运输		30	40	
烧结过程	32		72	1400
烧结矿运输+矿槽储存		120	192	350
高炉（上料+冶炼）过程	390		582	
高炉出铁		30	612	1450
铁水输送		15	627	
铁水预处理过程	40		667	
扒渣+铁水输送		30	697	1300
转炉冶炼过程	36		733	1650
钢包输送		8	741	
炉外精炼过程	25		766	1580
钢包输送与等待		10	776	1570
连铸过程	60		836	1550
板坯运输与等待		540	1376	650
加热炉过程	60		1436	1180
热轧过程+卷取	10		1446	700
钢材输送到成品库		60	1506	100

表 6-6　高炉—铁水预处理—转炉—二次冶金—薄板坯连铸—连轧流程的过程时间、温度

工　序	工序实际时间消耗/min	"界面"技术实际时间消耗/min	累计时间消耗/min	温度/℃
原料堆取料			10	
原料运输		30	40	
烧结过程	32		72	1300
烧结矿运输+矿槽储存		120	192	50
高炉（上料+冶炼）过程	390		582	
高炉出铁		30	612	1500
铁水运输		15	627	1400
铁水预处理过程	40		667	1370
扒渣与铁水运输		30	697	1350
转炉冶炼过程	36		733	1620
钢包运输		8	741	1600
炉外精炼过程	25		766	1590
钢包运输与等待		10	776	1570
连铸过程	37		813	1550
铸坯传送		2	815	1000
加热炉过程	16		831	1130
热轧过程+卷取	7		838	600
钢材运输到成品库		6	844	450

**表6-7　全废钢电炉—二次冶金—连铸热装—热轧
流程的过程时间、温度**

工　序	工序实际时间消耗/min	"界面"技术实际时间消耗/min	累计时间消耗/min	温度/℃
电炉冶炼过程	40		40	1620
钢包运输		13	53	1600
炉外精炼过程	35		88	1590
钢包运输与等待		14	102	1570
连铸过程	40		142	1550
铸坯传送		5	147	700
加热炉过程	80		227	1150
热轧过程+冷床冷却	39		266	900
钢材运输到成品库		6	272	80

6.5　薄板坯连铸—连轧过程的时间因素解析

薄板坯连铸技术又称为近终形连铸，是20世纪末发展起来的钢铁先进制造技术，并由此形成了"紧凑型"钢厂制造流程的概念。此处"紧凑型"的标志是过程时间"紧凑"和空间分布"紧凑"。

"紧凑型"钢厂流程的工艺技术特点是：

（1）通过合理选择铸坯的"临界厚度"和合理的轧机组匹配，形成铸坯可以直接进入热带连轧机（甚至不经过真正意义上的粗轧机轧制）轧制成薄板卷；从而体现时间-空间紧凑。

（2）通过超长尺铸坯直接进入隧道式加（均）热炉快速调整表面温度后，直接进行轧制，甚至半无头轧制；进一步体现时间-空间"紧凑"和物质、能量消耗量小。

（3）通过炼钢炉—精炼炉—薄板坯铸机—隧道式加（均）热炉—热轧机—卷取机之间的自组织功能（包括信息集成等外界控制手段），使制造流程内各工序和装置在作业时间上"在线"运行的协同化，提高制造流程的连续化程度。

可见，薄板坯连铸—连轧流程是一种紧凑-协同-连续的生产过程。从制造流程的连续-协同运行角度上分析，可以将其看成为由"刚性工序"和"柔性工序"所组成的"弹性谐振链"过程。其中："刚性工序"包括炼钢炉、连铸机、热轧机；"柔性工序"包括精炼炉、加（均）热炉、钢水包和中间包。为了使这些工序连续-协同运行，其协调原则应考虑以下因素：

（1）各工序、装置运行过程的工艺作业时间优化，以及在此前提下的整个制造流程时钟推进计划的优化。

（2）各工序、装置之间输送、等待、缓冲的时间协调优化和最小化。

（3）连铸机中间包内钢液过热度的优化及由此反推精炼炉、炼钢炉离站钢液温度范围的优化。

（4）根据中间包内钢液过热度确定相应的铸机拉坯速度和切割站处铸坯表面温度，并相应计算铸坯穿过加（均）热炉的最小时间值。

（5）各工序或装置内钢液的合理温度范围及其递次收敛性（图6-9）的确定。

（6）工序间物质流量-温度-时间（时钟）协调推进。

（7）设计条件下的静态优化（收敛）和实际运行条件下的动态-调控（发散-收敛）相结合。

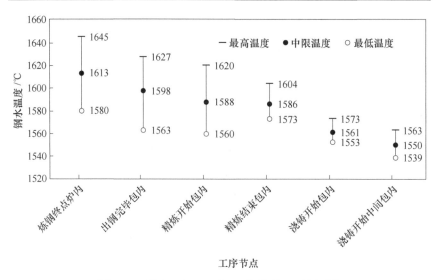

图 6-9 炼钢过程温度"收敛性"分析[4]

在薄板坯连铸—连轧运行过程的调控中，为了体现其连续-协同性，应该将过程中的物质流量（是指在化学组分、物理相态等因素协同耦合条件下形成的物质流量）和过程温度等主要参数耦合到过程时间轴上去体现其"紧凑性"。因为空间的"紧凑性"已为工厂总平面图所"决定"了。这样，可以运用时间点、时间序、时间位、时间域、时间周期等概念，对该制造流程的过程时间做简要解析-集成。图 6-10 为该过程时间因素解析-集成的示意图。

从图 6-10 可以看出，流程中时间序先是由流程的功能序决定的，以电炉—薄板坯连铸—连轧流程为例：先是由电炉承担熔化-冶炼-控温-控时功能，再由精炼炉承担精炼-控温-控时功能，再由铸机承担凝固-成型-控时-控温（铸坯温度）等功能，再由加（均）热炉承担加（均）热-控温-控时功能，最后由热轧机承担形变-相变和控时、控温功能。同样，对某一工序而言，其中一系列单元操作的时间序也是按相应的功能序来顺次安排的。

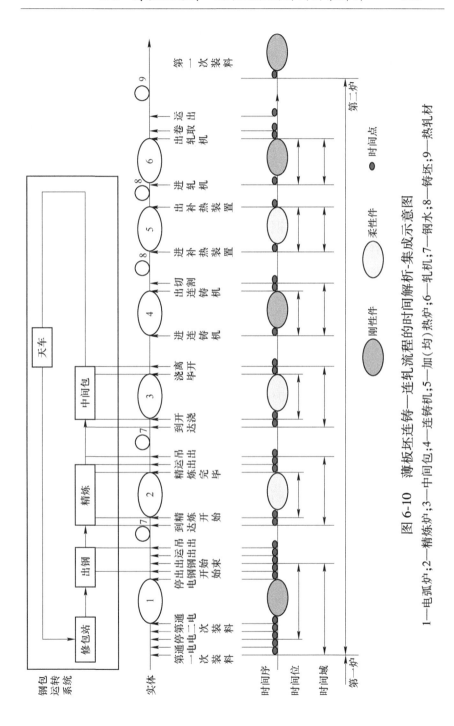

图 6-10　薄板坯连铸—连轧流程的时间解析-集成示意图

1—电弧炉;2—精炼炉;3—中间包;4—连铸机;5—加(均)热炉;6—轧机;7—钢水;8—铸坯;9—热轧材

　　就某一工序、装置的时间域而言，是由完成该工序、装置的特定功能（如炼钢、精炼、凝固成型、压力加工等过程）所消耗的工艺作业时间，加上相应的辅助作业时间和输送、装卸、缓冲、等待等时间过程所组成，从而构成各工序、装置不同的时间域。由于各工序、装置的时间域数值是不同的，因此为了实现流程的连续性（准连续性）和紧凑性，应该找出运行过程核心工序（一个或几个）及其时间域和运行节奏，然后相应决定其他工序、装置在协同、缓冲过程中的时间域和时间位。因此，就电炉炼钢车间而言，薄板坯连铸机是连续-紧凑运行的核心工序，为了保持流程的连续-紧凑运行，工序之间时间域的调控原则应是：

$$t_{EF} \leqslant t_{CC}$$

$$t_{LF} \ll t_{EF} \leqslant t_{CC}$$

式中　t_{EF}——电炉的作业时间，min；

　　　t_{CC}——连铸机的作业时间，min；

　　　t_{LF}——钢包精炼炉的作业时间，min。

　　在正常情况下，工序运行时间的合理波动范围应遵循：

$$\Delta t_{CC}^o \leqslant \Delta t_{EF}^o < \Delta t_{LF}^o$$

式中　Δt_{CC}^o——连铸机运行时间的合理波动范围，min；

　　　Δt_{EF}^o——电炉运行时间的合理波动范围，min；

　　　Δt_{LF}^o——钢包精炼炉运行时间的合理波动范围，min。

即应尽量使薄板坯连铸机的运行时间稳定优化。

　　各工序间等待时间的波动范围：

$$\Delta t_{CC}^w \leqslant \Delta t_{EF}^w < \Delta t_{LF}^w$$

式中　Δt_{CC}^w——连铸机允许的波动时间范围，min；

　　　Δt_{EF}^w——电炉允许的波动时间范围，min；

　　　Δt_{LF}^w——钢包精炼炉允许的波动时间范围，min。

即应尽量使薄板坯连铸机的等待时间最小化，同时，促进制造流程中各工序的等待时间之和应趋向稳定和最小化。

中间包钢水过热度应控制在钢液液相线以上 10~20℃。

钢液在各工序离站时的目标温度波动范围应约束在：

$$\Delta T_{EF}^{off} \leqslant 20℃ , \ \Delta T_{LF}^{off} \leqslant 10℃$$

式中　ΔT_{EF}^{off}——离开电炉工序时钢液的目标温度范围，℃；

　　　ΔT_{LF}^{off}——离开钢包精炼炉工序时钢液的目标温度范围，℃。

钢液在各工序的目标温度波动值应遵循递次收敛原则：

$$\Delta T_{CC} < \Delta T_{LF}^{off} < \Delta T_{EF}^{off}$$

式中　ΔT_{CC}——连铸机中间包内钢液的目标温度范围，℃。

即通过多工序的协同控制使连铸中间包内钢水的过热度控制在钢液液相线以上 10~20℃。

工序间的物质流量协调原则：

$$Q_{EF} = Q_{LF} = Q_{CC}$$

式中　Q_{EF}——电炉每分钟的平均钢水输出量，t/min；

　　　Q_{LF}——钢包精炼炉每分钟的平均钢水输出量，t/min；

　　　Q_{CC}——连铸机每分钟的平均铸坯输出量，t/min。

即以薄板坯连铸机实现稳定的多炉连浇前提下优化其铸坯输出量为主要目标来协调电炉、精炼炉的物质流输出量。

薄板坯连铸—连轧流程内钢液温降-时间的相互关系可以表示为：

$$\Delta T = f(\Delta t^w, \ G, \ R)$$
$$\Delta t = f(\Delta T, \ R)$$

式中　ΔT——工序间钢水温降，℃；

　　　Δt^w——工序间等待时间，min；

　　　Δt——工序间输送、传搁时间，min；

　　　G——钢水包中钢水量、中间包中钢水量，t；

　　　R——其他相关因素。

即在薄板坯连铸机的运行过程中钢水的温降与钢水包容量、中间包容量、等待、输送等时间因素是相互关联的。

为了在保持流程运行的连续-紧凑，薄板坯连铸机到热轧机之间也应遵循过程时间最小化原则、工序间物质流量协调原则、能源消耗最小原则等。

工序间流量协调原则，即：

$$nQ_{CC} = nQ_{rh} = Q_{ro}$$

式中　Q_{CC}——薄板坯连铸机每分钟平均铸坯输出量，t/min；

　　　n——铸流数，通常 $n=2$ 或 1；

　　　Q_{rh}——加（均）热炉每分钟平均铸坯输出量，t/min；

　　　Q_{ro}——轧机运行时每分钟平均轧制量，t/min。

工序间流量协调原则实际上还是以薄板坯铸机铸坯输出量为中心，相应要求加（均）热炉和轧机的输出量。但是，当轧机出现故障且故障时间超过一定时间的情况下，将对薄板坯连铸机的铸坯输出量产生反馈影响，例如轧机故障时间超过20min，薄板坯铸机将降低拉坯速度，轧机故障时间超过40min 时，薄板坯铸机可能应停止拉坯。轧机故障对薄板坯连铸机的"反作用"力，是"紧凑型"钢厂必须注意的。其间的过程时间最小化原则，即：

$$t_{CC}^{rh} + t_{rh} + t_{rh}^{ro} + t_{ro} \text{ 最小化}$$

式中　t_{CC}^{rh}——铸坯切割后到进入加（均）热炉的输送时间，min；

　　　t_{rh}——铸坯在加（均）热炉内停留的时间，min；

　　　t_{rh}^{ro}——铸坯出加（均）热炉到进入轧机的输送时间，min；

　　　t_{ro}——铸坯在轧机系统中的加工时间，min。

铸坯出薄板坯铸机后到轧制完毕的过程时间缩短并实现最小化，将有利于节能和提高生产效率、降低产品成本。

薄板坯铸机-热轧机之间的能源消耗最小原则，即：

$$\Delta T_{CC}^{rh} + \Delta T_{rh} + \Delta T_{rh}^{ro} \text{ 最小化}$$

式中 ΔT_{CC}^{rh}——铸坯切割后到进入加（均）热炉过程中的温降，℃；

       ΔT_{rh}——铸坯在加（均）热炉内的温升，℃；

       ΔT_{rh}^{ro}——铸坯出加（均）热炉到进入轧机过程中的温降，℃。

工序间等待时间范围，即：

$$\Delta t_{ro}^{w} < \Delta t_{rh}^{w}$$

式中 Δt_{ro}^{w}——轧钢机等待加（均）热装置供坯的合理时间波动范围，min；

       Δt_{rh}^{w}——加（均）热装置等待铸机供坯的合理时间波动范围，min。

为了实现各工序时间域的协调，对于流程中的"柔性组元"（精炼炉、加热炉或均热炉等）而言，不仅要控制好本工序的时间域大小，而且还要协调好时间域的具体位置（时间位）。例如 t_{EF} 为 60min，t_{CC} 为 60min，而 t_{LF} 为 40min；那么 t_{LF} 的 40min 前后各有一些用于运输、缓冲、等待的时间域，t_{LF} 的开始时间点和终止时间点如何设置，就是 LF 炉时间位的具体体现。时间位的选择对于相应工序、装置的过程时间、温度等参数有着重要影响，甚至进一步影响到流程整体的连续性、稳定性，也会影响到能源消耗等技术经济指标。

流程运行中的时间点，往往是一种目标控制（或调整）值，它标志着某一工序（或工序内某一操作）的开始或终结的时钟点。同时，也表征着流程中时间周期（节奏）起止的时钟点，是安排和调控时钟推进计划的目标函数。

总之，由于薄板坯连铸—连轧流程运行过程的连续化程度高，时间-空间安排"紧凑"，从而有利于制造流程运行过程耗散值的"最小化"——制造流程运行过程中物质流量衰减"最小化",物质流温度起伏"最小化",物质流经过的时间-空间域"最小化"。

参 考 文 献

［1］殷瑞钰. 关于薄板坯连铸—连轧的工程分析［J］. 钢铁, 1998, 33 (1): 2-6.

［2］林解放. 时间究竟是什么［J］. 自然辩证法研究, 2002, 18 (2): 75-76.

［3］许国志. 系统科学［M］. 上海: 上海科技教育出版社, 2000: 30.

［4］伊·普里戈金, 伊·斯唐热. 从混沌到有序［M］. 曾庆宏, 沈小峰, 译. 上海: 上海译文出版社, 1987: 29.

第7章 冶金制造流程宏观运行动力学和"界面"技术

━━━━━━━━━━━━━━━━━━━━━━━━━━━━━━━━━━━━

　　20世纪前半叶，钢铁企业由于当时面临的主要"瓶颈"是平炉、模铸、初轧（开坯）等工序在作业时间上的漫长与波动，装备技术性能可靠性差，生产过程中事故频繁发生，钢厂生产流程的结构存在着简单重复、叠加堆砌，加大中间缓冲装置或加大半成品的库存容量，追求产品"万能化"等特征，企业运行的特点是不断停顿、缓冲。目的在于适应重锭厚坯、反复加热、重复加工的前提下追求改良性、间歇性的稳定，这实际上是一种负反馈性的策略。

　　20世纪下半叶，第二次世界大战结束，全球性的恢复重建引发了钢铁产品的市场需求不断增长；同时由于氧气转炉、大容积高炉、连轧机，特别是连铸技术的发展和不断完善，钢铁企业生产流程的主导思想是在"稳定"基础上追求协同高效发展，这是一种正反馈性的策略。

　　21世纪以来，逐渐认识到地球资源的极限和保护环境-生态是跨越国境的全球性问题，同时由于市场空间、价格、成本、产品销售半径、环境等因素的制约，国际上单个钢厂生产流程总的发展方向是不再追求超大规模，而是趋向于在合理经济规模上的可持续发展和提高市场竞争力。钢铁企业的发展策略是追求超循环、超系统、开放的、合作的工程体系。希望通过合理的流程体系、合理的销售服务区域、合理的生产规模和构筑企业集团（或同业企业的策略性联盟）等组织手段，实现竞争和合作、共赢。进而，以环境协调性评价和生态工业链等超系统、超循环理念，使钢铁企业融合到循环经济社会中去，或成为未来都市圈循环经济的一员，或成为未来生态工业带中的一个重要环节。这是一种更为集约的发展战略。

从上述历史发展过程可以看出，钢厂生产流程在逐步由间歇型生产向连续或准连续型生产过渡，工艺流程不断紧凑化、准连续化或连续化，紧凑化、连续化和产品专业化将是钢厂结构调整追求的主要方向。钢厂生产流程的变化导致了一代又一代钢厂模式的演进，并直接影响钢厂的产品结构、合理规模、吨钢投资额和产品市场竞争力。这将引起钢铁制造流程运行动力学战略性转变和一系列"界面"技术群的开发、完善。应该指出此处讨论的运行动力学是指钢厂生产流程层次上的整体运行动力学，这是一种宏观运行动力学。

7.1 钢铁制造流程运行的动力学特征——作业表现形式与本质

从钢厂生产流程的运行动力学角度观察，生产流程中的运行特征表现为由间歇式的串联作业形式向着流程整体准连续化和连续化运行的本质发展。

以铁矿石和煤为主要原料的钢厂生产流程是由化学冶金过程（炼铁、铁水预处理、炼钢、钢液的二次冶金等）—凝固过程（连铸、模铸等）—冶金的物理过程（各类形变、组织控制和表面处理等）构成的复杂生产体系。从工程本质上看，钢铁生产流程的实质是物态转变（氧化物状态-金属状态，液态金属-固态金属，铸造组织-轧制（锻造）加工组织，高温组织-低温组织等）、物性控制（金属和熔渣的性质控制、钢水洁净度控制、钢材形状尺寸控制、金属组织控制、成品性能控制、表面性状控制等）和物流管制（制造流程的工序途径、物质与能量的传输方式、物流输送方法等）的过程结合[1]，如图 7-1 所示。

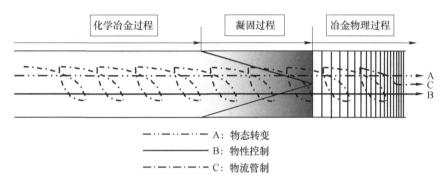

图 7-1 钢厂生产流程中物态转变、物性控制和物流管制的结合示意图

从钢厂结构角度看，20 世纪 70 年代第一次石油危机以前，特别是全连铸生产体制的钢厂出现以前，钢厂的生产流程中，主要注意物态转变和物性控制的结合，而这种结合又往往与物流管制相对分离、分立。突出地表现为混铁炉、钢锭库（场）、中间坯库（场）的大量存在这样的事实。钢厂实现全连铸生产体制以后，由于模铸—初轧（开坯）体制被取代，钢厂生产流程得以实现"一火成材"，特别是炼钢—精炼—连铸—加热—热轧过程的高温热连接得到实现，使得生产流程中物态转变-物性控制-物流管制三者在过程中相对紧密结合起来。以近终形连铸为核心的技术进步，产生了新一代的"紧凑型"钢厂。在这类钢厂中，物态转变-物性控制-物流管制三者在过程中的结合更为紧密，而且其协同化、节律化的特点也

更明显。图 7-2[2] 中生产物质流温度的起伏变化和运行周期长短表明了钢厂生产流程中物态转变-物性控制-物流管制三者结合紧密程度的不同效果。

　　从三代钢厂结构的变化可以看出，钢厂生产流程进步的特点是向逐步连续化的方向发展。通过流程的逐步连续化达到过程中金属物流衰减的"最小化"（收得率高，制造成本低），物流过程中金属温度起伏的"最小化"（流程节能、过程排放少、产品成本低等），过程时间以及过程库存量的"最小化"（劳动生产率高、成本低、交货期短等），产品质量与使用性能满足率的优化（质量好、性能优）等目标。

　　通过上述分析可以看出，钢厂生产流程运行动力学的特征是以若干工序或装置的间歇化作业表现形式，通过生产流程系统的整合、集成，逐步向准连续化或连续化的方向发展。

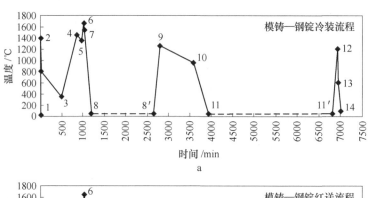

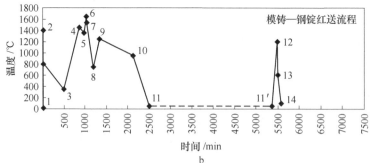

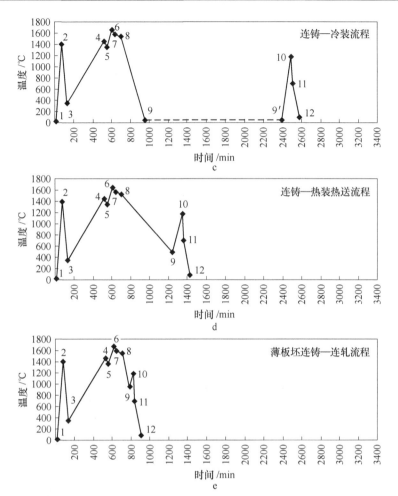

图 7-2　钢铁生产流程的间歇、连续与紧凑示意图

模铸流程（图 7-2a、b）：1—原料；2—烧结；3—矿槽；4—高炉出铁；
5—兑铁；6—转炉出钢；7—浇铸；8(8′)—钢锭；9—均热炉；10—初轧机；
11 (11′)—板坯库；12—加热炉；13—精轧机-卷取；14—成品库

连铸流程（图 7-2c、d）：1—原料；2—烧结；3—矿槽；4—高炉出铁；
5—兑铁；6—转炉出钢；7—精炼；8—连铸；9(9′)—板坯库；
10—加热炉；11—轧制-卷取；12—成品库

薄板坯连铸—连轧流程（图 7-2e）：1—原料；2—烧结；3—矿槽；4—高炉出铁；
5—兑铁；6—转炉出钢；7—精炼；8—连铸；9—板坯输送；
10—加热炉；11—轧制-卷取；12—成品库

钢铁生产流程（过程）准连续化、连续化的标志主要是：

（1）物质-材料流和能量流的网络化、连续化。

（2）通过"三个集合"的优化，即通过不断优化工序功能，进而实现淘汰落后工序和装置，再通过若干工序间"界面"技术群的优化，协调好前后工序（和装置）的关系，促进物质通量、温度、时间等参数的稳定和优化，实现长程的高温热连接，实现制造流程耗散过程优化。

（3）通过动态精准设计和流程宏观运行动力学的优化，实现物质流、能量流在空间尺度（平面图、输送方式、途径等）上的紧凑连接。

（4）物质流、能量流、信息流在过程时间轴上的耦合，实现"三流协同""三网融合"，以数字化、智能化促进准连续化、连续化，在实现最佳的时间效率基础上，实现生产效率的最佳化和全流程的连续化。

7.2 钢铁制造流程中不同工序/装置的运行方式

在长期的研究、开发和生产实践中，人们越来越注意到由于钢厂生产流程的复杂性、多工序性等特点，钢厂生产流程的连续化，不能急于求成地追求把每种间歇操作的设备都改为连续化作业，也不能简单地追求直流贯通形式的连续，而是应该在整个流程内多种间歇或准连续的作业形式的条件下，通过工序功能优化和工序间（短程或长程的）互相衔接和匹配关系的节律化、协同化、紧凑化等手段（开发工序间的"界面"技术）来实现生产过程的紧凑化、连续化或准连续化。而且，已经能够看出，钢厂生产流程的连续化/准连续化应该先从高炉炼铁、连续铸钢、连续轧钢等关键工序开始，逐步在整个生产流程扩展，形成准连续化/连续化的流程系统。

也就是说，首先要通过对过程工程科学的研究、开发，建立一个能够描述钢厂生产流程特点的物理模型，再结合管理科学和信息技术等建立起区段的 MIS 系统（管理信息系统），进而建立整个生产流程的智能化调控系统（CPS）。看来，钢厂的连续化问题需要通过冶金流程学、信息技术和管理科学的结合来解决。

从冶金流程学的角度看，钢厂内各主要生产工序的运行特征[3]为：

（1）高炉。其运行本质是竖炉逆流移动床热交换—还原—渗碳的连续化作业过程，然而其出铁方式（或是铁水罐的输出方式）则是间歇式的，因此其作业形式是连续化运行和间歇出铁（或是铁水罐的间歇输出方式）。

（2）转炉。其运行本质是快速、间歇振频式的熔池反应和升温过程，其出钢方式是间歇式的，因此其作业方式是快速-间歇重复循环式的过程。

（3）钢的二次冶金。其运行本质是柔性-间歇振频式的熔池反应和控温—控时过程，其出钢方式也是柔性协调性的间歇操作，其"柔性"主要表现在物流量、温度、时间以及由此派生的质量等参数上。

（4）连铸。其运行本质是准连续或连续的热交换—凝固—冷却过程，而其成品铸坯的输出作业方式（即出坯方式）则是间歇或准连续的。

（5）加热炉。其运行本质是准连续或连续加热的升温—控温—控时过程，出坯形式则是——出坯，是间歇式作业。

（6）热连轧机。其运行本质是连续化的高温塑性变形与相变过程，而其轧件的输入、输出方式仍是——轧制、——出材，从具体操作上看仍有间歇式的特征，但从总体运行上可以看成有节奏的准连续出材。当然，半无头轧制、无头轧制将有助于促进过钢、出材的连续化程度。

　　根据对上述各主要工序的运行本质和输出作业方式的分析，以及对三代钢厂结构的演进过程的观察，可以看出钢厂生产流程的进步，本质上是以优化各工序的间歇或连续运行过程和优化间歇化输出作业为基础，利用一系列短程或长程的"柔性活套工程"为手段，即不断改进前后相邻工序和装备之间的"界面"技术，逐步实现整个生产流程的准连续化或连续化。

7.3　钢铁制造流程的宏观运行策略

7.3.1　钢厂生产流程运行策略的区段划分

　　经过钢厂生产流程中不同工序和装置运行方式的特点分析，可以看出不同工序、装置运行过程的本质和实际作业方式是有所不同的。如果进一步对整个钢厂生产流程的协同运行过程进行总体性的观察、研究，则可以看出不同工序、装置在整体协同运行过程中扮演着宏观运行动力学中的不同角色。从生产过程物质流的时间运行观点来看，为了时钟推进计划的顺利、协调、连续地执行，钢厂生产流程中不同工序和装备在运行过程中分别承担着"推力源""缓冲器""拉力源"等不同角色。

　　一般可以将典型的钢铁联合企业的生产流程分解为两段：上游段是从炼铁开始到连铸，下游段是从连铸出钢坯开始到热轧过程终了。上游段主要是化学冶金过程和凝固过程，下游段则是铸坯的输送、加热（保温）、热加工、形变和相变的物理控制过程。由此，可以从高炉、连铸、热轧机三个连续化/准连续化端点的运行动力学特点入手，对生产流程运行动力学进行解析-集成。图 7-3 是钢厂生产流程运行策略划分为上、下游两个区段的特征。

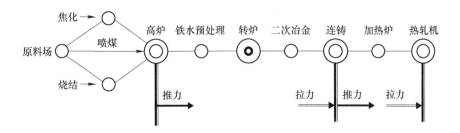

图 7-3 钢厂生产流程运行动力学的主要支点及其示意图

7.3.2 钢厂生产流程上游段的"推力源"与"拉力源"

7.3.2.1 高炉

由于高炉炼铁过程的本质是连续的竖炉移动床过程,这种过程自身要求连续、稳定运行,不希望发生波动,更不希望生产过程停顿。而高炉炉缸的容积是有限的(一般设计的炉缸容积为高炉总容积的 14% 左右),必须及时出铁,这对于高炉工序的生产物质流而言,表现为一种不愿停顿的"推力源",其物质流"推力"可用下式表示:

$$F_{BF}^{push} = \int_{t_0}^{t_1} \frac{V\eta}{1440 t_{SE}^{BF}} dt$$

式中 F_{BF}^{push}——高炉工序生产物质流的"推力",t/min;

V——高炉容积,m³;

η——高炉利用系数,t/(d·m³);

t_{SE}^{BF}——高炉作业时间域,$t_{SE}^{BF} = t_1 - t_0$,min;

t_0——上次出铁的时间点,min;

t_1——本次出铁的时间点,min。

这种"推力"不仅有物质流流量方面的意义,而且还有温度或能量方面的意义和时间节奏方面的意义。

在实际情况下,这种"推力"还有更多样化的表现形式,即对于铁水预处理、转炉等后续工序而言,这种"推力"可表现为每罐铁水（受铁罐或鱼雷罐）的质量和时间节奏。此外，这种"推力"还与高炉座数、铁水输送方式、铁路系统的能力特别是与平面布置图等有关。

7.3.2.2　连铸

由于连续铸钢过程的本质是连续的冷却—热交换—凝固成型过程，连铸机的效率、效益集中地表现在顺利实现长时间的多炉连浇和提高铸机作业率。一般而言，希望多炉连浇的时间周期尽可能长。因此，从生产过程的物质流运行来看，连铸工序的连续运行对高炉—铁水预处理—转炉—二次冶金等装置而言，是一种物质流的"拉力源"。这种"拉力"既表现为物质流上"拉力"，也表现为对物质流温度、质量上的"拉力"，而且这些意义上的"拉力"还必须实现在过程时间轴上的协调-耦合，即连铸工序要求其上游工序和装置能够连续不断"定时、定温、定品质"地供给钢水。也可以看成是连铸工序拉动着高炉—铁水预处理—转炉—二次冶金等工序有节奏地准连续或高频、间歇运行。因此，在钢厂生产流程的上游段里，连铸表现为一种流程连续运行的"拉力源"。其物质流的"拉力"可以表示为：

$$F_{CC}^{pull} = \int_{t_0}^{t_1} \frac{S\rho v_c}{t_{SE}^{CC}} dt$$

式中　F_{CC}^{pull}——连铸工序对上游工序和装置的物质流的拉力，t/min；

S——连铸坯的断面面积，m^2；

ρ——钢液的密度，t/m^3；

v_c——铸机拉坯速度，m/min；

t_{SE}^{CC}——连铸作业时间域，$t_{SE}^{CC} = t_1 - t_0$，min；

t_0——连铸机多炉连浇浇次的开始时间点，min；

t_1——连铸机多炉连浇浇次的终止时间点，min。

其中，铸机拉速极限受到铸机冶金长度的制约，即：

$$v_c = \frac{4K^2 L}{D^2}$$

式中　v_c——铸机拉坯速度，m/min；

　　　L——连铸机冶金长度，m；

　　　K——凝固系数，mm/min$^{1/2}$；

　　　D——铸坯厚度，mm。

7.3.3　钢厂生产流程下游段的"推力源"与"拉力源"

7.3.3.1　连铸

当连铸坯经过切断并以不同长度、不同单重、不同温度、不同时间（节奏）输出时，对于随后的加热炉、热轧机而言，表现为一种"推力"；这种"推力"既是温度或能量意义上的"推力"，也是物质流量意义上的"推力"，当然也表现为时钟推进计划的连续性尺度上的"推力"。因为，假如不能及时连续和相对稳定地将连铸坯输送到加热炉、热轧机，则必然引起铸坯热量的损失，必然引起铸坯中间库存量的增加，甚至引起热轧机连续作业时间的降低。同时，对于连铸工序本身而言，铸坯不能及时输出，其堆积量达到一定程度后，也会影响连铸机的拉坯速度，甚至影响连铸作业区的铸坯库存量。对于薄板坯连铸—连轧、薄带连铸等先进工艺而言，不允许铸机作业区有铸坯库存，必须迅速推向下游工序和装置。因此，不难看出在钢厂生产流程的下游段里，连铸又表现为一种流程连续运行的"推力源"。其物质流的"推力"可以表示为：

$$F_{CC}^{push} = \int_{t_0}^{t_1} \frac{S\rho v_c}{t_{SE}^{CC}} dt$$

式中　F_{CC}^{push}——连铸工序对其下游工序物质流的"推力"，

　　　　　　t/min；

S——连铸坯的断面面积，m^2；

ρ——铸坯的密度，t/m^3；

v_c——铸机拉坯速度，m/min；

t_{SE}^{CC}——连铸作业时间域，$t_{SE}^{CC} = t_1 - t_0$，min；

t_0——连铸机多炉连浇开始出坯的时间点，min；

t_1——连铸机多炉连浇终止出坯的时间点，min。

当然，在实际生产中，这种"推力源"的推力对于各种类型的加热炉和不同类型的热轧机而言，更具体地表现为不同长度、不同单重、不同温度或热量的单个铸坯上。

7.3.3.2　热连轧机

热连轧机的运行方式是一种连续-间歇交替出现的运行方式。因此，热连轧机希望尽可能长时间地有轧件通过，或是增加某一运行时间段（轧制周期）里的轧件通过量。这样，对于节能、增产乃至提高成材率等都是有利的。热连轧机要求尽量延长过钢的时间，甚至进一步要求通过各种手段延长轧件的长度（半无头轧制、无头轧制）等，这说明在钢厂生产流程的下游段里，热连轧机对其上游工序和装置（连铸机、钢坯库、保温坑、加热炉等）而言，是过程物质流的"拉力源"。它对过程物质流的"拉力"可用下式表示：

$$F_{HR}^{pull} = \int_{t_0}^{t_1} \frac{60 S \rho v_r}{t_{SE}^{HR}} dt$$

式中　F_{HR}^{pull}——热连轧工序对上游工序物质流的拉力，t/min；

S——成品轧件的截面面积，m^2；

ρ——轧件的密度，t/m^3；

v_r——最后一架热轧机的出口轧制速度，m/s；

t_{SE}^{HR}——热连轧机作业时间域，$t_{SE}^{HR} = t_1 - t_0$，min；

t_0——轧件进入热连轧机组的时间点，min；

t_1——轧件离开热连轧机组的时间点，min。

7.3.4 钢厂生产流程中物质流连续运行的策略

从钢厂生产流程上游、下游区段运行的"拉力源""推力源"分析得知：高炉在流程整体运行中起着"推力源"的角色；连铸机则有两重性，即对上游区段扮演"拉力源"的角色，对下游区段则呈现"推力源"的角色；而热连轧机组则呈现出在下游区段的"拉力源"角色。

然而，这只是在这三种工序和装备处于正常运行状态下的一般性描述，在实际生产运行过程中，高炉不可能完全稳定运行；连铸不可能始终保持稳定连浇状态；热轧机组也不可能不断连续地有轧件通过。总之，在生产流程中总会有各种对运行连续性发生干扰的因素出现，总会有各种引起运行不稳定的因素出现。而且，各类不连续、不稳定因素的出现，可能是随机的，也可能是有计划的。这样，就要进一步研究保持钢厂生产流程中物质流连续或准连续地运行的策略和手段。也就是要研究如何协调、缓冲钢厂生产流程中"推力源"-"拉力源"之间的"量"差，使流程能连续或准连续运行，研究其对应策略和手段。这种运行策略，一般可模仿热连轧机组内机架-机架之间的"活套"功能，使之实现秒流量"相等"。因此，在钢厂生产流程的整体运行过程中也需逐步构筑起广义上的"柔性活套工程"（不过，对于钢厂生产流程这样的大尺度、复杂系统而言，为了保持过程物质流的准连续性，其时间尺度更多地是以分（min）为单位，而不是秒（s）或小时（h），即以"分流量相等"取代"秒流量相等""小时流量相等"）。即在"推力源"-"拉力源"之间，构筑起若干缓冲工序或装置，使之成为流程物质流的中间"活套"；并通过不同的"活套"功能、不同的"活套"容量、不同的"活套"数量来缓冲（包括流量参数的缓冲、能量或温度参数的缓冲、质量或形状参数的缓冲、时间因素的缓冲等）协调"推力"-"拉力"，使流程物质流不中断、不堆积并连续或准连续地运行，从而得到良好的效率和效益。这种"推力"-缓冲"活套"-"拉力"的协调实际上起到了"广义活套工程"的作用。图7-4示意地说明缓冲"活套"在钢厂生产流程中的位置。

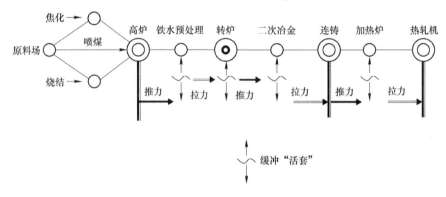

图 7-4　钢厂生产流程运行过程中的
"推力"-缓冲"活套"-"拉力"解析图

根据上述运行策略，进一步讨论不同工序或装备在钢厂生产运行过程中所扮演的"推力"-"缓冲、协调"-"拉力"等角色。

7.3.4.1　高炉—连铸区段（或电炉—连铸区段）的运行调控策略和不同工序/装置的角色

在钢厂生产流程的上游段又可分为炼铁-炼钢段，炼钢-连铸段。在这两个分区段内，也都存在着"推力"-"缓冲、协调"-"拉力"的运行动力学过程特征。

A　转炉

转炉的功能几经演进，现在已经演变为高效脱碳、快速升温、适度脱磷、适度消纳废钢和产生二次能量（转炉煤气、蒸汽）的冶金装置。其合理吨位因热轧产品而异[4]（图7-5）。

对生产薄板（板坯铸机）的大型转炉而言，转炉冶炼周

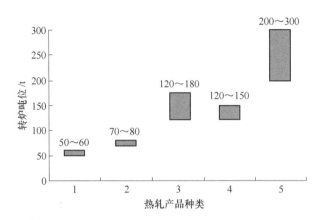

图 7-5 钢厂产品结构与转炉吨位的合理(优化)关系

1—建筑用长材; 2—优质长材; 3—中厚板;
4—薄板坯连铸—连轧薄板; 5—传统热轧薄板

期一般为 40~32min, 有的甚至可达 28min; 对生产建筑用长材的中、小型转炉而言, 转炉冶炼周期一般为 20~32min。转炉处于高炉和连铸机之间, 总的来看, 它既受到连铸产生的"拉力"影响, 又受到高炉产生的"推力"影响。但是由于转炉、连铸机往往同属炼钢厂, 在实际生产运行中更直接地受连铸机多炉连浇的"拉力"影响。为了实现长时间的多炉连浇, 转炉必须协同相应的二次冶金装置, 实现"定时、定温、定品质"地向连铸机供给钢水。这样, 生产过程综合优化就要求尽可能按照转炉—连铸机——对应的原则, 并在此前提下遵循以下规则运行:

$$t_{BOF} \leqslant t_{CC}$$

$$t_{SM} \ll t_{BOF} \leqslant t_{CC}$$

式中　t_{BOF}——转炉冶炼周期时间, min;

t_{CC}——连铸浇铸一炉钢的周期时间, min;

t_{SM}——二次冶金装置处理的周期时间, min。

B 电炉

电炉的功能几经演进，现在主要是快速熔化并处理含铁原料（包括对兑入铁水进行快速脱碳和脱磷）和快速升温，并尽可能回收排放废气的热量。在现代电炉冶炼过程中是不存在还原期的。现在电炉的合理吨位也随着产品的不同而有合理规范，例如：生产建筑用长材的电炉往往是 80~100t；生产合金钢长材的电炉吨位往往是 60~100t；对应于薄板坯连铸—连轧生产的电炉，其容量往往是 150~180t；而不锈钢生产流程中的电炉吨位应至少不小于 80t。

在现代电炉炼钢厂内，电炉工序受到连铸工序多炉连浇所形成的"拉力"的影响，因此，电炉必须努力去适应相应连铸机多炉连浇，并且与二次冶金装置协同运行，实现"定时、定温、定品质"地向连铸机提供钢水。当然，反过来看，在该生产流程中，对于连铸机而言，电炉是"推力源"，即当钢水离开电炉时，即呈现出过程物质流的"推力"（包括了时间意义上的"推力"，温度意义上的"推力"，质量（化学成分）意义上的"推力"，流量连续性意义上的"推力"）。在现代电炉流程中，电炉—二次冶金—连铸机——对应是现代电炉流程优化选择的合理原则。因此，在电炉流程协同运行时，应该遵循：

$$t_{EAF} \leqslant t_{CC}$$

$$t_{SM} \ll t_{EAF} \leqslant t_{CC}$$

式中　t_{EAF}——电炉冶炼周期时间，min；

t_{CC}——连铸浇铸一炉钢的周期时间，min；

t_{SM}——二次冶金装置处理的周期时间，min。

显然，当电炉冶炼周期时间快于连铸浇铸周期时间时，则电炉在生产流程中更加明显地呈现出"推力源"的角色，这就反过来要求连铸机、二次冶金等工序相应协同地做出反应，加快运行节奏以保持连续、协调运行作业。

C　二次冶金装置

二次冶金装置是 20 世纪 50 年代后期开始逐步发展起来的，并逐步列入炼钢生产流程。二次冶金装置发展的初期是为了进一步净化钢水，提高品质，开发新品种等。在初期阶段，二次冶金装置不一定列入日常运行流程（即不常"在线"）。20 世纪 70 年代中期以后，全连铸生产体制在全球范围内广泛采用；同时二次冶金的功能越来越完善；因此，二次冶金装置的作用发生了深刻的变化。现在，二次冶金工序（装置）的功能已经演进为：进一步提高冶金质量（包括温度、夹杂物控制等），进一步降低炼钢过程的能耗、物耗以降低制造成本，协调-缓冲炼钢炉—连铸机之间的生产物质流，促进多炉连浇；因而二次冶金装置一般都应列入生产流程"在线"运行。"离线"运行的二次冶金装置往往会引起投资成本、制造成本的提高。

迄今为止，二次冶金装置已是种类繁多，各有不同优势，分别适用于不同产品以及不同生产流程。一般而言，LF、LF+VD 主要适用于电炉生产流程。钢包吹氩等相对简易的装置主要适用于与中、小转炉协同生产一般用途的长材流程。而 RH 真空处理装置、CAS、喷粉等快速运行精炼装置，主要适用于大、中型转炉，以生产高质量的平材（特别是薄板）；有的也将 LF 炉引入生产高质量平材的大型高炉—转炉流程；但在大型转炉—板坯连铸流程中，LF 炉的用途主要是生产超低硫钢（如管线钢等）或中、高碳低硫钢。当转炉流程中将 LF 炉作为主要精炼手段在线应用时，必须充分注意 LF 炉会制约转炉的生产节奏和效率，也可能会相应制约连铸机拉坯速度的进一步提高；因此，应该综合分析二次冶金装置的功能与作用，慎重选择。

然而，无论在不同产品还是在不同生产流程中，二次冶金装置的运行周期时间一般都应该遵循：

$$t_{SM} < t_{BOF} \leqslant t_{CC}$$

或 $$t_{SM} < t_{EAF} \leqslant t_{CC}$$

至少应该保持 $t_{SM} < t_{EAF} \leqslant t_{CC}$，否则，就易出现二次冶金装置"离线"现象或影响铸机多炉连浇。

这是因为，从炼钢炉出钢完毕到连铸机中间包开浇的作业过程中，t_{SM} 只是其中的一部分时间段，其前还有钢包输送（包括钢包吊运等）、钢包定位等时间过程；其后也有钢包吊运、钢包在连铸机回转台定位、注满中间包等操作过程时间；甚至在二次冶金前、后都或多或少地会有等待、传搁时间，所以，对于二次冶金装置的选择及其运行而言，必须高度注意不同类型二次冶金装置的处理运行时间的适用范围。

在炼钢炉—二次冶金—连铸机之间进行多炉连浇的运行过程，实际上必然要形成下列时间节奏的协同：

$$t_{BOF(EAF)} = t_1 + t_2 + t_{SM} + t_3 + t_4 + t_5 + t_6 = t_{CC}$$

式中 t_1——钢包在炼钢炉出钢完毕后输送到二次冶金装置工位的时间间隔，min；

t_2——钢包到达二次冶金装置工位到二次冶金装置开始运行的时间间隔，min；

t_3——在二次冶金装置处理结束后钢包到达连铸回转台的时间间隔，min；

t_4——钢包在连铸回转台边上的等待时间，min；

t_5——连铸回转台的回转作业时间，min；

t_6——连铸回转台回转结束到钢包开浇的时间间隔，min。

总的来看，各类二次冶金装置的功能和运行原则是为了"定时、定温、定品质"地向连铸机多炉连浇提供钢水。因此，二次冶金装置在炼钢生产过程还担负着生产物质流的协调、缓冲功能。这种广义"活套"功能既体现在钢液化学成分的准确度和冶金纯洁度方面，也体现在过程温度和过程时间方面。

从对 t_1、t_2、t_3、t_4、t_5、t_6 的分析，可以联想到炼钢厂内转炉（电炉）、二次冶金装置、连铸机之间的时间关系，必定会受其空间位置和距离的影响；甚至还有其他装置的影响。这样，炼钢厂内的装备配置，平面和立面布置以及输送方式、方法等，也将对转炉（电炉）—二次冶金装置—连铸机运行过程的连续化产生影响。

D 铁水供应

在高炉出铁水到炼钢炉兑铁水之间的物质流运行过程中，高炉无疑是一种"推力源"，而转炉必须适应连铸机多炉连浇的持续"拉力"，因此在高炉—转炉区段的运行过程中，转炉对铁水预处理、高炉等工序和装置呈现出"拉力"的作用。这样，可以看出，受铁罐、鱼雷罐车、混铁炉、铁水预处理装置、扒渣装置（站）以及兑铁包等工序和装置、容器等，都呈现出对于过程物质流的"缓冲"功能，并在过程运行中组成"广义活套工程"，在温度、时间、铁水成分调节和供应批量等参数上起着"衔接和匹配"的作用。当然，这种衔接、匹配作用还受到高炉座数、高炉容积、高炉利用系数、转炉炼钢车间个数、转炉座数、转炉容量以及平面布置图、铁路通过能力等因素的影响或制约。

高炉—铁水承接—铁水输送—铁水储存—铁水预处理—兑铁方式存在诸多方法和不同组合方式，研究高炉—转炉之间的协同运行的组合优化及其规律是十分必要的，而不能停留在简单的装置堆砌上。其中，从产品需求和降低成本的角度出发，合理选择铁水预处理的方式，选择高炉出铁后的铁水承接、储运与铁路通过能力、铁水承接容器类型和合理容量、合理高炉座数和平面布置等都是高炉—转炉之间"界面"组合技术合理化的开发重点。

高炉—转炉之间的生产物质流一般都有以下特征：

（1）不同形式、不同距离的输送过程以及相应的等待、传搁过程。

（2）不同的铁水承接、储存方式（不同的承接容器、不同容器的容量和形状、不同形式的保温、散热过程甚至加热方式等）以及由此引起的铁水倒罐次数、过程温降、运行时间的变化。

（3）不同的铁水预处理方式、方法和由此决定的兑入转炉时的不同铁水成分、温度，以及所影响的兑铁时间节奏。

因此，高炉—转炉之间生产物质流运行的目标应是：

（1）高炉出铁水到转炉兑铁水的过程时间尽可能紧凑并节奏化，目的是为了促进（或适应）连铸的连续化运行。

（2）高炉出铁水到转炉兑铁水的温度变化应在保证铁水质量适应炼钢要求的前提下，铁水温降尽可能少。

（3）铁水预处理的运行效率高，成本尽可能低。

（4）高炉—转炉区间的平面图布置合理，提高铁路输送效率；促进高炉—铁水预处理—转炉间的时-空因素协同优化，综合提高铁水预处理、转炉吹炼、二次冶金、连铸的效率。

7.3.4.2 连铸—热轧区段的运行调控策略和不同工序（装置）的角色

在钢厂生产流程下游段——热加工形变和相变的物理控制过程中，对其"推力源"-"拉力源"的分析（7.3.3节），已经讨论了连铸机在这一区段运行过程中呈现的"推力源"角色和热连轧机呈现的"拉力源"角色。

自从钢厂确立全连铸生产体制以后，人们越来越重视连铸—热连轧机之间运行调控策略，用不同方法、不同装备来协调连铸—热轧机之间的高温热连接过程，旨在实现过程能耗最低、过程库存量最小、过程时间最短、过程所占空间（包括平面距离）最小、金属收得率最高等多目标优化。在连铸实现无缺陷铸坯的基础上，实现连铸坯冷装轧制（CC-CCR）、连铸坯热送热装轧制（CC-HCR）、连铸坯直接热装轧制（CC-DHCR）、连铸坯直接轧制（CC-DR）、薄板坯连铸—连轧（TSCR），甚至薄带连铸—连轧（SC-R）等不同工艺技术，在某些情况下还应包括半无头轧制技术等。

在凝固—热轧区段运行过程中，不同形式的钢坯加热炉、钢坯保温炉、热铸坯坑、中间坯加热炉以及热卷箱等装置，都在不同程度上、不同技术参数上、不同功能上起着连铸机—热轧机之间"缓冲-协调"的角色，它们之间的不同组合、不同匹配呈现为不同容量、不同功能的"广义活套工程"。

关于在不同衔接匹配方式下板坯连铸—热带轧机之间的库存容量及"活套"容量指数已初步研究过[5]。

一般而言，板坯连铸—热带钢轧机之间的钢坯库的合理库存量是由基本库存量和流量波动库存量组成的。所谓基本库存量（IB）取决于连铸机到加热炉之间的传搁时间 t_{ch}。对于 CC-HCR 过程而言，$t_{ch}(\min)$ 包括：

（1）从铸坯切割到铸坯开始装车的时间（t_{ich}），min；

（2）从铸坯开始装车到装车结束时间（t_{che}），min；

（3）炼钢厂—热轧厂间运输时间（t_t），min；

（4）铸坯开始卸车时间到卸车完毕时间（t_{dche}），min；

（5）铸坯进入板坯库时间到进入加热炉之间的时间（t_{wh}），min。

即：

$$t_{ch} = t_{ich} + t_{che} + t_t + t_{dche} + t_{wh}$$

在 t_{ch} 时间（min）里，热带钢轧机的产量为 Q_{RP}，为了维持稳定生产，基本库存量 I_B 应保持：

$$I_B = Q_{RP}$$

所谓流量波动库存量（I_F）是指由输入的连铸坯量和输出的热轧材量不平衡引起的差值。流量波动库存取决于连铸机、加热炉、热轧机发生的故障及检修的频度和时间长短。亦即包括：

（1）由故障引起的流量波动库存：$I_{F,D}$；

（2）由检修引起的流量波动库存：$I_{F,R}$。

如此，则 CC-HCR 过程中理论计算的铸坯库存容量：

$$I = I_B + I_F = I_B + I_{F,D} + I_{F,R}$$

同理可以推算其他板坯连铸机—热轧机高温热连接方式中的连铸机—热轧机之间的库存容量。

为了便于对连铸机—热轧机之间的衔接匹配方式进行比较，引入"活套"容量指数（I_{bu}）来表征不同衔接匹配方式运行过程的基本缓冲值。

$$I_{bu} = \frac{I_{ac}}{I_h}$$

式中 I_{bu}——连铸机—热轧机之间不同衔接匹配过程中的
　　　　　　　"活套"容量指数，也就是库存量能够维持热轧
　　　　　　　机正常连续生产的时间，h；

　　　　I_{ac}——连铸机—热轧机之间的实际库存容量，t；

　　　　I_h——连铸机—热轧机正常协调生产时的小时产量，
　　　　　　　t/h。

研究"活套"容量指数 I_{bu} 的意义在于，若某厂实际库存量大于其相应的连铸机—热轧机衔接匹配方式的活套容量指数 I_{bu} 时，说明它是在较高库存量下运行，占用流动资金可能过高，能耗也可能相对要高，在这种情况下，应设法降低库存量。反之，若某厂实际库存量小于活套容量指数 I_{bu} 时，表明

该企业库存量偏低，进入由于库存量偏低而可能引起影响热轧机能力发挥的预警运行状态。表 7-1 列出了不同衔接匹配方式下板坯连铸机—热轧机之间的理论计算的库存容量（I）和"活套"容量指数（I_{bu}）。

表 7-1　板坯连铸机—热轧机之间的理论计算库存容量、
实际库存容量和"活套"容量指数

库存内容	衔接方式					
	CC-CCR 连铸坯 冷装	CC-HCR 铸坯 热装	CC-DHCR 铸坯直接 热装	CC-DR 铸坯直接 轧制	TSC-DR 薄板坯 连铸-连轧	SC 薄带 连铸
基本库存 I_B/t	$(10.0\sim15.0)I_h$	$(4.5\sim7.0)I_h$	→0	→0	→0	0
故障引起的流量 库存 $I_{F,D}$/t	$(1.5\sim3.5)I_h$	$(1.5\sim3.5)I_h$	$(1\sim3)I_h$	$(0.5\sim0.8)I_h$	$(0.3\sim0.6)I_h$	0
检修引起的流量 库存 $I_{F,R}$/t	$(5.5\sim7.5)I_h$	$(5.5\sim7.5)I_h$	$(1\sim3)I_h$	0	0	0
计算库存容量 I/t	$(18.0\sim21.0)I_h$	$(10.5\sim16.5)I_h$	$(2\sim4)I_h$	$(0.5\sim0.8)I_h$	$(0.3\sim0.6)I_h$	0
计算活套容量 指数 I_{bu}/h	18.0~21.0	10.5~16.5	2~4	0.5~0.8	0.3~0.6	0
实际库存容量 I_{ac}/t	$(90.0\sim110.0)I_h$	$(65\sim75)I_h$	$(5\sim15)I_h$	$<0.8I_h$	$(0.3\sim0.6)I_h$	0
实际活套容量 指数 I_{bu}/h	90.0~110.0	65~75	5~15	<0.8	0.3~0.6	0

7.3.4.3　关于钢厂生产流程中某些工序（装置）的"缓冲-协调"能力

从图 7-4 所示的钢厂生产流程运行解析图中可以看出，在生产流程中铁水预处理、二次冶金、加热炉乃至转炉也在某种意义上起着"缓冲-协调"的作用，也就是维持"分流量相等"的"活套"功能。然而,这些工序(装置)在缓冲-协调方面的功能是更为广义的。其中,"缓冲"功能,往往是体现在"量"的方面,例如单位时间的物质流通量,单位时间内传输的热量、单位时间的温度升降等。而"协调"功能则往往是体现在"质"的变化方面,例如化学组分变化方面的工序性安排,形变控制方面的工序性安排,组织、性能控制方面的工序性安排等。由于从总体上看钢厂生产流程运行的实质是物质、能量、空间、时间等因素在生产流程中进行组织、协调、耦合,因此,实际就是化学-组分因子、物理-相态因子、几何-尺寸因子、表面-性状因子、能量-温度因子在生产流程中进行时-空性耦合。由于空间因素(例如平面布置、立面布置等)是在钢厂总体设计中已经确定了的,对生产流程而言一般是固定不变的,因而就变成了主要是在时间轴进行协调-耦合。这样,对某些工序(装置)的"缓冲-协调"能力而言,也可以简化甚至量化在时序、时间节奏等参数上。当然,这并非说空间因素不重要。不合理的总图布置、不合理的流程网络很可能成为流程运行物质流混乱的根源,而无法通过生产组织调度得到弥补。

此处以二次冶金装置的"缓冲-协调"能力的计算为例,为了使炼钢厂区段内的过程物质流实现连续化——长时间多炉连浇,应符合以下条件:

$$t_{SM} < t_{BOF} \leqslant t_{CC}$$

也就是:

$$Q_{CC} \leqslant Q_{SM} < Q_{BOF}$$

式中 Q_{CC}——连铸机有效运行时,单位时间的物质流通量,
　　　　　　t/min;

　　　　Q_{BOF}——转炉冶炼周期内,单位时间的物质流通量,
　　　　　　t/min;

Q_{SM}——二次冶金装置处理周期内，单位时间的物质流通量，t/min。

这样，二次冶金装置对连铸机而言的"缓冲-协调"能力为：

$$Q_{SM} - Q_{CC} = \frac{C_W}{t_e^{SM} - t_S^{SM}} - \frac{C_W}{t_e^{CC} - t_S^{CC}}$$

式中　C_W——一炉钢水的质量，t；

t_S^{SM}——二次冶金装置开始处理的时间，min；

t_e^{SM}——二次冶金装置结束处理的时间，min；

t_S^{CC}——连铸机开始运行的时间，min；

t_e^{CC}——连铸机结束运行的时间，min。

由此可以看到，某一装置的"缓冲-协调"能力在这里既可以体现为时间（min），也可以体现为单位时间的物质（金属）流通量（t/min）。

同理，二次冶金装置对转炉而言的"缓冲-协调"能力为：

$$Q_{SM} - Q_{BOF} = \frac{C_W}{t_e^{SM} - t_S^{SM}} - \frac{C_W}{t_e^{BOF} - t_S^{BOF}}$$

式中　$t_e^{BOF} - t_S^{BOF}$——转炉出钢-出钢时间周期，min。

这样，也可以用类似的方法来计算不同类型铁水预处理工序分别对高炉炼铁过程、转炉炼钢过程的"缓冲-协调"能力；计算不同类型加热炉等分别对连铸机、热连轧机运行过程的"缓冲-协调"能力。

7.4 钢厂制造流程中的"界面"技术

"界面"技术是一个新名词、新概念。

随着冶金流程工程学研究的深入发展，其重要性越来越显露出来，无论是在理论上还是实践过程中都如此。

7.4.1 "界面"技术的含义及其在结构性集成中的重要性

制造流程在其规划、设计、建构、运行过程中，一般都是以工序/装置、车间为基本单元的（即节点、工序/装置），然而要构成整体动态运行制造流程，必须要用运筹学（包括图论、排队论、博弈论等）的概念和方法，以利对节点-节点之间的链接关系、层次协同关系做出合理的安排，这就引出了与之相关的"界面"技术。

制造流程不是各个自复制制造（工序/装置）单元（节点）简单/随机相加而成，自复制制造（工序/装置）单元（节点）之间的时空性、结构性、功能性联网是由链接单元以"界面"技术的形式出现[6]。可由下列方程表示：

$$S = f(A_1 + \sim_1 + A_2 + \sim_2 + A_3 + \sim_3 + \cdots + A_n)$$
$$S = f(A_i, \sim_i)$$
$$S \neq f(\Sigma A_i)$$

式中　S——制造流程；

　　A_i——自复制制造单元（节点、工序/装置）；

　　$\sim_i$——"界面"技术；

$i=1, 2, 3, \cdots, n$。

7.4.1.1 "界面"技术的含义

由于各个自复制单元（工序/装置、节点）在动态运行时，都是有"流"的输入/输出的，上、下游节点之间是必须连接、匹配、协同、耦合而发生链接关系的。

所谓"界面"技术是指制造流程中相关制造单元（工序）之间的链接件，包括了传递-承接、输送-遗传、衔接-匹配、协调-缓冲技术以及相应的装置、网络和调控程序等。应该说不仅包括工艺、装置而且包括时-空配置、运行调控等一系列技术和手段。进而促进物质流运行优化、能量流运行优化和信息流运行优化。换言之,"界面"技术优化能促进相关的、异质-异构的、非线性运行状态的一系列制造单元(即节点、工序/装置)之间关系的优化,诸如传递-遗传关系、时-空配置关系,衔接-匹配关系、缓冲-链接关系、信息-调控关系等。

可见,"界面"技术既有"硬件",又有"软件"。

7.4.1.2 "界面"技术的重要性

"界面"技术是制造流程结构的重要组成部分,是描述制造流程动力学行为的动力学方程中的诸多非线性项;"界面"技术的本质是一种链接件,其作用是使制造流程内所有节点-节点之间的非线性项形成集成协同运行的"耗散结构",使之涌现出卓越的功能和效率,并实现"耗散结构"中"流"的"耗散过程"优化。

要跳出孤立系统观念的束缚,建立起耗散过程、耗散结构的概念。

如何理解耗散?

任何与能量衰减/损失相关的现象都是耗散现象。任何与能量衰减/损失相关的过程都是耗散过程;这种耗散过程可以存在于能量的转换过程之中,可以存在于物质转变的过程之中,可以存在于时间存留长短的过程之中,可以存在于空间变换过程之中,可以存在于生命过程之中,也可以存在于信息的传递/转换过程之中。耗散过程中能量耗散的多少及其形式取决于该过程中事物流经的路径、网络的结构,这就是耗散结构。

"界面"技术(链接件)应体现制造流程中动态-有序、协同-连续的运行特征,不堵塞、不封闭、不紊乱,又有适当的缓冲-协调功能。"界面"技术既有"硬件",又有"软件"。以钢铁制造流程为例,"界面"技术是广泛存在的,如图7-6所示。此外,尚有诸多"亚界面"技术的存在。可以说在制造流程动态协同运行过程中，作为链接件的"界面"技术随处可见。

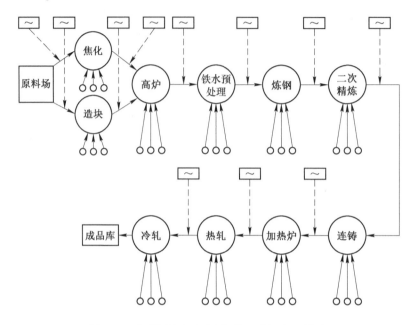

图 7-6 钢铁制造流程中的"界面"技术

7.4.1.3 "界面"技术的优化

"界面"技术优化的路径一般有：

（1）节点-节点间链接结构的简化（例如混铁炉、鱼雷罐、一罐到底的演变，见图 7-7～图 7-14）。

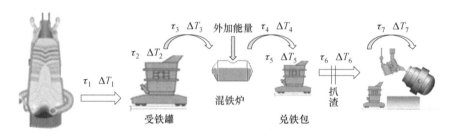

图 7-7 中、小高炉铁水经由受铁罐—混铁炉—兑铁包后
兑入中小转炉的过程示意图

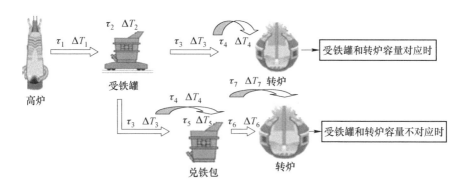

图 7-8 中、小高炉铁水经由受铁罐兑入中小转炉的
不同过程示意图

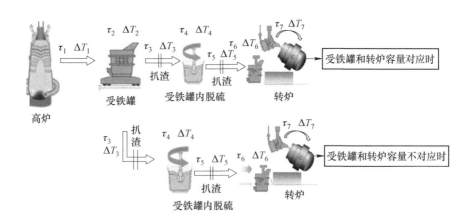

图 7-9 中、小高炉—中、小转炉间经铁水脱硫处理的
过程示意图

（2）节点间序参量协同优化。涉及容量、数量、温度、时间、多炉连浇；例如平炉、大转炉与小方坯连铸之间容量、时间节奏、温度等参数的不协调关系；应有中、小转炉或超高功率电炉，并经过程精炼装置才能与小方坯铸机多炉连浇，协同生产运行。

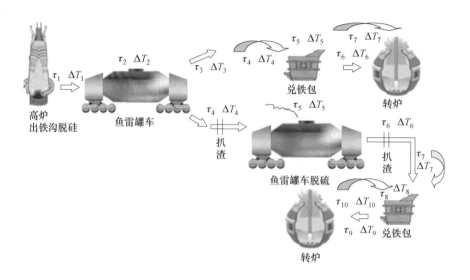

图 7-10　大高炉—大转炉间铁水经鱼雷罐车转运
过程的示意图

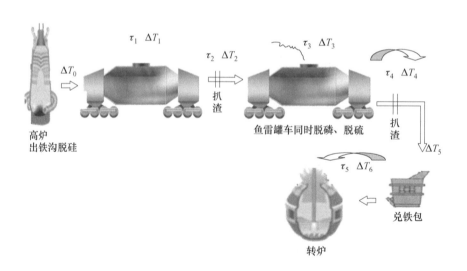

图 7-11　大高炉—大转炉间铁水在鱼雷罐内进行"三脱"
处理的转运过程示意图

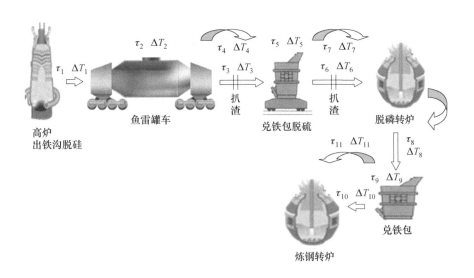

图 7-12 大高炉—大转炉之间铁水分步"三脱"处理的
转运过程示意图

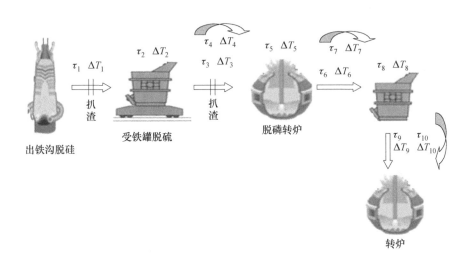

图 7-13 大高炉—大转炉之间不经鱼雷罐车的分步、分工序铁水
"三脱"处理转运过程示意图

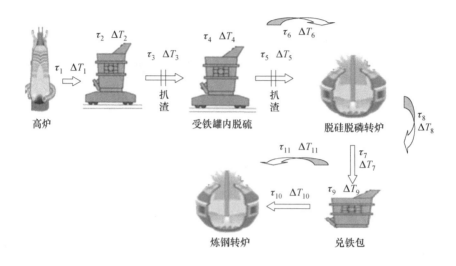

图 7-14　大高炉—大转炉之间不经鱼雷罐车快捷的铁水分步、
分工序"三脱"处理转运过程示意图

（3）不同层次的节点间嵌套结构协同优化。例如脱硫反应时间与 KR 作业时间的嵌套关系；又如 BOF-LF-CC 组合生产时，作业时间由于 LF 炉过程时间长引起的不协调关系。

（4）整体动态-有序运行过程中节点间信息传递高效化。例如：定时、定温、定品质的钢水供连铸，保证多炉连浇；转炉副枪技术等。

"流"在"流程网络"的耗散过程中，"界面"技术优化的作用体现为如下关系：

（1）"节点"-"节点"之间功能的有序衔接关系；

（2）"节点"-"节点"之间功能的匹配对应关系；

（3）"节点"-"节点"之间功能的耦合、协同关系；

（4）"节点"-"节点"之间容量的匹配、过渡关系；

（5）"节点"-"节点"之间时-空配置的连接、缓冲关系；

（6）"节点"-"节点"之间动态运行程序化协同的关系。

7.4.1.4 "界面"技术的理论价值

"界面"技术在信息维上体现着"节点"-"节点"之间相关信息的相互反馈、"节点"-"节点"之间的自组织、自适应，以及制造流程整体的自复制、自生长等内涵。

"界面"技术的创新优化，将进一步促进制造流程系统的：

（1）结构进化、优化（简捷化、层流化）。

（2）流程整体效率优化（生产效率优化、投资效率优化、供应链效率优化）。

（3）功能优化（为"三个功能"服务，不是只为产品制造功能服务）。

从物理学的视角看，"界面"技术也将以耗散结构、耗散过程合理化为方向，最终体现为能源消耗最小化、过程时间最小化原则。

为了构建一个流程制造型的数字物理融合系统（CPS），努力构建一个能充分表达制造流程动态运行内在物理机制的物理模型是一个重要的基础，即构筑一个合理的物质流、能量流、信息流渠道及其网络；其中，一系列"界面"技术的合理选择、合理表达和优化应该是不可忽视的重要组成部分，必须加以深入研究。这是钢厂绿色化转型、智能化升级的必要基础条件。

7.4.2 钢铁制造流程中的"界面"技术

就钢铁制造流程而言，"界面"技术是与钢铁制造流程中相关的炼铁、炼钢、连铸、再加热、热轧等主体工序之间的传递-遗传、衔接-匹配、协调-缓冲技术及相应的装置（装备）。"界面"技术不仅包括相应的工艺、装置，还包括平面图等时-空合理配置、装置数量（容量）匹配等一系列的工程技术，如图 7-15~图 7-17 所示。

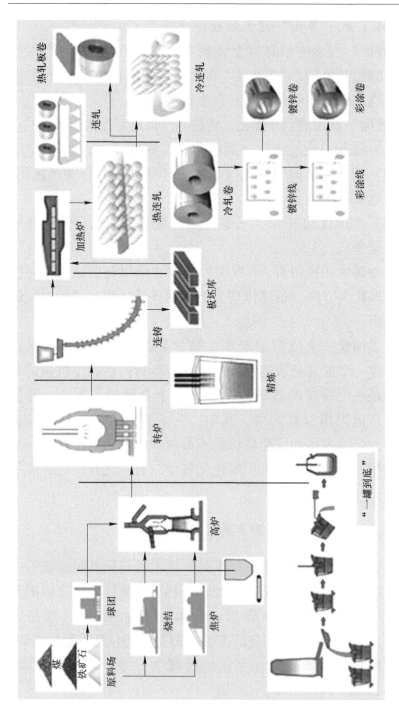

图 7-15　现代钢铁制造流程的“界面”技术

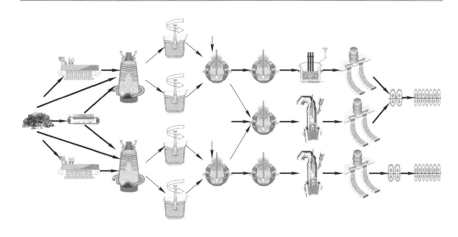

图 7-16　某钢铁厂 A 物质流(铁素流)运行网络与轨迹

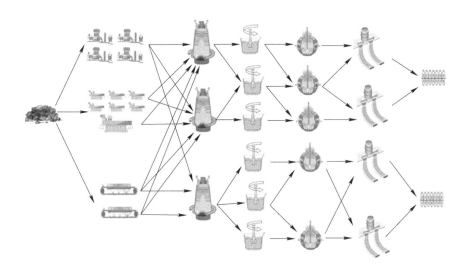

图 7-17　某钢铁厂 B 物质流(铁素流)运行网络与轨迹

在现代钢厂中，由于工序间"界面"技术的不断演变和进步，如炼铁—炼钢界面、炼钢—二次冶金—连铸界面、连铸—加热炉—热轧界面、热轧—冷轧界面，特别是薄板坯连铸—连轧工艺流程的发展，使钢厂的总平面布置呈现出不少新的特点（见表 7-2 和图 7-18）。

表 7-2　薄板坯连铸—连轧工艺流程的发展

工艺配置示意图	产线长度/m	铸坯厚度/mm	拉速/m·min^{-1}	冷却速率/℃·s^{-1}
传统流程	约 1000	210~250	0.8~2.5	$10^0 \sim 10^1$
薄板坯连铸连轧	180~400	50~130	3.5~7.0	$10^1 \sim 10^2$
薄带连铸连轧	约 50	1.4~2.1	60~120	约-10^3
平面流铸带	约 30	0.02~0.03	1200~1500	约 10^6

　　总的趋势是：产线长度缩短，生产时间缩短，单位产品能耗降低，体现了过程耗散的优化。

　　高炉—转炉之间的平面布置，总的趋势是要求高炉—转炉的距离尽可能短，铁水输送时间尽可能快，铁水罐数量尽可能少，而且空罐返回-周转速度尽可能快。大型钢铁联合企业的高炉座数对"界面"技术的简捷化有着直接的影响，一般应是以两座大型高炉与相关板带轧机能力相匹配，由此确定高炉的容积。这不是为高炉大型化而大型化，而是以"界面"技术紧凑、简捷、高效为核心的流程网络优化。与此相关，混铁

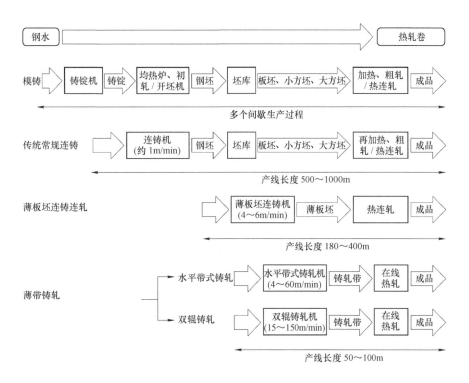

图 7-18 热轧板卷生产工艺流程比较

炉已经属于被淘汰之列，鱼雷罐车也应受到质疑。"一罐到底"的优势正在快速传播，并取得共识。

所谓"一罐到底"工艺实际上是开发铁水罐功能优化，即由原来单一的盛铁容器功能，扩展到以下功能：

（1）及时、可靠地承接高炉铁水的功能；

（2）稳定、可靠并快捷地输送铁水的功能；

（3）在一定时间范围内贮存（缓冲）铁水的功能；

（4）具有良好的扒渣和铁水脱硫的功能；

（5）具有良好的保温功能；

（6）具有准确、可靠的铁水称量功能；

（7）具有铁水罐位置精确定位和空罐快速周转的功能。

　　实践表明："一罐到底"的效果是明显的,通过"一罐到底"模式的应用对传统"炼铁—炼钢"界面模式改进,减少了铁水倒运环节,一般可减少铁水温降 30~50℃;同时通过加强铁水罐周转和衔接优化,加快铁水罐周转节奏,可减少铁水罐在线运行个数 1~2 个,减少总体运行时间 60min 以上;最终实现界面稳定高效运行,使得 KR 站的铁水温度在 1380℃以上,从而明显提高 KR 的脱硫效率,有可能将 $w[S]$ 控制在0.0030%以下,有利于产品质量的提高,生产效率提高。首钢京唐钢"炼铁-炼钢"界面管控目标[7]见图 7-19。

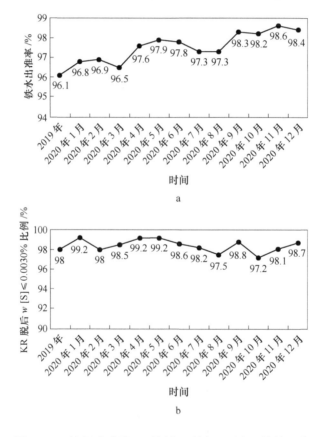

图 7-19　首钢京唐钢"炼铁—炼钢"界面管控目标
a—铁水出准率（±0.5t）；b—KR 脱后 $w[S]$≤0.0030%比例

由于全连铸生产体制在全球的确立，全连铸钢厂的设计、运行以及其中的"界面"技术都是环绕着多炉连浇服务的。连铸机高拉速/恒拉速运行，对炼钢、铁水预处理、二次冶金提出了新的要求，例如快节奏生产，低过热度浇铸，即要求全程控温、全程控时、全程控氧等。同时，推动全连铸炼钢厂和热轧厂之间紧凑化、连续化程度提高，逐渐出现铸—轧一体化的趋势。因此，从铁水预处理直到热轧机之间的长程的高温热连接工艺得到不同程度、不同类型的开发，引起了平面布置（空间布置）上的变化。即：

（1）炼钢厂与热轧厂之间的距离缩短，甚至发展到主要以辊道保持相互连接。

（2）炼钢厂内连铸机与热轧机之间生产能力相互匹配，甚至正在形成一一对应或是整数对应的格局，而不能有备用的连铸机，或是一台铸机对应一台以上轧机。

（3）连铸机与加热炉之间不仅是距离缩短，而且是输送方式逐步演变成为辊道输送（或辅以天车转运）为主；而铁路输送铸坯的方式被淘汰。

（4）炼钢厂内炼钢炉到精炼装置之间，精炼装置到连铸之间的钢水包输送逐步发展为以轨道连接输送，尽可能不用吊车进行平面位移，以缩短输送时间。这也将引起炼钢厂平面布置的变化。

从理论上看，"界面"技术主要体现为实现生产过程物质流（应包括流量、成分、组织、形状等因子）、生产过程能量流，包括一次能源、二次能源以及用能终端等、生产过程温度、生产过程时间和空间位置等基本参数的衔接、匹配、协调、稳定等方面。在很大程度上体现了工序之间关系集合的协同-优化。因此，可以说"界面"技术是在单元工序功能集合的解析优化、作业程序优化和流程网络优化等流程设计理论创新的基础上通过信息流的优化和调控开发出来的工序之间关系的协同优化技术，包括了相邻工序之间的关系协同-优化或是多工序之间关系的协同-优化（图7-20）。

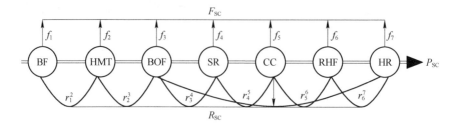

图 7-20　钢铁制造流程工序之间关系集合的协同-优化

BF—高炉；HMT—铁水预处理；BOF—氧气转炉；SR—二次冶金；

CC—连续铸钢；RHF—加热炉；HR—热轧机

F_{SC}—工序功能集；R_{SC}—工序关系集；P_{SC}—流程系统工序集；

f_i—单元工序的功能集；r_j^i—工序之间的关系集

"界面"技术就是要将制造流程中所涉及的物理-相态因子、化学组分-因子、能量-温度因子、几何-尺寸因子、表面-性状因子、空间-位置因子和时间-时序因子以动态-有序和连续-紧凑方式集成起来，实现多目标优化（包括生产效率高、物质和能量损耗"最小化"、产品质量稳定、产品性能优化和环境友好等）。

"界面"技术的形式大体可以分为物流运行的时-空"界面"技术、物性转换的"界面"技术和能量-温度转换的"界面"技术等。

物流运行的时-空"界面"技术内涵包括：

（1）平面-立面图优化——这是"流程网络"优化的具体体现（广义地看，包括物质流网络、能量流网络和信息流网络）。

（2）物流走向路径优化（层流式、紊流式，连续的、间歇的等），尽可能采用简捷、连续的"层流式"运行路径。

（3）装置-装置、工序-工序间物流通量——对应优化，有利于促进"层流式"运行。

（4）运输方式、运输工具的选择和优化协调，例如对轨道输送（火车）、天车吊运、辊道输送、道路输送（汽车）等进行比较、选择、优化。

（5）工序/装置运行的时间程序和多工序时间程序协同控制等。

这些"界面"技术的集成将通过动态 Gantt 图（图 7-21）的优化呈现出来。

物质性质转换的"界面"技术内涵包括：

（1）工序装置功能选择——工序功能集合解析-优化、工序之间关系集合协同-优化（包括了炼钢—二次精炼、铁水预处理—炼钢—二次精炼、铸坯热送、直接热装、直接轧制）。

（2）工序装置的个数和能力、容量的优化选择与空间位置优化，例如高炉的座数、容量和位置，与不同类型热轧机匹配的转炉容量、座数、位置等。

（3）工序/装置运行作业方式优化及其时-空"程序"优化，例如以连铸机多炉连浇为中心等。

（4）前、后工序动态协同运行时，相关工艺参数的协同-匹配优化等，例如前后工序/装置的表观流量、温度、时间、化学成分等。

能量/温度转换的"界面"技术内涵包括：

（1）不同工序（装置）能量输入/输出方向性和阶梯性合理化分析，如铸机—热轧机之间铸坯的输出方式、输出路径、温度变化状态。

（2）不同工序（装置）能量转换效率优化与分配关系优化，如高炉是能量转换器，这些转换、分配将体现在铁水成分、温度，炉渣数量、温度，煤气成分、压力、温度。

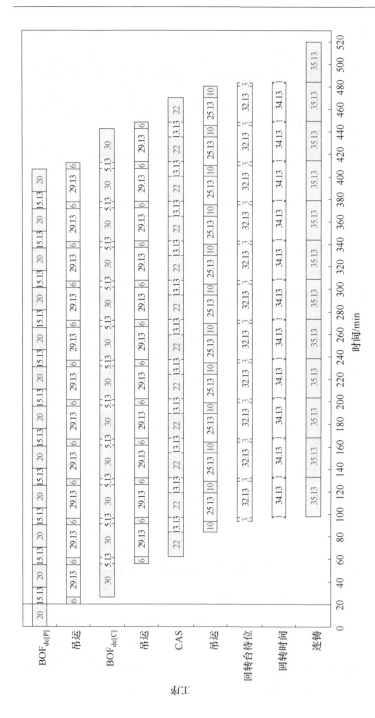

图 7-21　某大型钢厂转炉到连铸动态 Gantt 图

（3）不同时间过程、时间"节点"上温度参数的合理控制，例如：

1）铁水脱硫时，温度不低于1380℃；这将使铁水脱硫后 $w[S]$ 不高于0.0030%；

2）铸坯热装时，温度不低于800℃；

3）铸机连浇时，中间包过热度稳定在20℃左右。

（4）单元工序能量流输入/输出模型的优化与调控。

（5）流程系统能量流网络模型（包括一次能源、二次能源、三次能源、终端用户之间联网等）的优化与调控等。

7.4.3　现代钢铁冶金工程中"界面"技术的发展方向

现代钢铁冶金工程的"界面"技术主要体现在：

（1）简捷化的物质流、能量流通路（如流程图、总平面图等）。

（2）工序/装置之间互动关系的链接-缓冲-稳定-协同（如动态运行 Gantt 图等）。

（3）制造流程中网络节点功能优化和节点群优化以及连接器形式优化（如装备个数、装置能力和位置合理化、运输方式、运输距离、输送规则优化等）。

（4）物质流效率、速率优化。

（5）能量流效率优化和节能减排。

（6）物质流、能量流和信息流的协同优化等。

7.4.4　对制造流程中"界面"技术的再认识

"界面"技术是一个新概念，冲破了孤立系统概念的束缚，有利于充分理解制造流程的开放性、动态性、复杂性、协同性等内在特征。在钢铁制造流程设计过程中，特别是在其生产运行过程中，具有不可忽视的重要性，值得关注如下方面的问题：

（1）流程制造业工厂的制造流程（生产工艺流程）是一个开放动态系统，不是孤立系统。制造流程是由相关的、异质异构的工序/装置（即节点）集成构建而成的。其相关性、集成性是由工序/装置（节点）的输入/输出矢量和网络关联以"界面"技术的方式具体体现的。对于要构建一个智能化的数字物理系统而言，"界面"技术是否优化，是一个重要的组成部分。

（2）从物理方面看，"界面"技术在制造流程中是嵌入集成件；从数字化方面看，"界面"技术在制造流程动态运行过程中是非线性耦合项。必须同时研究"界面"技术在物理意义上的价值和数字化意义上的价值。

（3）制造流程中的"界面"技术应具体体现在工序之间的功能协同、时空紧凑、层流运行、简捷高效、过程耗散优化等方面。其目的是为了实现上、下游工序（"节点"）的运行节律、矢量协同，以及一系列不同层次的"界面"技术群之间运行节律、矢量的协同性和一致性；以此为出发点，构建起相应的数字物理模型（包括硬件和软件）。

"界面"技术的优化将促进"三个集合"的优化，促进工序功能集合的解析-优化，工序之间关系集合的协同-优化，流程工序集合的重构-优化，是推动钢铁工业技术进步的重要手段之一（见图 7-22）。

"界面"技术是一个值得重视的新概念、新技术，关联到钢铁制造流程中的每个工序，可以说在流程中"界面"技术是无处不在的。在理论上看：

（1）"界面"技术将促进物质流的动态-有序、协同-连续、耗散过程优化。

（2）"界面"技术将促进能量流和能量流网络概念的建构（冲破了物料平衡、热平衡概念的束缚，指出了能量流的矢量

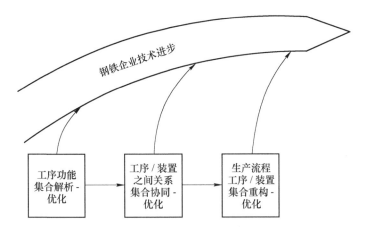

图 7-22　钢铁企业技术进步的方式

性），并使之动态-有序、协同-高效、耗散过程优化。

（3）"界面"技术将有利于信息流网络的构建以及相互反馈，它是流程物理系统智能化的重要基础之一。

（4）"界面"技术是工程设计和生产运行过程中值得重视的一个新的知识领域，是流程工程设计创新的新亮点。

在研究钢厂智能化的过程中，要格外重视对"界面"技术的深入研究和数字化描述。这既是钢厂技术进步的新的切入点，又是使钢厂信息流贯通的一个重要方面。

7.5　钢厂结构对其制造流程运行动力学的影响

钢厂的结构取决于其各构成工序（装置）的排列、组合以及时间-空间关系的安排。各构成工序（装置）的排列关系包括前后衔接序、串联或并联匹配关系等；组合关系则包括各工序（装置）的数量上的组合、能力（容量）上的组合等；而时间-空间关系则主要体现在总平面布置图、立面布置图和运输系统、运输设备的运转速度及能否依次顺行等。

因此，钢厂可以分为两类结构形态：

（1）串联结构：

例如 EAF×1—LF×1—CC×1—HRM×1（短流程，生产长材）

（2）串联-并联结构：

例如 BF×2—BOF×3—CC×3—HRM×2（联合企业，生产平材）

生产流程中的区段（车间、分厂）也可以分为以下两类结构：

（1）串联结构：例如电炉炼钢车间，EAF×1—LF×1—CC×1；

（2）并联结构：例如炼铁厂，BF×2 等。

需要指出，这里的串联结构是指异功能的工序（装置）之间的串联连接。而并联结构则可能包括同功能工序（装置）之间的并联（例如高炉、转炉、加热炉等）和异功能工序（装置）之间的并联（例如在板坯连铸机之前 RH 和 CAS 并联）连接。

钢铁厂生产流程整体运行动力学主要是研究生产过程中物质流在能量流的作用和驱动下的运动状态变化的机制和规律。因此，实际是物质流、能量流随时间、空间变化的特征（因为对某一已有的钢铁厂而言，空间结构是相对固定的），并由此形成了流程系统中的信息流。

在冶金工厂里，所谓物质流、能量流、信息流中的"流"，是可以看成泛指某个流程网络上（例如钢厂生产流程）某种资源、某类事件在众多节点（例如各工序和装置）与连接器（例如铁水罐、钢水包、输送带、辊道、铁路、公路、天车、运输车辆等）之间的运动，由此便形成了物质流、能量流以及相应的信息流[8]。

各种"流"在不同结构的流程网络中运行会表现出不同的行为特征，诸如"速度""流通量""效率"等。

一般而言，冶金流程宏观运行过程中应遵循如下六条规则[9-10]：

（1）间歇运行的工序、装置要适应、服从准连续/连续运行的工序、装置动态运行的需要。例如，炼钢炉、精炼炉要适应、服从连铸机多炉连浇所提出的钢水温度、化学成分特别是时间节奏参数的要求等。

（2）准连续/连续运行的工序、装置要引导、规范间歇运行的工序、装置的运行行为。例如，高效-恒拉速的连铸机运行要对相关的铁水预处理、炼钢炉、精炼装置提出钢水流通量、钢水温度、钢水洁净度和时间过程的要求。

（3）低温连续运行的工序、装置服从高温连续运行的工序、装置。例如，烧结机、球团等生产过程在产量和质量等方面要服从高炉动态运行的要求。

（4）在串联-并联的流程结构中，要尽可能多地实现"层流式"运行，以避免不必要的"横向"干扰，而导致"紊流式"运行。例如，炼钢厂内通过连铸机—二次精炼装置—炼钢炉之间形成相对固定的、不同产品的专线化生产等。

（5）上、下游工序装置之间能力的匹配对应和紧凑布局是"层流式"运行的基础。例如，铸坯高温热装时要求连铸机与加热炉—热轧机之间工序能力匹配并固定-协同运行等。

（6）制造流程整体运行一般应建立起推力源-缓冲器-拉力源的动态-有序、协同-连续/准连续运行的宏观运行动力学机制。

总的集成方法是通过工艺的创新、工艺装置功能的革新和优化，特别是工序之间的"界面"技术的开发和优化，使相应工序（装置）的运行特征可以协调、耦合到生产流程整体运行的时间轴上，实现准连续或连续的时钟推进计划。

钢铁厂运行动力学追求流程运行的多目标优化，而一般不要求个别目标的最优化。在有些情况下，当要求个别目标最优化（例如单项的产量最高、单项的质量最好等）时，则通过生产流程运行动力学的优化也可以使其他目标的损失代价"最小"。

钢厂运行动力学既着眼于钢厂实现生产运行的稳定、协调、优化，又着眼于指导钢厂的技术改造和新厂设计方面的工程科学原理。钢厂生产运行动力学立足于不同类型钢厂的结构，研究其整体或区段流程的运行特征，促进流程网络中的"流"按特定的程序动态-有序地运行，提高其效率和效益。

参 考 文 献

[1] 殷瑞钰. 钢铁制造过程的多维物质流控制系统 [J]. 金属学报, 1997, 33 (1): 29-38.

[2] YIN Riuyu. The issues on continuation of the production process in steel plant [C] //Proceedings of the Eight Japan-China Symposium on Science and Technology of Iron and Steel. Chiba, JAPAN. Nov., 1998: 10-16.

[3] 殷瑞钰. 关于钢铁工业的大趋势 [J]. 钢铁, 1997, 32 (增刊): 16-28.

[4] 殷瑞钰. 21 世纪初炼钢技术进步中若干问题的认识 [J]. 炼钢, 2001, 17 (1): 1-6.

[5] 彭其春. 连铸坯热送热装和/或直接轧制过程中的多维物质流管制 [D]. 北京科技大学, 2001.

[6] 殷瑞钰. "流"、流程网络与耗散结构——关于流程制造型制造流程物理系统的认识 [J]. 中国科学: 技术科学, 2018, 48: 1-7.

[7] 杨春政. 高效低成本洁净钢生产实践探索 [J]. 钢铁, 2021, 56 (8): 20-25.

[8] 约翰·H. 霍兰. 隐秩序——适应性造就复杂性 [M]. 周晓牧, 韩晖, 译. 上海: 上海科技教育出版社, 2000: 23-24.

[9] 殷瑞钰. 冶金流程集成理论与方法 [M]. 北京: 冶金工业出版社, 2013: 99-100.

[10] YIN Riuyu. Theory and methods of metallurgical process integration [M]. San Diego: Academic Press, Elsevier Inc., and Beijing: Metallurgical Industry Press, 2016: 87-88.

第8章　钢厂的动态精准设计和集成

　　工程是直接生产力、现实生产力，也是各类相关技术和相关经济要素相互作用的动态集成系统。工程设计是选择、整合、集成、构建、转化及至动态运行的重要环节，也可以看成是将科学、技术转化为直接生产力、现实生产力的"惊险一跳"。工程设计是工程的元工程，设计是面向未来的工程。制造业的竞争，从形式上看是产品的竞争，而本质上则是源于设计的竞争。但长期以来，工程设计缺乏创新的理论和创新的方法，往往局限在事物堆砌、简单拼凑和直观制图等方法。

　　在以往的钢厂设计和生产运行的组织过程中，通常习惯于采用机械论的拆分方法来处理问题，立足于各工序/装置的静态能力估算和不同富余系数的假定，属于静态设计方法。然而，钢厂设计和生产运行的整体过程不是一个孤立系统，而是动态开放系统，不仅要研究某些状态下"孤立""最佳"的方案，更重要的是要寻求整体动态运行过程的最佳协同方案，也就是要采用动态精准设计方法。

　　看来，很有必要将钢厂设计的理论建立在符合其动态运行过程物理本质的基础上，即生产流程的动态-有序运行中的运行动力学理论基础上，这不仅符合流程动态运行的客观规律，而且有利于提高各项技术-经济指标，有利于节省投资金额、提高投资效益和环境效益。因此，在新世纪的钢厂设计过程中，必须将钢厂设计的理论，从以流程内各工序的静态能力

（容量）的估算和简单叠加的设计方法推进到以流程整体动态-有序、协同-连续/准连续运行为核心的动态精准设计方法和集成理论上来。

8.1　关于工程设计

8.1.1　工程与设计

8.1.1.1　工程的本质

工程是人类有组织、有计划地利用知识将各种资源和相关要素创造和构建人工实在的实践活动。工程是以选择、整合、集成、构建、转化为特征的实践活动，是体现价值取向的。

现代工程一般是经过对相关技术进行选择、整合、协同而集成为相关技术模块群，并通过与相关基本经济要素（例如资源、资本、土地、劳动力、市场、环境等）的优化配置而构建起来的有结构、有功能、有效率，并持续地体现价值取向的工程系统、工程集成体。工程功能的体现应包括适用性、经济性、效率性、可靠性、安全性和环保性等价值。工程体现了相关技术的动态集成运行系统，技术（特别是先进技术）往往是工程的基本内涵。

工程的本质可以被理解为利用知识将各种资源与相关基本经济要素，构建并运行一个新的存在物的集成过程、集成方式和集成模式的统一[1]。

这可以从三个方面解析：

第一，工程体现了各种要素的集成方式，这种集成方式是与科学相区别、与技术相区别的一个本质特点。

第二，工程所集成的要素是包括了技术要素和非技术要素（主要是各类基本经济要素）的统一体，这两类要素是相互配合、相互作用的，其中技术要素构成了工程的基本内涵，非技术要素（主要是各类基本经济要素，例如资本、土地、资源、劳动力、市场及环境等）也是工程不可或缺的重要内涵。两类要素之间是相互关联、相互制约、相互促进的[2]（图8-1）。

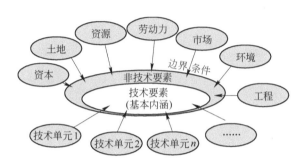

图 8-1　工程活动的要素及其系统构成[2]

第三，工程的进步既取决于基本内涵所表达的科学技术要素本身的进展，也取决于非技术要素所表达的一定历史时期社会、经济、文化、政治等因素的状况。

8.1.1.2　工程活动与工程设计

工程活动体现着自然界与人工界要素配置上的综合集成，并体现为与之相关的决策、设计、构建、运行、管理等过程。工程活动特别是工程理念体现着价值取向。工程的特征是工程集成系统动态运行过程的功能体现与价值体现的统一。

社会、经济发展不能脱离物质性的工程活动，物质性的工程是经济运行的重要载体。物质性的工程活动有两端，一端是自然（包括资源等）与相关的知识，另一端是市场与社会（图8-2）。工程是人类立足自然，运用各类知识，将各种自然资源和相关基本经济要素进行优化配置，集成、构建为一个工程系统，从而实现市场价值（经济效益等）和社会价值（和谐发展、可持续发展等）。

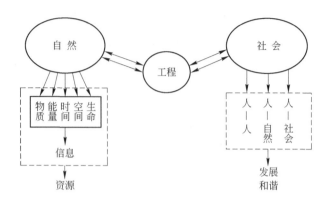

图 8-2   工程与自然、社会的关系[1]

工程是直接生产力、现实生产力，也是各类相关技术和相关经济要素相互作用的动态集成系统。科学发现、技术发明一般都要通过工程这一动态集成系统，转化为直接生产力、现实生产力，进而通过市场、通过社会体现其价值（包括增值、就业、利润、文明进步、环境友好等，如图 8-3 所示）。

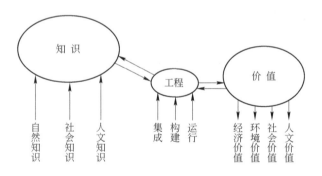

图 8-3   知识通过工程产生价值的过程示意图[1]

科学、技术要与社会、经济接轨，必须高度重视工程化、产业化这一集成、构建、转化环节，否则可能事倍功半，或是远水解不了近渴。

以工程哲学的视野，从知识层面看，工程位于"科学-技术-工程-产业-经济-社会"的知识链和知识网络的中心位置。对于科学和技术来说,工程发挥集成的作用。对产业和经济来说,工程是构成单元,各类相关工程的关联、集聚就形成了各种不同的产业。工程设计是科学和技术转化为现实生产力的重要环节之一。

在工程化、产业化过程中,工程设计是选择、整合、集成、构建、转化及至动态运行的重要环节,也可以看成是将科学、技术转化为直接生产力、现实生产力的"惊险一跳"。工程设计是工程活动的元工程,设计是面向未来的工程。但长期以来,科技工作中没有把工程设计放在重要位置,没有把工程设计理论和工程管理理论看成科技的组成部分,或者至少是没有"聚焦"起来研究过。致使绝大多数的工程设计、工程建设处于因循守旧,就事论事,简单堆砌、拼凑,缺乏系统创新的状态。也许可以说,工程设计缺乏创新的理论和创新的方法,工程设计的创新和理论化仍处在"无组织漫流"状态。

在科技工作的战略布局中,要高度重视工程和工程设计,要高度重视将科学、技术的研发成果和管理、决策、审美等方面的理念,通过有具体场景、有组织、有目标的集成、构建,使之工程化、产业化并形成现实生产力;同时必须将工程设计的理论、方法提高到工程科学、工程哲学的层面上深入研究,进而获得新的认识、新的概念、新的理论与方法,以利于推动工程设计创新。

8.1.2 工程设计和集成创新观

工程设计承载了将科学发现、技术创新等成果转化为现实生产力的知识集成和构建过程(图8-4)。在这集成过程中,既有工艺技术、装备技术、检测技术和调控技术等方面的合理选择和集成性创新,又有产品功能设计及其结构设计等方面的创新体现，同时，往往还有新技术、新装备的发明和有效嵌入。工程设计必须体现诸多技术要素、技术单元（工序/装置等）的动态集成，以确保工程系统在动态运行过程中的整体有序性、有效性和稳定性。与此同时，工程设计还应给人以"美"的感受，体现工程与艺术的融合与和谐。工程设计的过程中贯穿着解决实践中的问题，发现新命题、新需求，甚至可能引导消费和生产。

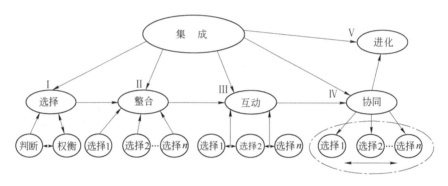

图 8-4　工程设计中的集成与进化[1]

正是由于工程设计是将研究、开发成果通过选择、整合、互动、协同等集成、构建过程，以及演化过程，而转化为现实生产力、直接生产力的过程，因此，工程设计中充满着集成创新和工程系统的演进。

选择是工程设计中一个重要的关键（"选择"概念中内在地包含了"淘汰"的含义[1]，此处主要是指"选择"语义中所包含的"选取"的方面），其含义应包括市场选择、产品系列选择、技术要素选择、工程系统的优化选择、资源要素配置关系的合理化选择……在工程设计中这些"选择"是建立在判断和权衡的基础上的（例如市场判断、技术判断和功能权衡、价值权衡等），因此，如何在各类选择的环节上进行正确的判断（有时还要进行缜密的权衡），成了工程设计的基点和关键，也许可以说判断、权衡、选择是工程和工程设计演变、进化的出发点。在诸多选择的过程中，存在着延续（遗传）、改变（变异）和进化（升级换代、跃迁）等现象。选择既要强调可靠性，更要体现创新性。这最终也将在很大程度上体现于经济的投入和产出的优化上。由于工程设计从总体上看是设计一个工程系统，必须重视系统的特征——整体性、层次性、关联性、动态性和对外界环境变化的适应性。因此，在诸多"选择"判断的基础上，对诸多技术因素和基本经济要素进行有效整合十分重要，以期达到资源配置的优化。

系统是若干部分相互联系、相互作用，整合在一起的具有某些目标性功能的整体。工程系统是指由若干相互作用和相互联系的复杂单元整合成的系统，属于人工物系统。

工程设计中的"整合"主要是对技术因素而言的，也就是要通过使技术因素之间形成交集-并集关系，实现系统优化和创新，并强调要将工程总体作为创新的目标。工程设计中的技术创新的目标越来越趋向于通过工程系统中的诸多技术创新的知识链组合，进一步进行网络化整合（空间性网络、时间性网络、功能性网络等），使之形成新的价值的创造来源。

基于技术创新链的网络化整合，是一种动态集成运行的创新观。这种动态集成运行创新观不仅要网络化地整合各种技术因素，包括上、下游工序之间串联/并联的不同单元或过程，也包括了纵向的不同层次、不同时-空尺度的单元或过程之间整合，还要通过动态运行过程中的互动来促进不同因素间动态运行关系的合理化、最佳化。

强调技术因素要合理、有序地互动的观点，是为了进一步使诸多因素间互动的协同化、合理化，并作为整个工程系统层面上创新、进化的核心。技术因素的互动，组成单元功能的协同，促成富有成效的关联性，这是工程设计中动态创新观的基本特征。也可以进一步说：工程整体不仅是由组成它的技术因素以及技术因素之间的互动决定的，工程整体的要素、结构、功能、效率还受工程整体层面与不同技术单元（过程）所构成的局部单体层面之间的互动关系影响。

在这里，有必要进一步讨论一下单项技术或单元技术创新与工程整体创新之间的关系。技术创新，特别是单项技术/单元技术的创新往往是对市场需求变化、市场环境变化进行局部反应的创意，但往往也是局部性的创意。这种创意在工程系统中往往是对已有技术的改进或完善，也包括一些发明创造。而要对市场需求、市场环境变化做出整体的、全局性的反应，应该通过一系列、一整套的工程创新体系来做出战略性反应动作，才能取得总体的、持久的效果。在实践过程中，特别是企业的技术改造中，这种关系往往被忽视。因为，工程整体、企业结构等战略性选择往往是隐形的、深层次的问题，不易在短期内察觉，甚至需要一段时间的实践过程才能体现出工程集成的效应。对于这类问题的正确认识应该是：局部的单元技术/单项技术的"灵感"创新是必要的、重要的，而且往往是工程整体系统优化的"引爆点"，但是，在思考工程设计时，特别是条件成熟时，必须进化到工程整体系统创新的层次上，才能实现企业结构或工程整体的跃迁性进化——所谓"升级换代"。

总之，工程设计的集成创新必须重视动态集成的技术创新观，必须要有动态集成的观念，必须要有不断追求工程整体进化的眼光。

8.1.3 工程设计与知识创新

工程设计应该包括不同单元技术设计及其相互关系的集成过程，以及与之相应的基本经济要素的合理配置。在工程设计过程中集成的内涵应包括判断、权衡、选择、整合、互动、协同和进化（演变、演进）。

制造业是国民经济的重要组成部分，是实体经济的重要体现。制造业大体上可以分为流程制造业（例如冶金、化工、建材、食品加工等）和装备制造业（例如机械、汽车制造等）。随着时代的进步，可以清晰地看到，制造业的竞争，从形式上看是产品的竞争，而本质上则是源于设计的竞争。如果说设计是制造的灵魂，那么创新（特别是集成创新）则是设计的灵魂。

工程设计应是知识含量很高、很集中的过程。工程设计的知识涉及多层次、多单元、多因素、多目标等复杂性、系统性问题。工程设计师不仅需要基础科学、技术科学层面上的知识，更需要工程科学层面上的新知识。新世纪工程设计新知识的一大特点是动态的集成、精准的集成。工程设计整体性的新知识来自不同单元技术知识的积累和进化，同时也需要集成知识的积累和经过工程科学、工程哲学层次上的研究、领悟使之升华（进化）。

单元技术知识主要与某一专业学科有关，而集成知识则在很大程度上与行业知识关联（因为涉及产品对象、生产过程、市场规模、资源以及运输物流等）并与一些"横断性"、结构性的学科关联（系统论、控制论、信息论和协同论等）。这些知识要在工程设计实践中恰当地、灵活地、创新地应用、积累和集成、进化，形成设计群体和设计师的知识源。

工程设计的新知识应包括新理念、新理论、新概念、新方法、新工具（手段）等方面。

在工程设计理论创新过程中，要分清楚什么是理念，什么是理论，什么是方法，什么是工具（手段）等不同层次的知识，才能有全面清晰的轮廓。

　　理念和工程理念都属于一般性的哲学概念。也许可以简括地说理念意味着理想的、总体性的观念，理念中凝练着诸多具体的观念。例如，"天人合一""和谐发展"的理念和"征服自然"的理念之间意味着不同的世界观、系统观、价值观等。工程理念贯穿于工程活动的始终，是工程活动的出发点和归宿，是工程活动的灵魂。工程理念必然会影响到工程战略、工程决策、工程规划、工程设计、工程构建、工程运行、工程管理、工程评价等（图 8-5）。

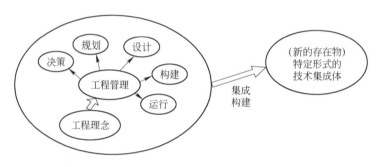

图 8-5　工程理念与工程(过程)的关系

　　工程理念不是凭空产生的，它是在人类实践特别是工程实践的基础上产生的。人类的工程实践不断进行，不断发展，工程活动的理念也不断变化、不断创新；应该说工程理念带有历史性、时代性。

　　工程理念的发展与创新是现实与理想的辩证统一，可能条件和追求完美的统一。工程理念中必须有理想的成分和理想的光辉。同时，也必须立足于现实的知识基础和基本要素的基础上进行创新性的集成、建构而凸显其先进性。

　　工程设计的概念是工程理念的具体反映，这是工程设计创新的关键，这要从相关学科的理论进步和工程运行过程中已经涌现或即将涌现的动态-集成现象中（包括经验等）去发掘。工程设计的新方法则要从使不同单元技术知识之间形成关联关系（例如诸如技术因素之间形成交集、形成并集、形成网络等）的过程中去寻找。在这些"发掘""寻找"的过程中，信息化、智能化是重要的方法、工具。

工程设计实体的竞争力在于开发出适应时代进步、时代需求的工程理念和与之相关的新知识，包括新理论、新方法和新工具等，并能正确地应用，才能实现工程设计的创新。看来，新世纪工程设计知识的核心是要反映工程整体运行过程中的动态-集成、协同-精准，对钢厂设计而言，应该以动态、精准的工程设计为标志，其中信息化、智能化的重要性将日益凸现出来。

8.2 钢厂设计理论与设计方法

钢厂设计是典型的流程工程设计之一。作为工程设计的理论概念，钢厂的工程设计不能停留在对制造流程工艺过程中各单元工序的工艺表象和装备结构设计上，而更为重要的是要深刻地认识到钢厂生产过程中动态运行的物理本质。要进行动态精准的工程设计必须建立起"流""流程网络"和"运行程序"的概念。这是钢厂动态运行的三个基本"要素"。

8.2.1 钢厂设计理论、设计方法创新的背景

我国钢铁工业的发展长期以来基本上是以简单的产能扩张为主。研发工作往往侧重于局部领域的个别理论、个别材料或单体技术研究，局限在某一细节、某一单元操作的研究上。虽然取得了不少的成果，但不少优秀的研究成果不能"固化"在工艺、装备的更新换代上，不能稳定、有效地"嵌入"并融合在钢厂日常生产流程的动态运行中，因而很难对钢铁工业或钢铁企业的整体结构优化起到根本性的推动作用，致使许多

钢厂存在着整体结构混乱、运行不稳定、产品质量不稳定、能耗高、成本较高、生产效率低、污染严重等许多问题。究其深层次的原因，主要还是由于长期以来对钢厂生产流程及其要素-结构-功能-效率的系统研究不够。在工程设计方面局限于单元工序/装置，忽略工序间匹配优化和流程结构优化的整体协同效应；在理论方面主要是着眼于在化学反应解析、局部/装置解析的"还原论"基础上，失之于专注微观问题的研究，片面追求单体工序或单一装置中的强化，而缺乏从整体上研究钢铁制造流程优化和进化的概念。现在已经认识到单元工序或装置的优化仅能解决钢厂生产过程中的局部、个别问题，而对全局和整体结构不一定能产生根本性的影响；而流程的优劣、结构合理与否，将综合影响产品的成本、质量、生产效率、投资效益、过程排放（包括温室气体排放）、环境效益与生态效益等技术经济指标，并直接关系到企业的生存与发展。可见，对钢厂市场竞争力和可持续发展而言，流程是"根"。当然也是钢厂工程设计的"根"。

现实问题是钢厂的设计方法一直延续着对不同工序装备的能力进行静态估算，然后设计装备结构图，在此基础上再经过上、下游工序之间的简单连接，形成一种堆砌起来的、粗放的生产流程。对传统的钢厂设计而言，工序多，异质异构性强，链接界面复杂，缺乏有效协同和顶层设计，往往"各自为战、各管一段"。其特点是：考虑各工序装备时，只从本工序的局部出发（即停留在本工序范围内提出静态要求，很少提出上、下游工序之间动态、有序、协调、集成运行方面的要求），不同工序/装置又分别留出不同的富余能力；各工序装备能力的"富余系数"随着设计者（或不同工序用户）的主观愿望而不同（甚至只是为了产能规模的凑零凑整），而各工序之间的连接方式又往往只是堆砌性的静态连接，缺乏时-空概念的优化分析和比较，缺乏动态运行的协同计算，用这种设计方法构建出来的钢厂生产流程和工艺装备，在实际运行过程中往往出现前后工序的能力不匹配、功能不协调、信息难以顺畅、可控。因此，其运行效率、能源利用、过程排放、产品质量、生产成本、投资效率是很难优化的，从而往往造成钢厂生产流程建成之时，即是技术改造之始。

必须强调，钢厂的总图布置与钢铁生产流程的动态-有序、协同-连续运行有着密切的关系。工厂总图布置的设计技术实际上是一种规划全厂物质流、能量流、人流和信息流的技术，是一种组织人和物质、能量、信息在工序繁杂的各类装置间均衡、有序和高效流动的技术。工厂总图布置合理与否，直接影响到企业的生产效率和效益。工厂总图布置不仅仅是某一车间、某一工序/装置的优化布置问题，更重要的是全厂生产工艺流程的优化，做到物质-能量-时间-空间-信息相互协调，使物质流-物流在能量流的驱动下，在信息流的他组织调控下，以最小的能耗、物耗、过程排放、最短的路径和最简便、快捷的方式流动运行。

因此，工厂总平面布置和车间平面布置的有效组合、优化，可使企业最大限度地、长时期地保持高效、经济运行，是企业生存、发展的重要基本条件之一。

钢厂设计不仅要设计好各个生产环节的装备能力和功能，而且必须考虑在生产流程整体协同运行前提下的不同工序/装置的个数、能力和合理的空间位置。也就是既要考虑结构合理优化前提下的装置大型化、高效化，也必须考虑"流程网络"中的"节点"数、"节点"位置以及"节点"之间的连接线（弧）以便使铁素物质流运行的总平面图、平面图形成"最小有向树"的图形。这在某种程度上已经对设计理论和设计方法的创新提出了迫切要求。同时，在新世纪的历史条件下，人们会问，钢厂生产流程的功能是否只是生产钢铁产品？流程运行必然会有过程排放，会不会同时造成污染？钢厂是否还有新的经营增长点？钢厂怎样进一步从污染环境到环境友好？钢厂如何融入循环经济？钢厂如何应对碳达峰、碳中和以及气候变化？等等。这实际上是在追问钢厂未来的社会-经济角色应该是怎么样的。这是时代发展对钢厂设计理论提出的新命题。

对于钢厂生产的动态运行过程而言，生产流程具有内在的自组织性，而这种自组织性应该通过信息化的他组织力才能使"流"动态-有序、协同-连续/准连续地运行。应该看到，对钢厂的生产过程（流程）所涉及的科技问题而言，既呈现出高度分化，又呈现出高度综合的两类趋势。即一方面体现出已有学科不断分化、越分越细，相应的新理论、新领域不断产生；另一方面则是不同学科、不同领域之间相互交叉、结合，以致出现了若干"横断"学科，如系统论、控制论、协同论、耗散结构理论等，使得科学技术向综合集成的整体优化方向发展，也出现了新理论、新领域。这两种趋势相辅相成、相互促进，引起并推动着冶金流程学的发展，这也将引起钢厂工程设计理论的创新。

所谓"先进的制造（生产工艺）流程"应该是可以有效、有序、连续、紧凑地动态运行的结构。静态的工序/装置排列，不能体现出"流程"的全部内涵，不能体现出动态-有序、协同-连续/准连续运行的内涵，特别是不能体现出流程系统的动态性、协同性、紧凑性和连续性。因此，"流程"设计必须立足于动态运行的基础上，也就是要使物质流、能量流在特定设计的时-空边界范围内，在特定设计的信息流的运行程序驱动下，实现高效、有序、连续地动态运行。它追求的是物质流（主要是铁素流）在能量流的驱动和作用之下，在各个工序内和各工序之间进行动态-有序的运动；追求的是使间歇运行的工序（例如炼钢炉、精炼炉等）、准连续运行的工序（例如连铸机、连轧机等）和连续运行的工序（例如高炉等）都能按照流程协同运行的"程序"协调地、动态-有序地运行；进而追求流程运行的连续化（准连续化）和"紧凑化"。

钢厂生产流程的运行，可以从开放系统的耗散结构理论得到启示，流程动态运行过程的性质是一种耗散结构的自组织过程。流程运行最基本的目标是动态-有序、协同化、紧凑化和连续化，追求的是流程运行过程中能量耗散"最小化"、物质产出优化（产品收得率、废弃物排放量的优化），物质流、能量流空间结构的合理化和时间过程的合理化，从而实现各项技术-经济指标和环境负荷的多目标优化。

建设具有国际先进水平的现代化钢厂、改造现有钢厂和淘汰落后生产能力将是未来一段时期的主要任务。针对新世纪钢铁企业面临的新形势，要避免"低水平重复"，真正实现国际先进水平的现代化钢厂设计与建造，很有必要对设计理论、设计方法进行深入的、更新性的研究，设计方法应当建立在能够动态-有序地描述物质/能量的合理转换和在合理的时-空网络中协同-连续地运行的流程设计理论的基础上，并努力实现在全流程物质/能量动态-连续地运行过程中各类工艺参数、各种信息参量的动态精准设计，甚至实现虚拟工厂的设计与运行。

8.2.2 钢厂设计的理论、概念与方向

理论是探求真理，反映事物的本质和运动的规律，意在将某种内在的规律揭示出来，供人们去遵循。绘制蓝图，意在刻画一种意识中的应然状态（合理状态），让人们去实施。

常言道："格物致知""学以致用"。所谓："格物致知"就是要通过深入、系统的研究，知道客观事物、客观世界的物理本质和基本运行规律。所谓"学以致用"，就是要在"格物

致知"的基础上，结合不同的具体条件，将这些规律合理地、有针对性地应用于设计和生产运行等实践过程中，以构建新的存在物（例如新的工程体系等）或改造旧的存在物（例如老企业、老工艺、老装备、老产品等）。

对钢厂设计而言，应该用什么眼光去"格物"呢？这必然要提出设计的理论基础是什么，或者说什么是设计理论。这是一个值得刨根问底、反复追问的问题，具有科学意味（工程科学），也具有实用价值。

钢厂属于流程制造业，它的生产过程是一类制造流程；其特征是：由各种原料（物质）组成的物质流在输入能量流（包括燃料、动力等）的驱动和作用下，按照特定设计的工艺流程，经过特定的工序/装置进行传热、传质、动量传递并发生物理、化学转化等过程，使物质发生状态、形状、性质等方面的变化，改变了原料中原有物质的性质、形状等参数，而输出期望的产品物质流。流程制造业的制造工艺流程中，各工序（装置）的功能是相关的，但又是异质的，其加工、作业的形式是多样化的；其功能包括了化学变化、物理转换等，其作业方式包括了连续作业（例如高炉等）、准连续作业（例如连铸机、连轧机等）和间歇作业（例如炼钢炉、精炼炉等）等形式。

钢厂的生产流程，从表面上看是一系列工序简单串联/并联的形式，然而这是一种表象性的机械存在形式。从实质上看，无论是流程还是工序/装置，它们的存在都是为了动态-有序的生产运行，而它们以及它们之间的运行过程都是不可逆过程，即不是为了达到静止的平衡目的。因此，流程必定意味着动态运行，制造流程的价值体现也在于动态-有序、协同-连续/准连续地运行。从钢厂生产流程的动态运行看：由一系列工序/装置构成的流程，不是一系列工序简单相加，而是不同工序之间的功能的集成，并使不同工序/装置之间形成"交集"（例如物质通量、温度/能量参数、时序/时间等参数的"交集"），这些"交集"体现了流程内相关工序之间相互关联、相互影响、相互作用等函数关系，也就是形成动态运行的"结构"。其中，就蕴含着"流程网络"结构和工序之间的"界面"技术。当然，流程的动态运行还受到流程系统环境（外界的影响，例如市场、价格、资源供给等）的影响。

在以往的钢厂流程设计中，其概念往往是：

$$F = Ⅰ + Ⅱ + Ⅲ + \cdots + N \tag{8-1}$$

式中，F 为生产流程；Ⅰ，Ⅱ，Ⅲ，…，N 为生产工序编号。而且，在不少情况下各工序的实际动态容量（能力）不等，即：

$$Ⅰ \neq Ⅱ \neq Ⅲ \neq \cdots \neq N$$

在设计过程中，各工序的容量（能力），以往都是孤立地从各工序自身出发，估算其静态能力并加上一定富余能力（例如作业系数等）来确定的。由于各工序（装置）分别由不同专业人员来设计，静态能力估算和富余能力亦有不同，如此，则钢厂生产流程内各工序的静态容量（能力）不仅不可能充分发挥，而且还必然导致各工序之间很难实现动态-有序地协同运行，从而导致物质、能量消耗高，过程时间长，占用空间大，信息难以贯通，生产运行效率低，当然投资效率也低，还会引起环境负荷的增加。究其根源，实际上是原来的静态设计方法立足于各工序/装置的静态估算和不同富余系数的假定。

看来，很有必要将钢厂设计的理论建立在符合其动态运行过程物理本质的基础上，即生产流程的动态-有序运行中的运行动力学理论基础上，这不仅符合流程动态运行的客观规律，而且有利于提高各项技术-经济指标，有利于节省投资金额、提高投资效益和环境效益。

因此，在新世纪的钢厂设计过程中，将钢厂设计的理论，从以流程内各工序的静态能力（容量）的估算和简单叠加的设计方法推进到以流程整体动态-有序、协同-连续/准连续运行为核心的动态精准设计方法和集成理论上来是必然的，而且在方法上是有可能做到的。其概念是：

从 $F = I + II + III + \cdots + N$ 转变为：

$$F = I + \sim_1 + II + \sim_2 + III + \sim_3 + \cdots + (N-1) + \sim_{n-1} + N$$

$$(8-2)$$

其中，各工序动态运行的容量（能力）：

$$I = II = III = \cdots = N-1 = N$$

式中，F 为生产流程；I，II，III，$\cdots$，N 为生产工序编号；$\sim_i$ 为不同工序间的链接件，"界面"技术；$i = 1$，2，3，$\cdots$，$N-1$。

即以流程整体动态-有序-协调-连续/准连续运行的集成理论为指导的钢厂设计理念是：在上、下游工序动态运行容量匹配的基础上，考虑工序功能集（包括单元工序功能集）的解析优化，工序之间关系集的协调-优化（而且这种工序之间关系集的协调-优化不仅包括相邻工序关系，也包括长程的工序关系集）和整个流程中所包括的工序集的重构优化（即淘汰落后的工序装置、有效"嵌入"先进的工序/装置等）。

再从生产流程运行的物理本质上抽象地观察，由性质不同的诸多工序组成的钢厂制造流程的本质是：一类开放的、远离平衡的、不可逆的、由不同结构-功能的单元工序过程经过一系列工序之间"界面"技术的非线性相互作用，嵌套构建而成的流程系统。在这一流程系统中，铁素流（包括铁矿石、废钢、铁水、钢水、铸坯、钢材等）在能量流（包括煤、焦、电、气等）的驱动和作用下，按照一定的"程序"（包括功能序、时间序、空间序、时-空序和信息流调控程序等）在特定设计的复杂网络结构（例如生产车间平面布置图、工厂总平面布置图等）中的流动运行现象。这类流程的运行过程包含着实现运行要素的优化集成和运行结果的多目标优化。

从钢厂生产过程的特点看，钢厂生产流程蕴含着三个层次的科学问题，即基础科学问题（主要是研究原子/分子尺度上的科学问题），技术科学问题（主要是研究场域/装置尺度上的科学问题），工程科学问题（主要是研究流程/工序之间动态运行的科学问题）。在钢厂的生产运行过程中，这三个层次上的问题是相互交织、耦合-集成在一起的。因此，对于钢厂设计理论而言，必须对这三个层次上的科学理论都有历史的、深入的认识，特别是要使三个层次的动力学机制（原子/分子层次、工序/装置层次和流程层次）能够动态-有序地相互嵌套集成在一起，并使连续运行、准连续运行和间歇运行的诸多工序（装置）协调地集成运行，追求整个流程准连续/连续地集成运行。可见，钢厂设计遇到的理论问题是一个从"原子"到"流程"这样存在着不同时-空层次的问题都要在工程设计中得到合理安排，并解决好动态-有序、协同-连续/准连续地运行的工程科学命题（图8-6）。

所谓原子层次上的合理安排，涉及单元操作与工序安排、装置设计，都要使之优化，亦即要将分子、原子尺度的反应合理地嵌入工序/装置的操作过程中去，例如：脱硫反应在烧结、高炉、铁水预处理、炼钢炉、二次冶金等不同工序的合理安排与分配，在主要考虑脱硫效率、成本和稳定性而不讲究硫化物夹杂物形态控制的条件下，采用铁水脱硫预处理是合理的。又如炼钢过程中脱硫反应与脱磷反应在热力学条件上的矛盾；脱碳反应与脱磷反应存在热力学矛盾；这些矛盾在冶金反应热力

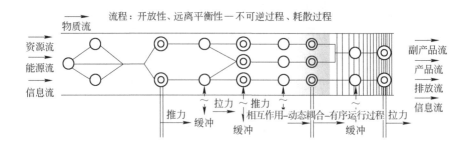

工序："涨落"性－非线性相互作用－动态耦合－有序运行过程

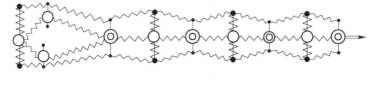

单元操作：优化－集成

图 8-6 制造流程-单元工序-单元操作之间集成-解析关系[3]

学层次上看，即从原子、分子层次（基础科学层次上）看是固有的，但是从流程层次看，通过铁水"三脱"预处理的工艺流程进行解析-集成就可以得到合理的解决。也就是说，对于冶金过程若仅考虑原子、分子层次的问题，单独孤立地追求单一反应强化，例如强调分配系数，则将导致流程层次上的时间节奏和温度出现不协调、不合理；而从流程层次上考虑，则可促使多个反应之间的协调优化，即时间、温度、成分和流量四个参数的匹配，本质上是追求不同工序功能的解析与优化。

所谓工序（装置）层次上的合理安排，则涉及各工序（装置）动态运行过程的不稳定性（涨落性），以及由此引起的工序运行之间的非线性相互作用和动态耦合问题，例如：炼钢炉、精炼炉、连铸机三个单元装置运行的优化以及它们之间为了实现多炉连浇的需要，必须有相互之间的非线性相互作用和动态耦合（匹配与协调）。同理，电炉之所以能够嵌入全连铸流程中，正是由于其功能在工序层次上得到合理安排才得以实现的，即将原来电炉老三段式的冶炼功能（装料熔化期、氧化期和还原期）分解，还原期功能由 LF 精炼炉来完成，电炉生产时间周期由老三段式的 180min 以上缩短至 45~60min，从而可以与连铸机多炉连浇匹配。反之，平炉由于冶炼周期时间过长，不能嵌入多炉连浇的全连铸流程而最终被淘汰。随着流程动态运行过程中非线性相互作用和动态耦合的需要，出现了某些装置被淘汰（如连铸多炉连浇的动态运行导致平炉淘汰）或某些功能被重新安排而出现新的工序装置等（如铁水预处理工序和二次精炼工序的新增等）。

所谓"流程"层次上的合理安排，首先涉及的是功能序的合理安排，例如在铁水"三脱"预处理过程中，是选择先脱硅、再脱硫、后脱磷，还是先脱硫、再脱硅、脱磷；又如转炉—高速连铸之间的精炼装置，在生产低碳铝镇静钢时是选择 RH 精炼，还是 LF 精炼等。功能序的安排，必然联系到空间序的合理安排（例如总平面布置图、车间立面图等）。然而，从"流程"整体动态-有序运行的要求来看，只有功能序、空间序的合理安排还不够，必须要有时间序、时间节奏等时间因素的合理安排，甚至时-空序的合理安排，才能实现整个流程系统的动态-有序、协同-连续/准连续运行，才能使信息流有效地贯通并调控好物质流、能量流的优化运行，以实现准连续化、紧凑化，达到过程耗散的"最小化"。

从钢厂生产过程动态运行要素分析看，钢厂生产流程的运行实际上存在着三个基本"要素"，即"流""流程网络"和"运行程序"。因此，在动态、精准的设计过程中，无论是设计的主导思想，还是设计方法都应建立在这一认识的基础上。

其中："流"泛指在开放的流程系统中运行着的各种形式的"资源"（包括物质、能源等）或"事件"（例如氧化、还原反应，传热、传质、传动量，形变、相变等）；"流程网络"实际上是开放系统中的"资源流"通过"节点"（工序/装置等）和"连接器"（包括输送器具、输送方式和输送路径等）整合在一起的物质-能量-信息-时间-空间结构。这个"流程网络"要能够适应"流"的运行规律，特别是要适应生产过程中物质流动态-有序、连续-紧凑的运行规则。"运行程序"则可看成是各种形式的"序"和规则、策略、途径等的集合，实际上也体现了优化的信息流程序和动态运行规则。由此，可以看出对动态-精准设计而言，"流"的信息分析是钢厂设计的基础，而智能化生产流程的开发是设计的核心目标。

经过对钢铁生产流程动态运行的分析研究，可以看到在钢厂中：铁素物质流的动态运行过程体现为钢铁产品制造功能；能量流（主要是碳素流）动态运行过程体现着能源转换功能；铁素物质流和能量流的相互作用过程除了实现钢铁制造的多目标优化以外，还可以进行大宗废弃物的消纳-处理-再资源化功能。也就是说，钢厂应该也完全有可能具备三种功能，即：（1）钢铁产品制造功能；（2）能源转换功能；（3）废弃物（企业的、社会的）消纳-处理-再资源化功能。这就意味着在设计理念和设计内容上必须拓展钢厂生产流程的功能，即从钢铁产品制造的单一功能，扩展到上述三个功能，再通过三个功能的发挥，获得新的产业经济增长点，并逐步融入未来的绿色低碳循环经济社会（图 3-9）。

8.2.3　钢厂工程设计方法的创新路径

钢厂工程设计应具有如下特点：

（1）钢厂工程设计是围绕质量/性能、成本、投资、效率、资源、环境、生态（包括温室气体排放）等多目标群进行选择、整合、互动、协同、集成的过程以及在此基础上的优化、进化的过程。

（2）钢厂工程设计是在一个实现全流程动态-精准、连续-高效运行的过程指导思想统领下，对各工序/装置提出集成、优化的设计要求。

（3）钢铁生产制造流程具有动态时-空性，复杂质-能性、连续的自组织性、他组织性等特点，并体现为多尺度、多层次、多单元、多因子、多目标优化；要建立起"流"的概念，对"流"的行为进行数字信息分析是钢厂工程设计的新目标。

（4）钢厂工程设计是一个在实现不同单元工序优化的基础上，通过集成和优化，实现全流程的系统优化的过程，其中要高度重视单元工序之间动态耦合的"界面"技术的研发。

（5）钢厂工程设计应着眼于钢厂动态-高效的生产运行，即要求这些工序/装置能够动态-有序、协同-连续/准连续地运行。

（6）钢厂工程设计创新要适应时代潮流，从单一的钢铁产品制造功能进化到钢厂实现钢铁产品制造、能源高效转换和大宗废弃物消纳-处理三个功能的过程，实现绿色化、智能化发展。

因此，钢厂设计方法的创新应当建立在描述物质/能量的合理转换和动态-有序、协同-连续/准连续运行的过程设计理论的基础上，并努力实现全流程物质流/能量流动态运行过程中各种信息参量的动态精准、可控稳定，以利于进一步发展到计算机虚拟现实。工程设计要从物理系统一侧进行自组织信息流分析，并为人工输入的他组织信息流理顺渠道，促进制造流程运行本质智能化的实现。

当前，应该消除一些关于设计方法的消极"定见"。有些人认为，"设计历来就是这样的老方法，符合传统，也很好"。有些人认为："用户要求这样设计，所以只能这样，没有办法"。看来这些认识不能认为"毫无道理"。然而，我们不少正规的设计单位，不是都号称设计研究院吗？应该说这样定位是有战略眼光的，是完全正确的。工程设计单位只有在进行设计的同时，加强开发、研究工作，才能符合时代的要求，才能获得自主创新的核心竞争力，才能说服用户。

研究钢厂动态-有序、协同-连续/准连续运行的规律和设计方法，与传统的工序/装置静态能力的估算相比较，是属于开发一种符合实际的、精确性的认知方法，只有不断地、积极地研究并获得有关设计方法的精确性的知识，才能有希望实现对工程设计知识的真正洞察和设计方法的跃升。反言之，在工程设计的现有方法中，存在着大量含糊的、不确定的、非精确的问题。要解决这些不确定性问题，首先要使它转化为精确性知识，也就是要通过研究动态-有序、协同-连续/准连续运行的宏观动力学规律，使之转化为工程科学知识，这样才能实现设计方法上的创新——研发动态-精准的设计方法。

8.2.4　钢厂制造流程动态-有序运行过程中的动态耦合

钢厂制造流程是一类复杂的、开放的过程体系，流程动态运行过程的热力学开放性、非平衡性和不同时-空尺度、不同层次的动力学行为往往是通过非线性相互作用而实现的，不同层次、不同功能的单元之间关系复杂，又有"自组织"的要求。不同层次、不同功能的单元之间通过非线性相互作用和人为输入的他组织手段的调控，实现功能的、空间的、时间的自组织系统——动态有序化的运行系统。

钢铁制造流程动态-有序运行的非线性相互作用和动态耦

合体现在三个方面：区段运行的动态-有序化、"界面"技术群协同化和流程网络合理化。

8.2.4.1 区段运行的动态-有序化

人们熟知，钢厂生产流程一般分为三段：

第一段，铁前区段，其中烧结工序、高炉工序是连续运行的。高炉炼铁过程的本质是连续的竖炉移动床过程，这种过程自身要求连续、稳定运行，不希望发生波动，更不希望生产过程停顿。为保证高炉连续运行，要求及时地、稳定地向高炉内供应原、燃料，铁前区段应以高炉连续稳定化运行为中心，即原料场、焦炉、烧结机等工序都应适应和服从高炉连续运行；而高炉的连续运行对烧结、焦炉、原料场等工序/装置以及相关的输送系统的物料输入/输出生产节奏、产品品质等提出参数要求。应该认识到"节奏"的含义中包括了时间、温度、流量、成分等参数协同的含义。就是"定时、定温、定品质"实现了诸参数协同。

第二段，炼钢区段，其中只有连铸机是准连续运行的。从高炉出铁开始，铁水预处理、转炉冶炼（电炉冶炼）、二次精炼都要适应和服从连铸机多炉连浇的连续运行。连铸过程运行本质是准连续或连续的热交换—凝固—冷却过程，连铸机的效率、效益集中地表现在顺利实现长时间的多炉连浇和提高连铸机作业率等方面。一般而言，希望连铸机多炉连浇的时间周期尽可能长。因此在这一区段，是以连铸机的长周期连续运行为中心，出铁、铁水输送、铁水预处理、转炉（电炉）冶炼及二次精炼等间歇运行的工序要适应和服从连铸机的连续化运行，而连铸机的连续化运行对转炉（电炉）冶炼节奏、二次精炼的节奏乃至铁水预处理过程的时间节奏、铁水输送的时间节奏和高炉出铁节奏提出参数要求。

第三段，热轧区段，其中热连轧机在一次轧制周期内可以看成是准连续的。从连铸出坯开始，至一次轧制周期内生产运行过程中，热连轧机的运行方式是一种连续-间歇交替出现的运行方式。在生产运行中希望热连轧机尽可能多地有轧件通过，或是增加某一运行时段（轧制周期）内的轧件通过量，这对于节能、增产乃至提高成材率等都是有利的。因此这一区段应是加热炉间歇的出坯过程服从连续的轧制要求，而轧机连续轧制的过程对连铸机的连铸坯输出、连铸坯的输送过程和停放位置以及连铸坯在加热炉的输入/输出等时间点、时间过程和时间节奏提出参数要求。

此外，为了保证三个区段连续运行的有序化、稳定化，还要求生产过程物流组织尽可能地保持"层流式"运行方式，尽可能避免多股物流之间的相互干扰。

为了使各工序/装置能够在流程整体运行过程中实现动态-有序、协同-准连续/连续运行，应该制订并执行以下的宏观运行规则：

（1）间歇运行的工序/装置要适应、服从准连续/连续运行的工序/装置动态运行的需要。例如，炼钢炉、精炼炉要适应、服从连铸机多炉连浇所要求的温度、化学成分，特别是时间节奏等。

（2）准连续/连续运行的工序/装置要引导、规范间歇运行的工序/装置的运行行为。例如，高效-恒拉速的连铸机运行要对相关的铁水预处理、炼钢炉、精炼炉提出钢水流量、钢水温度、钢水洁净度和时间过程的要求。

（3）低温连续运行的工序/装置服从高温连续运行的工序/装置。例如，烧结机、球团等生产过程和质量要服从高炉动态运行的要求。

（4）在串联-并联的流程结构中，要尽可能多地实现"层流式"运行，以避免不必要的"横向"干扰，而导致"紊流式"运行。例如,炼钢厂内通过连铸机—二次精炼装置—炼钢炉之间形成相对固定的、不同产品的专线化生产等。

（5）上、下游工序装置之间能力的匹配对应和紧凑布局是"层流式"运行的基础。例如,铸坯高温热装要求连铸机与加热炉—热轧机之间固定-协同匹配运行等。

（6）制造流程整体运行一般应建立起推力源-缓冲器-拉力源的动态-有序-协调-连续/准连续运行的宏观运行动力学机制。

8.2.4.2 "界面"技术协同化

要理解"界面"技术协同化,建立如下概念是重要的。

A　流程与工序的关系

工序/装置是构成流程的"单元",流程是包括各工序/装置以及"界面"技术在内的诸多单元集成的、协同运行的动态运行系统。

B　工序/装置

优化的工序/装置应该体现单元工序功能集合的解析-优化。一个工序/装置中会有不同性质的"过程",体现不同的功能,当某一工序/装置被选择并整合在某一制造流程中,应该根据所在制造流程的要求对单元工序/装置的功能集合进行解析-优化,强化所需要的功能,弱化甚至摒弃不需要的功能。因此,必须重视在流程系统的运行过程中,不同工序的作业运行方式是不同的,有连续运行形式的、准连续运行形式的、间歇运行形式的等,对于工序/装置的作业运行方式和功能特征,在钢厂的工程设计中也是必须研究的内容。

C　流程

流程体现着动态-集成运行的工程系统。流程是将相关的、不同功能的、不同运行方式的工序/装置通过"界面"技术集成为一个优化的动态运行系统。流程体现了单元工序/装置功能集合的解析-优化,体现了工序之间关系集合的协同-优化,更应体现流程内工序集合的重构-优化。这就导致了要对流程系统动态运行的物理本质进行研究……从物理本质上看，流程动态运行过程中的基本要素是"流""流程网络"和"流程运行程序"。

D　"界面"技术

从流程动态运行的三要素——"流""流程网络""运行程序"分析来看，要将相关的、不同功能、不同运行方式的工序通过动态运行集成为一种动态-有序、协同-连续/准连续的"流"，必须要有能够发挥衔接-匹配-缓冲-协同作用的"界面"技术。

a　"界面"技术的含义及作用

所谓"界面"技术是相对于钢铁生产流程中炼铁、炼钢、铸锭、初轧（开坯）、热轧等主体工序技术而言的，"界面"技术是指这些经过技术革新后的主体工序之间的衔接-匹配、协调-缓冲技术及相应的装置（装备）。应该说，"界面"技术包括了相应的工艺、装置，而且从某种意义上看，还包括平面图等时-空合理配置、装置数量（容量）匹配等一系列的工程技术（图 8-7）。"界面"技术不仅包括"硬件"，而且包含了各类调控"软件"……

从工程科学的角度看，在钢铁生产流程中，"界面"技术主要体现在要实现生产过程物质流（应包括流量、成分、组织、形状等）、生产过程能量流（包括一次能源、二次能源以及用能终端等）、生产过程温度、生产过程时间和空间位置等基本参数的衔接、匹配、协调、稳定等方面。因此，要进一步优化钢铁生产流程，特别是实现工程设计创新，就应该十分注意研究和开发"界面"技术，解决生产过程中的动态"短板"问题，促进生产流程整体动态运行的稳定、协同和高效化、连续化。

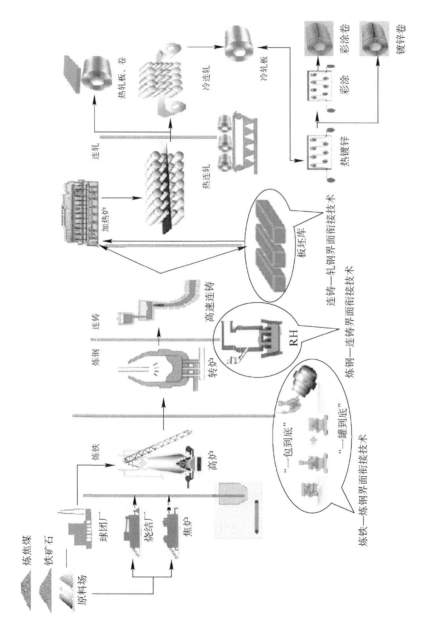

图 8-7　现代钢铁制造流程的"界面"衔接技术

b　"界面"技术的发展进程

第二次世界大战前，由于炼铁、炼钢、铸锭、初轧（开坯）、热轧等主体工序基本上是各自依据自身的节奏运行，而工序间的动态关系与匹配很少受到关注，基本上是在各工序各自运行，而工序之间则经常处在互相等待、随机连接的状态。因此工序之间的相互关系较为松散，主要是输入、等待、储存、转换/转变、再输出的简单连接。其中，需要经过升温、降温、再升温和无效冷却，反复进库又出库，反复吊运输送等工艺步骤，导致了生产过程时间长、能量消耗高、产品收得率低、生产效率低，而且产品质量不稳定、钢厂占地面积大、经济效益差、环境负荷大等问题。

第二次世界大战以后，钢铁生产流程中出现了氧气转炉、连续铸钢、大型宽带连轧机、大容积高炉、大型超高功率电炉等一系列对企业覆盖面大、对生产流程关联度大的共性技术，这些共性-关键技术对钢厂生产流程的结构和流程宏观运行动力学产生了巨大的影响。例如：氧气转炉、连续铸钢、宽带连轧机等，使生产节奏加快，连续化程度提高；大容积高炉使物质流、能量流的流通量加大、效率提高等。在此基础上，这些共性-关键技术的发展和在生产流程中的集成-组合应用，引起了各工序功能集合的演变，进而要求对整个生产流程中各工序/装置的功能集合进行重新分配或分担，并使钢厂生产流程中工序之间的关系集合发生变化。工序/装置功能集合的解析-优化和工序/装置之间关系集合的协调-优化，为钢厂生产流程中各工序/装置的重新有序化和高效化提供了技术平台性的支持，并推动流程中工序组成的集合的重构-优化。在这些工序功能集合、工序关系集合的演进和优化的过程中，引起了钢铁生产流程中一系列"界面"技术的演变和优化，甚至出现了不少新的"界面"技术，并在不同生产区段中形成了新的有效组合。这一系列"界面"技术的出现和有效组合直接影响到钢铁生产流程的结构，包括工艺技术结构、装备结构、平面布置（空间结构）、运行时间结构、企业产品结构等重大变革和演进。

总之，"界面"技术是在单元工序功能优化、作业程序优化和流程网络优化等流程设计创新的基础上所开发出来的工序之间关系的协同优化技术，它是建立在合理的工序关系基础上的，包括了相邻工序之间的关系协同-优化或是多工序之间关系的协同-优化。

在现代钢厂中，由于工序间"界面"技术的不断演变和进步，如炼铁—炼钢界面、炼钢—二次冶金—连铸界面、连铸—加热炉—热轧界面、热轧—冷轧界面，特别是薄板坯连铸—连轧工艺流程的发展，钢厂的总平面布置呈现不少新的特点。高炉—转炉之间的平面布置，总的趋势是要求高炉—转炉的距离尽可能短，铁水输送时间尽可能快，铁水罐数量尽可能少，而且铁水罐返回-周转速度尽可能快。与此相关，混铁炉应该属于被淘汰之列，鱼雷罐也应受到质疑。由于全连铸生产体制在全国、全球的确立，全连铸炼钢厂和热轧厂之间连续化程度提高，因此，从铁水预处理直到热轧机之间的长程的高温热连接工艺得到不同程度、不同类型的开发，引起了平面布置（空间布置）上的变化。即：

（1）炼钢厂与热轧厂之间的距离越来越短，发展到主要以辊道保持相互连接，特别是不应再采用铁路运输的方式。

（2）炼钢厂连铸机与热轧机之间生产能力相互匹配，形成连铸坯快速、高温热连接，甚至正在形成连铸机—热轧机一一对应或是整数对应的发展趋势。

（3）连铸机与热轧机之间在产品品种、尺寸规格等方面形成优化的、专门化的生产作业线，而产品"万能化"的作业线正在逐步淡出。

　　c　"界面"技术的形式

　　建立"界面"技术的目的是为了使流程系统动态-有序、连续-紧凑地运行,为此需要将相邻工序之间或多工序之间动态运行过程中一些具有衔接-匹配-缓冲-协同功能的参数贯通起来,使流程系统能够连续/准连续地连接起来,发生"弹性链"谐振的工程效应[4]。正是由于工序功能不同,工序装置的运行方式不同,因此需要建立不同类型的"界面"技术。"界面"技术的形式大体可以分为物质流动的时间/空间"界面"技术、物质性质转换的"界面"技术和能量/温度转换的"界面"技术等。

　　(1)物质流动的时间/空间"界面"技术。物质流动的时间/空间"界面"技术的内涵包括:

　　1)平面-立面图优化——这是"流程网络"优化的具体体现(包括物质流网络、能量流网络和信息流网络)。

　　2)工序/装置的容量合理化和个数合理化及其空间位置合理化。

　　3)工序/装置间物流/能流走向路径和方式合理化("层流式""紊流式",连续型、间歇型等)。

　　4)装置-装置间、工序-工序间流通量对应,尽可能实现"层流式"运行。

　　5)运输方式、运输工具的选择和优化协调。

　　6)工序/装置运行的时间程序和多工序时间程序协同控制等。

　　(2)物质性质转换"界面"技术。物质性质转换"界面"技术的内涵包括:

　　1)工序/装置功能选择——要注意工序功能集合解析-优化、工序之间关系集合协同-优化。

　　2)工序/装置运行作业方式及其时-空"程序"优化。

3）前、后工序动态协同运行时，流通量、温度、时间等相关工艺参数的协调-匹配等。

（3）能量/温度转换"界面"技术。能量/温度转换"界面"技术的内涵包括：

1）不同工序（装置）能量流输入/输出矢量性合理化分析。

2）不同工序（装置）能量流转换效率与分配关系优化。

3）不同时间过程、时间"节点"上温度参数的合理控制。

4）单元工序能量流输入/输出模型的优化与调控。

5）流程系统能量流网络模型的优化与调控等。

"界面"技术就是要将制造流程中所涉及的物理-相态因子、化学-组分因子、能量-温度因子、几何-尺寸因子、表面-性状因子、空间-位置因子和时间-时序因子动态-有序、连续-紧凑地组合-集成起来，实现多目标优化（包括生产效率、物质/能量耗散"最小化"、产品质量稳定、产品性能优化和环境友好等）。

"界面"技术促进了流程内工序/装置的选择整合、互动优化和协同设计，通过上述多因子的"互动-协同"形成优化的"交集-并集"和相关的物质流、能量流、信息流网络，体现了多因子"流"的多目标、多尺度、多层次优化。从开放系统中多因子流运行的不可逆过程的热力学角度上看，为了形成有序结构，为了实现过程耗散"最小化"，效率"最佳化"，应该认识到：多因子"流"的协同-连续/准连续-紧凑化的重要性，一切"协同"归于过程时间（维），一切"连续"也归于过程时间，动态-有序、连续-紧凑地运行的最终体现也归于过程时间（轴）。因此，对冶金过程的连续性而言，时间轴是其他参数对之耦合的主轴（图8-8）。这就是多维的动态的甘特图构建的重要性。

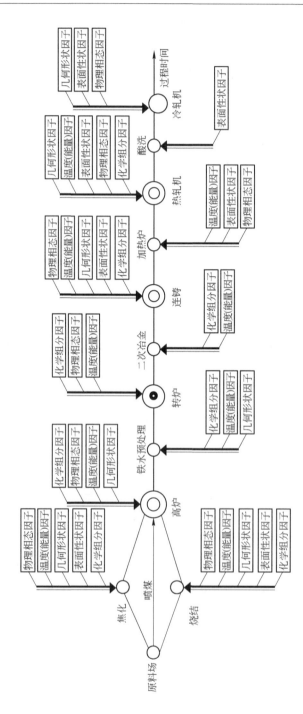

图 8-8　钢铁生产流程（钢铁联合企业）动态运行过程中各工序重要相关因子与时间轴间耦合的示意图[5]

图 8-8 显示了连续运行的钢铁生产流程中的多因子流（物理-相态因子、化学-组分因子、能量-温度因子、几何-尺寸因子、表面-性状因子、空间-位置因子）与时间轴的协同耦合。也可以说只有冶金过程中的诸多因子在时间轴的某些优化了的时间点上实现协调时，冶金流程的工程设计才算达到优化与完美。

d 如何在工程设计中体现"界面"技术？

无论是对于钢厂的流程系统设计、车间设计还是单元工序/装置设计，为了实现动态-有序、连续-紧凑地生产运行，实现高的生产效率、好的产品质量、有竞争力的成本和环境友好，应该在设计时具体地注意下列几点：

（1）在工序/装置的功能、个数、容量、空间位置上要注意与上、下游工序/装置之间动态适应、缓冲和相互补充，以实现连续-紧凑、稳定-高效地生产。

（2）尽量缩短工序/装置之间所需的过渡-衔接时间，在空间位置上要尽可能紧凑，以时-空因子的优化，避免物质流、能量流运行受到干扰。不能只注意物质、能量参数，同时要重视时间、空间和信息参数。

（3）在运行过程时间、运行节奏、运行周期上，既要体现合理匹配，又不可忽视合理的、必要的缓冲、过渡，稳定地、有适当"弹性"地实现动态-有序运行。

（4）在流程工程系统中，如果有多条产品作业线运行的情况，尽可能使不同产品生产线各自上、下游工序的能力一一对应或呈整数对应匹配关系。不同作业线之间则原则上应保持"层流式"运行，力求避免干扰。

这样，在工程设计中，"界面"技术可以进一步体现在：

（1）矢量化、简捷化的物质流、能量流通路（例如平面图等）。

（2）工序/装置之间互动关系的缓冲-稳定-协同（例如动态运行甘特（Gantt）图等）。

（3）制造流程中网络节点优化和节点群优化以及连接器形式优化（例如装备个数、装置能力和位置合理化、运输方式、运输距离、输送规则优化等）。

（4）物质流效率、速率优化。

（5）能量流效率优化和节能减排。

（6）物质流-能量流-信息流的协同优化等。

在这样的工程设计中，由于上、下游工序/装置的"界面"技术合理化，容易实现生产过程的组织协调（即在信息化他组织手段的作用下，流程自组织化程度的提高）；容易实现生产过程、调度过程的信息化；并使装置、设备的运行速率高、生产效率更高；同时，可节省单位产能的投资。

8.2.4.3　流程网络合理化

由于"流"的运动具有时-空上的动态性和过程性，"流"在动态运行过程中输出/输入具有矢量性，为了减少运行过程耗散，必然要求"流程网络"简捷化、紧凑化，优化的"流程网络"对流程动态运行是十分必要的，否则就会导致"流"的运行过程经常趋向无序或混沌。这一点在钢厂的新建或技术改造中应作为重要的指导原则之一。由此可见，流程网络合理化将引导在流程结构优化前提下的装备大型化，并将引导钢厂向产品专业化的方向发展。

当工序间的平面布置关系和运输方式一定时，钢铁产品的运输能耗主要取决于物质流/物流在工序间运行的时间过程长短和时间节奏，而这与流程网络中工序间的连接方式密切相关。

也就是说，通过构建一个合理、优化的"流程网络"（如总平面图等），随着"流程网络"中各个"节点"运动的"涨落"以及各"节点"涨落之间的协同关系，可以在全流程范围内形成一个优化的非线性相互作用的场域（流程网络结构），并通过编制一个反映流程动态运行物理本质的自组织、他组织调控程序，实现开放系统中各运行工序/装置之间的非线性"耦合"，使"流"在动态-有序运行过程中，能量的耗散最小化，物质损耗最小化，从而形成开放系统合理的"耗散结构"。

8.3 钢厂的动态精准设计

所谓钢厂的动态精准设计是在钢铁制造流程全流程动态-有序、协同-连续运行的概念指导下，通过工序功能集的解析优化、工序之间关系集的协调优化、流程工序集的重构优化，使钢铁制造流程的物质流、能量流和信息流（"三流"）处在动态-有序、协同-连续的运行状态（"一态"），促进多目标优化并实现钢厂三个功能（钢铁产品制造功能，能源转换功能，大宗社会废弃物处理、消纳及再资源化功能）的一种设计方法。

钢厂动态精准设计是实现钢厂绿色化、智能化的重要环节之一。

钢厂的生产过程是一类制造流程。所谓"制造（生产工艺）流程"必须具有可以有效、有序、协同、连续地动态运行的结构。静态的工序/装置排列，不能体现出流程的全部内涵（这只是静态的空间结构），特别是不能体现出动态-有序、协同-连续/准连续运行的全部内涵，更不能体现出动态性、连续性。因此，流程设计必须立足于动态运行的基础上，也就是要使物质流、能量流在特定设计的时-空边界范围内，在特定设计的信息流的运行程序驱动下，实现高效、有序、协同、连续地动态运行。追求的是物质流（主要是铁素流）在能量流的驱动和作用之下，在各个工序内和各工序之间进行动态-有序的运动；追求的是使间歇运行的工序（例如炼钢炉、精炼炉等）、准连续运行的工序（例如连铸机、连轧机等）和连续运行的工序（例如高炉等）都能按照流程总体协同有序地运行的"程序"协调地、动态-有序地运行；进而追求流程运行的连续化（准连续化）和紧凑化。

因此，钢厂动态精准设计的理论必须建立在符合其动态运行过程物理本质的基础上，特别是生产流程的动态-有序、协同-连续/准连续运行中的运行动力学理论基础上。即钢厂动态精准设计应以先进的概念研究和顶层设计为指导，运用动态甘特图、考虑到简捷匹配的"界面"技术实现动态-有序、协同-连续/准连续的物质流/物流设计、高效转换并及时回收利用的能量流设计及以节能减排为中心的开放系统（使钢厂成为社会循环经济中的一个环节）设计，从而在更高层次上体现钢铁生产流程的三个功能。

在新世纪的钢厂设计过程中，将设计钢厂的理论，从以流程内各工序的静态能力（容量）的估算和简单叠加推进到以流程整体动态-有序、协同-连续/准连续运行的集成理论上来是必然的，而且由于信息技术的支持，在方法上是有可能做到的，应该深入研究和努力开发钢铁制造流程动态精准化的工程设计理论和方法，以及相应的工具手段。

8.3.1 传统的钢厂设计与动态精准设计的区别

在以往的钢厂设计和生产运行的组织过程中，通常习惯于用拆零件的方法来处理问题。在这些机械论的拆分方法中，不仅习惯于把设计或生产运行的整体划分为许多细部，还常常用一些"传统"的方法把每一个细部从其周围环境或上、下游关联系统中分割出来,如此,则研究的问题与周边环境之间的复杂的相互作用就可以"简略了","问题"似乎就"好解决了"。然而,钢厂设计和生产运行的整体运行过程不是一个孤立系统,而是嵌入在一定周边环境条件下的开放系统,是处在不停地进行物质、能量、信息的输入/输出过程中,而且实际上往往是处在非平衡的开放状态。

在钢铁制造流程中,可以将它割裂为炼铁、炼钢、轧钢等工艺过程,它们分别运行着,而且也许可以找到孤立运行的"最佳"方案,然而作为一个整体流程的制造过程,不仅要研究"孤立""最佳",更重要的是要寻求整体动态运行过程的最佳协同方案;所以,不能只用机械论的拆分方法来解决相关的、异质的而又往往是不易同步运行工序的组合集成问题。因此,重要的是研究多因子、多尺度、多层次的开放系统动态运行的过程工程学问,要分清工艺表象和动态运行物理本质之间的表里关系、因果关系、耦合关系,找出其内在规律。这对设计过程和生产运行过程的优化和调控是十分重要的。在进行工程设计和生产运行的思考时,应该联想如下方面:

(1)你设计的是"实",可千万别忘了流动着的"虚"——"流"。

(2)你操作的是"实",可实际上是运动着"虚"("流")的一部分。

(3)"虚"("流")集成着"实"(工序/装置等),"实"体现着"虚",相互呼应、相互依靠。

(4)"流"体现着单元过程与工程(系统)的结合,思考分子/原子尺度上的问题或工序/装置层次上的问题时,应该同时思考输入/输出的"流"的运动。

(5)生产运行和工程设计从表象上看似很"实",但从本质上看恰是"流"运行的体现,"流"的动态-有序、协同-连续/准连续运行是主要任务、是灵魂。

（6）工程设计和生产运行都要"虚""实"结合，先定工程理念——"虚"，然后通过工程设计和动态运行付诸实践——"实"。

卓越的工程师不仅要有精深的专业知识，而且要有广博的经济、社会和人文知识，要有综合-集成的高层次、整体性创新能力。时代命题呼唤着中国工程师要有新理念、新风格、新知识、新能力。

综上所述，动态-精准设计与传统的分割-静态设计的区别是，在设计之时就考虑到动态的、实际的生产运行，而不是与生产运行脱节。这有别于有些人认为的"设计就是为了建设安装设备、厂房"的认识，动态精准设计既是为了建设、安置设备和厂房的任务（图 8-9），同时，更是为这些设备、厂房能在生产过程中动态-有序、协同-高效地生产而服务的。动态精准设计的目标任务必须体现在工程投产、运行过程中多目标优化。

图 8-9　动态-精准设计与传统的分割-静态设计在概念、目标上的区别
a—分割-静态设计；b—动态-精准设计

由此可见，对钢铁制造流程的设计而言，不仅是为工程建造提供方案和图纸，以供工程建设之用，而且要为工程建成后的日常生产运行，准备好合理的运行路线，提供运行规则和程序，使制造流程能够动态-有序、协同-连续/准连续地运行，发挥其卓越的功能和效率，达到多目标优化的效果。

因此，在设计过程中就应该开发动态-有序、协同-连续/准连续运行的一系列技术模块，其方法和过程主要应是：

（1）三类动态时间管理图。包括：

1）以制订并优化高炉连续运行为核心的炼铁系统动态运行甘特图，并以此扩展为全局性的铁素物质流网络、能量流网络的基础。

2）以制订并优化连铸多炉连浇为核心的炼钢系统动态运行甘特图，并以此扩展为高效率、低成本洁净钢制造平台。

3）以制订并优化热轧机换辊周期为核心的轧钢系统动态运行甘特图，并以此与连铸连浇周期配合，构建铸坯直接热装炉、热送热装的动态管理图。

（2）若干类型"界面"技术的开发：

1）高炉出铁与铁水运输、铁水预处理直到转炉之间的快捷-高效系统；包括铁水罐输送距离、运输方式、铁水罐的合理数量、高炉铁水出准率、尾罐率和铁水罐周转速度的调控；与此同时，要设计出高效的铁水预处理工序。

2）高温连铸坯与不同加热炉之间动态运行系统，包括不同状态下每流连铸机出坯与不同加热炉之间的输送距离、输送方式、储存"缓冲"的位置安排等动态衔接过程，以及热轧机每分钟产出率与加热炉钢坯输出节奏之间的协调关系（包括棒材切分轧制等）。

3）热轧过程及轧制以后轧件的温度-时间控制，形成合理、高效的控轧-控冷动态控制系统。

（3）构建串联-并联相结合的、简捷-高效的流程网络（物质流网络、能量流网络、信息流网络），其中物质流网络简捷-顺畅-高效的"最小有向树"概念是基础，同时必须高度重视能量流网络的设计研发。在物质流网络、能量流网络简捷-高效的基础上，信息流网络、信息化程序将易于设计，并能有效地、稳定地进行调控。

8.3.2　关于制造流程动态精准设计的核心思路

流程制造业各类企业的工程设计其核心概念是要构建一个整体协同-优化的制造流程，这是"灵魂"，是概念性的顶层设计。流程制造业的制造流程的本性是整体性协同、和谐流动和高效转化。可谓一切皆"流"、一切皆"动"、一切皆"变"。这种"流""动""变"都是整体性的。一切事物都是在随"流"而"动"的过程中发生变化，"变"可以是随机的，也可以是受控的。随机的"变"一般是混沌状态，受控的"变"源于外界输入的信息流作为"他组织力"与制造流程本身协同、和谐的"自组织性"的结合。可以看出，"流"乃整体论观念的本根，"流"者必"动"，"动"者循"网"，"网""动"依"序"，"序"关耗散。

为了实现动态-有序、协同-连续的运行，要高度重视"流"-"流程网络"-"运行程序"之间的逻辑关系。其中渗透着"关系实在论"的思维，即认为对事物整体运动而言，具有实在性的不是个体对象、局部过程，而是对象（工序、装置、过程、时-空等）之间的关系网络。由此，应认识到流程制造业制造流程运行的要素实际上是"流""流程网络"和"运行程序"。构成"关系实在论"的基础是工序功能集的解析优化、工序之间关系集的协同优化和制造流程中工序集合的重构优化。历史地看，钢铁制造流程的演变过程中体现出了制造流程的集成、进化机制。

制造流程动态精准设计的核心思路是"动态"和"集成"，动态是指整个制造流程每个节点（工序/装置）、每个链接件（"界面"技术）以及整个流程网络是动态运行的，都是有输入输出的，不仅是一个静态结构问题。不能用简单拼凑随机叠加的办法来形成流程网络结构。正是由于制造流程是动态运行的，集成才显得更重要。集成体现在单元工序/装置功能的选择、优化，也体现在不同工序/装置之间链接件的匹配对应、简捷协同，因而，必须建立起"流"的概念（物质流、能量流、信息流）、"流程网络"的概念和"运行程序"的概念，进而还应该联系到工序功能的解析优化、工序之间关系的协同优化和制造流程工序集合的重构优化等重要思路。

正是由于流程动态运行的需求，一定要重视运行程序。运行程序不仅与人工输入的他组织信息相关，而且也与制造流程物理系统的自组织结构相关，这个自组织结构取决于物理系统结构的自组织性，而人工输入的程序是属于数字化、自动化、智能化的他组织信息。物理系统结构自组织性的优劣，在很大程度上取决于工程设计。也就是要以动态精准设计的理论和方法来指导工程设计。工程设计不仅是为工程建设提供图纸，而且要考虑工程运行过程的功能、效率和与环境生态的融合。也意味着工程设计要将工程运行过程的功能、效率和环境生态等要素融入工程建设施工图设计之中。

研究制造流程动态精准设计每个节点（工序/装置）一定要有输入、输出的概念，一定要有流程联网的概念，联网离不开"链接件"（"界面"技术），"界面"技术是制造流程物理系统的重要组成部分，研究动态精准设计应该高度重视子系统与子系统之间、节点与节点之间的衔接匹配关系、缓冲协调关系、简捷顺畅关系乃至层流运行的关系，具体体现在流程网络的简捷化、流程运行的顺畅化，进而体现"三流协同"（物质流、能量流和信息流协同）、"三网融合"（物质流网络、能量流网络和信息流网络融合）。

钢厂动态精准设计重在钢铁制造流程的集成创新，包括制造流程物理系统的集成创新和数字系统的集成创新。

8.3.3　动态精准设计流程模型

　　模型是知识的"沉淀"，但也应注意到，没有不断更新的专业知识，没有建立在可靠物理机制上的精准数字仿真，所谓"模型"就会变成数字游戏，或是"仿而不真"。为了针对某些新技术及其新的"环境"条件的深入了解，就需要通过过程理论分析和实验验证才能得到合理的、可靠的物理模型。

　　在钢铁生产流程动态运行中，物质流运行是根本，因此动态精准设计应以物质流设计为基础，从模型角度上看，物质流动态精准运行的工程设计的方法是有层次性的，我们可以将不同类型的设计方法做如下比较：

　　（1）以工序/装置的静态结构设计和静态能力估算为特征的分割设计方法（分割的静态实体设计方法），见图 8-10。

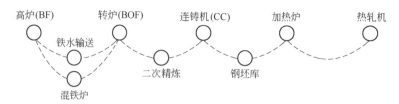

图 8-10　以工序/装置的结构设计及其静态能力估算为特征的流程设计

　　这种分割设计方法只注意各工序/装置的结构设计图及其静态能力的估算，既没有工序装置之间协同运行方式的设计，又缺乏工序/装置自身信息调控的设计。其中上、下游工序连接方式，基本上就是靠相互等待，随机连接，属于简单粗放的分割设计方法。

　　（2）以单元工序/装置的静态结构及其内部半动态运行为特征的设计方法（单元工序/装置附加简单的专家系统的分割设计方法），见图 8-11。

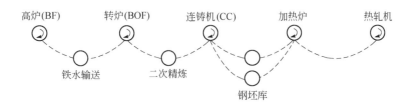

图 8-11 以单元工序/装置静态结构设计加部分结构内部半受控
为特征的分割设计方法

这种设计方法实际上还是分割设计方法，只是在工序/装置静态结构设计的基础上，对某些装置附以一些基础自动化措施或简单的专家系统进行单元工序层次上的半自动调控，但没有工序间关系动态-有序的协同调控。工序之间的连接方式依然靠相互等待、随机组合来解决。

（3）以单元工序/装置内部半动态运行和部分工序间动态-有序运行为特征的设计方法（图 8-12）。

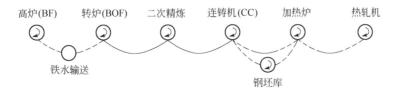

图 8-12 以单元工序/装置内部半动态调控和部分工序间
协同调控的设计方法

这种设计方法注意到了局部动态-有序的实体（硬件）-虚体（软件）设计方法，即其中某些工序之间出现动态、协同的设计概念和方法，如动态-有序运行的全连铸炼钢厂等。

（4）以全流程动态-有序、协同-连续/准连续运行为目标的动态、精准设计方法（图 8-13）。

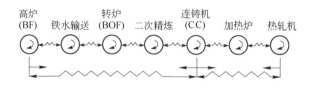

图 8-13   以全流程动态-有序、协同-连续/准连续运行
为目标的动态、精准设计方法

这是属于动态-有序、协同-连续/准连续运行系统的实体(硬件)-虚体(软件)集成,即在信息化他组织调控下按照一定的动态运行规则进行适时-自适应的动态、精准设计方法。

从以上不同类型的设计方法示意图中可以看出,现有的钢厂设计方法大体上处在第Ⅰ(图 8-10)、第Ⅱ(图 8-11)类型上,要达到第Ⅲ类型(图 8-12),特别是要达到第Ⅳ类型(图 8-13)设计方法的水平,必须要有新的设计理论、设计方法和工具来指导。即要从传统的静态结构及其能力估算的分割设计方法发展到信息化的动态-有序、协同-连续/准连续运行的动态精准设计方法。这就应该以新的流程解析、集成优化及其运行动力学理论为基础,并在信息化、智能化技术的支撑下,建立起装置和流程层级上动态-有序、协同-连续/准连续运行的模型。其中,将涉及:

1)工序装置/流程功能序、空间序的合理安排;

2)工序装置/流程时间序的程序化协调;

3)工序装置/流程时-空序的连续、紧凑、"层流式"运行及其信息化、智能化调控。

为了解决上述问题必然会进一步涉及:

4)工序功能集合的解析-优化;

5)工序间关系集合的协同-优化;

6)流程中组成工序集合的重构-优化。

因此，在概念研究时，要特别强调流程系统动态-有序、协同-连续/准连续运行的集成优化，在步骤上应该先研究、确定功能序与工序（装置）功能集的解析-优化；继而研究、确定不同单元工序（装置）的所有优化功能在流程运行过程的空间上、时间上有效耦合，并研究、确定以平面图为主的时-空序优化（体现其流程网络），使"流"在规定的时-空"网络"边界内运行，以保证物质流、能量流动态-有序地"连续""层流式"运行。以此为基础，开发钢厂设计的计算机虚拟现实，即建立起有可靠物理机制的数字仿真系统及其软件（工具）。从而，使钢厂设计方法得到升级更新，信息化、智能化技术更加有效地与流程动态运行的物理模型融合。

钢厂动态精准设计不仅是对流程中工艺参数、单个装置（设备）、厂房、能源介质参数的精确优化计算，更是对为了实现整个流程动态-有序、协同-连续/准连续运行、物质/能量的合理转换等参数及派生参数的精确设计。应该指出，物流量或单位时间的物质流通量、时间、温度是钢铁制造流程动态-有序、协同-连续/准连续运行的基本参数，衔接好流程中各工序以及工序间的这些参数，使流程中每个区段、各个工序之间物质流通量按分钟级（对连轧而言甚至需要秒级、毫秒级）的匹配，实现流程的高效-连续，是动态精准设计理论的出发点。物质流通量的大小会影响到工序单元装备能力、个数、装备间距离和连接方式、运行时间等。式8-3从各工序分钟物质流通量的匹配、生产过程中设计的连续化程度、吨钢综合能耗方面表达了动态精准设计应遵循的设计原则：

$$
\left.
\begin{aligned}
&(1)\, Q_{PF} = Q_{FN},\ Q_F = Q_{IN},\ Q_I = Q_{CC} = Q_{rh} = Q_{ro} \\
&(2)\, \Sigma t_1^{设} + \Sigma t_2^{设} + \Sigma t_3^{设} + \Sigma t_4^{设} + \Sigma t_5^{设} \to \min \\
&(3)\, \Sigma E \to \min
\end{aligned}
\right\}
\quad (8\text{-}3)
$$

式中　Q_{PF}——铁前系统平均每分钟原料供应量，t/min；

Q_{FN}——炼铁系统平均每分钟原料需求量，t/min；

Q_F——炼铁系统平均每分钟出铁量，t/min；

Q_{IN}——炼钢系统平均每分钟需铁量，t/min；

Q_I——炼钢系统平均每分钟供钢水量，t/min；

Q_{CC}——连铸机平均每分钟铸坯输出量，t/min；

Q_{rh}——加（均）热炉平均每分钟铸坯输出量，t/min；

Q_{ro}——轧机运行时平均每分钟轧制量，t/min；

$\sum t_1^{设}$——生产物质流在流程各工序、装置中通过所消耗的实际运行时间的总和；

$\sum t_2^{设}$——生产物质流在流程网络中运行所消耗的各种实际运输（输送）时间的总和；

$\sum t_3^{设}$——生产物质流在流程网络中运行所消耗的各种实际等待（缓冲）时间总和；

$\sum t_4^{设}$——影响流程整体运行的各类检修时间总和；

$\sum t_5^{设}$——生产物质流在流程网络中运行时间出现的影响流程整体运行的各类故障时间总和；

$\sum E$——吨钢综合能耗，kgce/t。

需要说明的是，式 8-3 是联立方程式，表示物质流/能量流协调运行的关系式，不能单一地、分别地理解与应用，仅遵循其中某一个原则的设计并不是动态-精准设计，即三个联立在一起的方程式才体现连续-紧凑性和动态-有序性。其中的式 8-3（1）主要体现动态协同、匹配原则，是物流或物质流在长时间范围内动态、稳定、均衡的匹配相等；式 8-3（2）主要体现的是紧凑性和动态-有序性原则，即流程运行的时间最小化是在紧凑化、有序化、流程网络合理化前提下的运行过程时间最小化，并不意味着趋向于 0，也不是局部工序、区段的过程时间越短越好。而且需要特别说明的是紧凑化不仅是空间的概念，还涉及运行时间，时间短不是单纯地靠局部强化或局部快，还要靠流程网络的紧凑、合理，物质流层流式运行等一系列措施，并且应形成稳定状态，其中也意味着检修、维修的协同合理安排和保证质量，从而保证流程整体运行时间最小化。式8-3（3）体现动态-有序化的目标——减少耗散而使流程能源消耗"最小化"，这是流程连续-紧凑化和动态-有序化运行的重要标志。

8.4 集成与结构优化

钢铁生产流程动态运行过程本身就是基础科学、技术科学和工程科学之间的集成问题，工艺技术、装备技术和信息技术之间的集成问题，甚至还包括了资源、资金投入、过程效率和过程输出（排放）之间的集成优化问题等；因而钢铁生产流程的结构优化、功能优化和效率优化都离不开集成，钢铁生产流程的工程设计，尤其是钢铁生产流程的动态精准设计也离不开集成。

集成与解析有着紧密的、相对的关系，集成与解析看似矛盾，实际是辩证统一关系。集成优化必须建立在解析优化的基础上，但是只停留在解析优化的层次范畴内，解析优化的效率、效果将会受到局限，只有在解析优化的同时高度重视集成优化，特别是宏观系统层面上的集成优化才能充分体现要素优化、结构优化、功能优化和效率优化的效果。从直观上看，集成优化表现为对系统要素（例如工序/装置等）的优化，实际上要素优化必然会引发要素与要素之间的相互作用（非线性作用）关系的优化，从而进一步导致流程系统结构优化。

8.4.1 关于集成与工程集成

8.4.1.1 什么是集成

集成不是相关组成部分的简单堆砌，不是构成要素的拼凑，不是局部解析优化后的简单组合，而是要形成结构动态协调、功能优化、效率优化的人工集成系统，以及在此基础上系统的演化和升华。集成的内涵将涉及理论、要素、结构、功能、效率等诸多方面。集成的本质是在多元事物之间相互作用、相互制约的过程中所形成的结构化关联关系的综合优化。

8.4.1.2 钢厂设计中的集成的含义与集成技术

钢铁制造流程集成的特征是流程尺度的、工程科学层面的研究命题。在钢厂设计中，在不同层面有着不同的具体内涵，图8-14分别列出了工程科学、生产技术、工程应用、决策、投资等方面涉及的具体内涵。

因此，钢厂的动态精准设计和集成应该着力开发以下技术：

（1）动态-有序、协同-连续/准连续运行的集成技术，其中包括区段动态有序运行技术、各类优化的"界面"技术和流程网络优化技术等。

（2）高效率、低成本的洁净钢生产平台技术。

（3）流程中能源的高效转换、充分利用和系统节能技术。

（4）物质流、能量流、排放流的信息控制与管理技术。

（5）废弃物循环利用和无害化消纳、处理技术。

（6）清洁生产和环境信息监控技术。

（7）产业间链接技术。

（8）产业发展与脱碳化技术等。

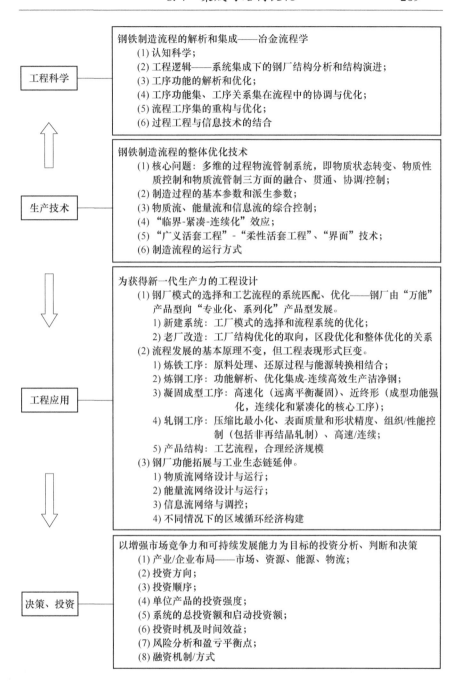

图 8-14 钢铁制造流程解析与集成在不同层次上的含义[5]

8.4.1.3　工程设计与集成创新

在构建创新型国家的过程中，工程创新是一个重要方面，是实施自主创新战略的主战场。对工程自主创新而言，设计创新是基础和关键。革新设计方法、建立新的设计理论是设计创新不能不面对的课题。

工程设计创新要从制造（生产工艺）过程来加以认识。应该把工程设计及其创新理解为要素的集成过程（这是集成的基本特点和过程），理解为网络的构建过程（这是事物运动的时-空途径、过程及其边界），理解为结构化的过程（这是包括了形成事物运动的静态框架和动态-有序运行的结果和效率），理解为功能拓展和效率提高的过程。

工程设计的特点之一是集成过程，而这种集成过程的重点首先是选择和优化其要素，集成的本质是多主体、多元化的活动及其相互作用和相互制约关系的综合优化。多元事物之间的相互作用、相互制约所形成的关联关系就构成了结构化的网络。在这样的一个集成过程中，需要匹配各种要素（包括各类参数等），需要衔接、协调各种单元，需要协调各类需求，这些都需要进行复杂的权衡和选择。

对一个工程系统而言，工程设计创新往往表现为新技术和已有先进技术的结合，而且不太可能是所有技术都是更新性的。因此，将新技术与已有先进技术结合起来并开发出协同运行的"界面"技术、"网络化"技术也是工程集成创新的重要组成部分，并由此来体现创新的工程系统所具有的整体协同的"美"。工程设计往往讲究"造型"艺术，其实"造型"艺术崇尚的是兼具结构合理和艺术的美感，追求工程主体与自然之间的和谐。

根本性的工程（设计）创新是一种打破旧结构、再建新结构的过程，它的实现将重新构造人们的时-空观念，大幅度地提高物质-能量转换、利用效率。突变性、根本性的工程

（设计）创新，实际上也是产业系统、社会系统创新的组成与过程——形成新的生产方式、生活方式，新的时-空域，甚至引发新的语言和新的经济-社会结构。广而言之，工程（包括设计）创新意味着重构我们的产业活动，重构我们的社会生活和社会文明。

设计源于工程理念。工程理念的转变与提升，直接影响到工程规划与发展战略，进而催生新一代设计理论和设计方法。在这个过程中，要敢于向传统认识提出疑问，要刨根问底，不断思考现存的不完整的、若有若无的工程设计理论，不断反问现有设计方法的合理性，勇于突破技术难点，善于自主创新。

在现代化大生产过程中，产业之间的关联度日益提高，技术之间相互关联、相互依存、相互制约的关系日益明显，单项技术的突破或改进不一定能独柱擎天；特别是对于工程而言，没有只用一种技术的工程，对制造流程而言，也没有只用一种技术的制造流程，必须要通过核心专业技术的自主创新和相关技术的有效集成，并建立创新流程系统，才能最终形成生产力和市场竞争力。因此，对于流程工业的设计创新而言，不同环节、不同层次的工艺技术和装备及其控制软件的优化和集成创新显得十分重要。

集成创新是自主创新的一个重要内容、重要方式。它不仅要求对单元技术进行优化创新，而且要求把各个优化了的单元技术有机地组合起来，集成优化，融会贯通，开发出新一代的工艺、装备，构建起新一代制造流程，生产出有市场竞争力的新一代的产品；同时，通过制造流程功能拓展，延伸产业链，必然会产生新的经营领域和新一代经营管理方法，创造出新的经济增长点。

集成创新的主体往往是企业，但在实施集成创新战略的过程中，企业不能"关门"集成，不能因为创新主体是企业而一叶障目，应该想到："多大的眼光看多大的事，多大的胸怀办多大的事"；在实施以企业为主体的创新战略进程中，企业应该对工程设计院、专业研究院甚至高等院校提出新的目标、新的要求乃至新的合作模式。高等院校不能囿于学科分支领域的局部理论层面上，而应理论联系实际，重视学科交叉、重视学科知识与工程实践的结合。而工程设计院、专业研究院等单位，不应停留在就事论事的水平上，应该从根本上研究工程系统的内涵、本质和运行规律，建立新的设计理论和设计方法。这样，才能事半功倍，有效地推动自主集成创新战略的实施。

8.4.2 关于钢厂结构

在认识工程活动特别是工程设计问题时，"结构"的构建、优化、升级是一个重要内涵，也是工程设计质量的重要体现，设计创新往往与结构优化、结构升级有着密切的关系。因此，讨论、认识"结构"问题是重要的。

8.4.2.1 钢厂结构优化的工程分析

钢厂结构优化最突出的体现是与市场需求紧密相连的产品结构、资源结构、工艺流程结构和合理经济规模。钢铁企业历来重视经济规模，即具有合理结构的经济规模。单纯从产量上看是难以判断某一企业规模是否是经济、合理的，其决定性的评价因素包括工艺流程结构、产品结构与合理经济规模之间的关系是否优化。

在产品大纲选择过程中，必须注意分析两种类型的产品和两种不同的市场用户。一类是大宗的、通用的产品（例如建筑用长材、普通板材等），一类是特殊的或专用的产品（例如取向硅钢、深井油管等），这两类产品的投资额、销售量、销售半径、生产工艺、装备、生产规模是有着明显区别的。一般而言，大宗的、通用的产品，由于其单位产品投资额低、易于建厂、产品附加值低，因此，一般应是面向一个合理销售半径的区域市场的；而特殊的、专用的产品，由于单位产品投资额较大、技术难度高、附加值高等原因，往往是面向较大区域的，甚至是全国市场的，但其总需求量是有限的、不大的。因此，市场分析、技术分析、产品分析、用户分析是钢厂结构优化的基础和前提。

钢铁企业结构优化的逻辑思路如图 8-15 所示。图 8-15 给出了钢铁企业结构的内涵。钢厂结构优化首先在于选择适合市场需求的产品系列，从产品系列的制造过程要求出发选择优化的工艺流程和装备水平、装备能力。应该指出的是，工艺流程和装备的选择不仅取决于产品的选择，而且还受到其他一系列因素的影响，其中包括市场范围、用户对象、资源、能源、运输、环境、生态、人员素质以及资金等。因此，钢铁企业结构优化实际上是在一定环境条件约束下，特别是在温室气体排放量约束条件下的合理选择和集成优化。

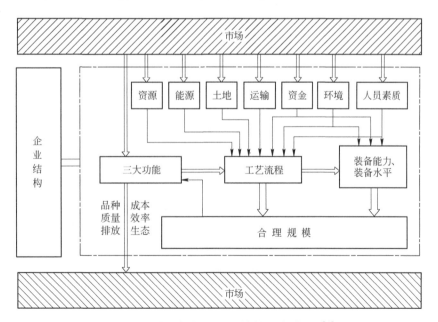

图 8-15 钢铁冶金企业结构逻辑框图[6]

从冶金流程的高度出发描述钢厂制造流程的结构，必然要涉及流程系统中各工序的功能以及各单元工序之间的关系，这对于以间歇/准连续运行为特征的钢铁企业结构优化而言，具有重要的现实意义。

纵观钢铁制造流程科技进步的动向，钢厂结构优化的技术思路基本上是立足于：

（1）工序功能集合的解析-优化；

（2）工序之间关系集合的协调-优化；

（3）流程组成工序集合的重构-优化。

上述三个"集合"的优化推动着钢铁企业生产流程的进步和企业结构的优化，从而组成了以工序功能解析-优化、工序之间关系协调-优化为基础的体现流程组成工序集合重构-优化的现代化钢铁企业。

8.4.2.2　钢厂流程结构优化中有关工程设计的若干原则

国际钢铁工业进入 20 世纪 80 年代以来，全球绝大多数钢厂在生产流程结构调整的过程中，都是以连续铸钢来衔接-匹配钢厂的化学冶金过程与冶金物理过程的，而且无论是高炉—转炉流程还是电炉流程，一般都尽可能地采用全连铸生产体制来协调整个钢厂的生产流程。因此，在钢铁企业流程结构的优化过程中特别要注意以下几个方面：

（1）从市场分布、市场需求和投资效益评估出发，定位单个钢厂（不是钢铁集团企业）的产品大纲，然后分析与生产这些产品有关的现代化轧机生产能力的合理范围。必须注意不同类型热轧机的合理规模和不同类型轧机之间的兼容性（例如棒材轧机与线材轧机之间有较好的兼容性，不同宽度的薄板轧机之间有较好的兼容性等；反之棒/线材类长材轧机与薄板轧机之间就不能很好地兼容）来思考一个钢厂的产品结构、工艺流程结构和合理经济规模。

（2）分析与现代化轧机对应的连铸机能力（包括连铸机类型、断面、流数等），争取连铸机—热轧机能力一一对应或整数对应。设计好连铸机—热轧机的物流衔接、匹配关系，温度的协调-缓冲关系，时间过程（节奏）的协调-缓冲关系，输送方式和输送路径等，充分利用铸坯的温度，以便捷、快速为原则，设计优化的炼钢厂—轧钢厂的平面布置图，促进紧凑化、连续化。一般应争取将连铸机的出坯辊道或冷床铸坯输出线与轧钢加热炉入炉的辊道能直接连接上，而不用吊车或其他转运设施。

（3）分析、选择全连铸生产体制下炼钢炉—二次冶金装置—连铸机之间优化-协调的"界面"技术——实现准连续和尽可能紧凑的衔接、匹配。协调-缓冲工艺流程和装备，还要注意到不同类型、不同能力连铸机同时生产时的"横向"兼容、协调问题。同时，也包括炼钢厂空间布置的合理化，以促进炼钢厂运行物质流的优化、顺畅、协调。

（4）根据钢厂合理规模与工艺流程结构优化的要求，确定高炉容积、座数（一般以2座高炉为优化目标，有时也可以采用3座或1座高炉运行）及其合理位置。再根据产品大纲的要求选择高炉—炼钢炉之间的"界面"技术，并优化高炉—铁水预处理—炼钢炉等工序之间的空间布置，以及铁水罐的输送方式等，促进高温物质流的动态-有序性、准连续性和紧凑性。

（5）在上述思考的基础上，分析计算在同一钢厂内若干高炉—铁水预处理—炼钢—二次冶金—连铸—加热—热轧之间纵向协调性和横向相容性。也就是要处理好不同类型钢材生产流程结构的合理化以及在同一钢厂内以一个有综合竞争力的结构体系，将不同的但可以相互兼容的钢铁产品合理地组织在一起，进行合理的生产。这是一个集市场需求、技术进步、经济效益和环境效益于一体的复杂性设计体系。

（6）在确定物质流动态运行结构的同时，应对生产过程中的一次能源和二次能源、余热余能进行能量流的网络化设计，合理使用不同品质的能源介质，提高能源转换效率，及时、充分地回收余热余能，形成全厂性的能量流网络（能源中心）及其控制运行程序等。

（7）以构建适度区域范围内的工业生态链为目标，按照产品加工链、能源利用链、物流运输链、资金增值链和知识延伸链的关系，逐步形成区域性产业生态链。与此同时，要高度重视温室气体排放的综合控制与评估。

这些命题具体落实到流程设计的技术指导思想上，就会形成以下策略性的优化原则：

（1）上、下游工序或装置之间物质流通量的对应原则。

（2）流程工程中物质流温度-时间稳定（“收敛”）原则。

（3）流程中物质流连续化（准连续化）原则。

（4）流程中物质、能量高效利用和充分回收利用原则。

（5）流程过程时间-空间紧凑化原则。

（6）流程网络结构（“节点数”、“连接器”的形式、“界面”链接技术、总平面图等）简捷-顺畅原则。

（7）在物质流优化、能量流优化的基础上，以信息化、智能化手段设计并调控流程动态运行等。

参 考 文 献

[1] 殷瑞钰，李伯聪，汪应洛，等. 工程演化论 [M]. 北京：高等教育出版社，2011：26-27.

[2] 殷瑞钰. 哲学视野中的工程 [J]. 中国工程科学，2008 (3)：3-5.

[3] 殷瑞钰. 关于钢铁制造流程的研究 [J]. 金属学报，2007，43 (11)：1121-1128.

[4] 殷瑞钰. 冶金流程工程学 [M]. 2 版. 北京：冶金工业出版社，2009：169，199.

[5] 殷瑞钰. 钢铁制造流程结构解析及其基于工程效应问题 [J]. 钢铁，2000，35 (10)：1-7.

[6] 殷瑞钰. 节能、清洁生产、绿色制造与钢铁工业的可持续发展 [J]. 钢铁，2002，37 (8)：1-8.

第9章 关于流程制造业智能化的 讨论

智能化是未来钢厂发展的主要方向和技术进步的强大杠杆。钢厂智能化必须从物理系统一侧和数字信息一侧相向而行，共同推进，本章主要从物理系统一侧来讨论问题。

以冶金、化工、建材为代表的流程型制造的特征是：

（1）工厂由异质、异构的工序群以及相关协同的"界面"技术群集成，工厂以不可拆分的制造流程整体协同运行的方式存在，适合于连续、批量化生产。

（2）制造流程中存在着复杂的物理、化学过程，甚至往往出现气、液、固多相共存的连续变化，物质/能量转化过程复杂，难以全部实现数字化。

（3）工厂是复杂的大系统，输入的原料/燃料组分波动，外界随机干涉因素多，难以直接数字化。

（4）组成制造流程的单元工序/装置的功能是不同的，制造流程属于异质、异构单元组合的集成体。

（5）工序/装置之间的关系属于异质、异构单元之间非线性相互作用、动态耦合过程，匹配、协同的参数复杂多变，存在着分维分形的"界面"技术。"界面"技术既有硬件，也有软件。

（6）产品性能、质量、生产效率取决于工艺流程设计优化、各个工艺过程的优化和全流程运行的整体优化。

（7）流程型制造业的智能化主要体现在制造流程运行过程的智能化和绿色化。

本章讨论的是流程型智能制造，是基于信息物理融合系统的、智能化制造的工厂，不是产品的智能化。现在尚没有典型的案例和理论，此处重在搭建一个构思的概念框架，寻找一条切入的有效途径，提出一个设想的开发步骤，形成一个开放的讨论平台。

钢铁工业是典型的流程制造业，制造（工艺）流程是其立业之本。本章通过对钢铁制造流程内在特征的研究，阐述了对钢厂智能化的认识，探讨了推进钢厂智能化的思路及其内涵，包括智能化设计、智能化物流、智能化物质流/能量流/信息流的组织与调控、智能化经营和服务等。指出流程型智能化制造的物理系统要以动态-有序、协同-连续运行为其网络结构化及程序优化的导向，并以此物理系统（流程系统）为本体与智能化信息网络系统融合，实现全厂性动态运行、管理、服务等过程的自感知、自学习、自决策、自执行、自适应。

9.1 如何认识流程制造业的智能化

流程制造工厂的智能化是一个跨学科、跨领域的工程科学问题，旨在构建一个开放的动态数字物理系统。这需要从物理系统一侧和数字信息系统一侧，相向而行，相互适应，相互融合，形成一个开放动态的集成系统。这意味着在物理系统一侧，要从"流"的概念出发构建一个动态运行的耗散结构，这个耗散结构将有利于流程运行过程的耗散过程优化，同时有利于信息流导入与集成；在数字信息一侧则要适应制造流程的本构特征和运行规律，通过自感知、自学习、自决策、自执行、自适应等手段构建一个信息流系统，这个信息流系统能及时、有效地获得物理系统和外界环境的各类信息，进而，要通过模型优化、算法优化和信息网络化产生相应的他组织"力"——智能调控信息能力。两者结合起来，通过"三流"协同、"三网"融合的路径，实现相关的异质异构单元集成运行的逻辑一致性，促进工厂本质智能化的达成。流程型制造工厂智能化的内涵应包括内在的本质智能化和外延智能化。内在的本质智能化重在制造流程动态运行的智能化，外延智能化包括了供应链和服务链的智能化。两者集成的系统应是流程型工厂智能化的内涵。

智能化钢厂的建设，需要深刻理解制造流程动态运行过程的物理本质，构建起植根于流程运行要素及其优化的运行网络、运行程序的物理模型，进而构建全流程网络化、层次化信息流模型。钢厂智能化不只是数字信息系统，必须高度重视制造流程物理系统的研究，必须是有物理输入/输出的物质流网络、能量流网络和信息流网络"三网融合"的信息物理融合系统。钢厂智能化既要重视数字化信息网络系统的研发，更要重视制造流程（物理系统）中物质流网络、能量流网络的结构优化和运行程序优化，通过以制造流程物理系统结构优化和数字化信息系统相互融合来实现钢厂智能化。钢厂智能化不同于个别工序/装置的自动化。

9.2 流程型制造工厂智能化的含义和本质

9.2.1 流程制造业智能制造的含义

根据流程制造业的特征，其智能制造的含义应该是以企业生产经营全过程和企业发展全局的智能化、绿色化、产品质量品牌化为核心目标研发出来的生产经营全过程的数字物理融合系统。

其关键技术包括生产工艺/装置技术优化、工艺/装置之间的"界面"技术优化和制造全过程的整合-协同优化，以此为基础嵌入数字信息技术，从而构成体现智能特色的数字物理融合系统——CPS。

9.2.1.1　制造流程的内在物理特征——自组织性和他组织力

流程制造业的"根"是制造流程（生产流程）。

制造流程是为了实现特定的功能目标而构建的，一般是由相互关联而又异质-异构的工序/装置（子系统）群在设定的时-空范围内，通过合理的"界面"技术群和设定的信息系统动态地集成构建起来的结构化整体系统。制造流程的动态运行过程是开放性的、非平衡的，属于耗散结构、耗散过程[1-2]，为了优化流程运行的耗散过程，流程系统的运行应是动态-有序、协同-连续/准连续的。主导形成流程结构的"序"以及流程运行的"序"是来源于制造流程内部的，因而必须认识到制造流程本身具有物理自组织性。制造流程的物理自组织性来自于流程的功能序、空间序和时间序的配置和组合。制造流程内在的物理的自组织力的强弱取决于流程系统内工序功能的解析-优化、工序之间相互作用关系的协同-优化和流程内工序集合的重构-优化。然而，有自组织性的系统未必有完全合理的自组织结构，在其运行时也未必有很强的自组织力，从而影响到耗散过程的优劣，为了优化流程系统的耗散过程（例如生产过程的效率、生产过程的稳定性等），往往需要外界的帮助、支持、调控（例如进行技术改造、加强调控手段、全局性的信息化支持等），这种来自该流程物理系统外的帮助、支持、调控手段是他组织力。因此，制造流程的设计、运行过程，体现了流程的自组织性、自组织力和他组织力。当今而言，制造流程这一物理系统的本质性结构优化和融入强有力的信息化手段（包括人工智能等）是流程制造工业绿色化、智能化发展的关键和共性特征。

9.2.1.2 钢铁企业智能化的范畴与内涵

智能化远高于局部自动化和通讯技术，智能化不同于单元装置的自动化加通讯技术，更不是在个别工序/装置上加个机器人就算智能化。钢厂智能化就是要使不同工序/装置之间的横向集成性（重在结构优化、效率提高和价值提升）和原子/分子—装置/场域—制造流程/工厂等不同层次上的纵向集成性（重在质量提高、新产品开发、能源转换效率提高和环境生态友好），通过网络化构建和程序化安排、协同运行，并与资源/能源信息、市场/资金信息、环境/法律信息、生态/社会信息结合起来，在一定规则的指引下，构成一个包括设计、订单、计划、生产、销售、财务、服务在内的智能化的动态运行系统。包括智能化设计、智能化制造、智能化经营、智能化服务等内涵。

在钢厂中，"物质流是制造过程中被加工的主体，是主要物质产品的加工实现过程；能量流是制造加工过程中驱动力、化学反应介质、热介质等角色的扮演者；信息流则是物质流行为、能量流行为和外界环境信息的反映以及人为调控信息的总和。"[1-2]可见，现代钢厂智能化是整个生产流程整体性、系统性的智能化，应该实时地控制、协调整个企业活动（不是局部工序的数字化或自动化，例如"一键式炼钢"等），预测预报可能遇到的"前景"，并及时做出因应的对策。当然，这必须建立在合理的硬件体系（即所谓的"物理系统"）的基础上。这就如一个鸡蛋必须有蛋黄与蛋白，在钢厂里，作为物理体系的"硬件"——钢铁制造流程就如"蛋黄"，作为"软件"的数字化系统（包括互联网等）就如"蛋白"，两者必须相互融合，才能达到理想的效果。因此，钢铁制造流程的智能化有赖于铁素物质流、能量流和信息流的集成优化以及它们相应的流程网络和运行程序的协同优化。这样，通过作为硬件的"物理系统"（蛋黄）与作为软件的数字化系统（包括物联网等）相互嵌入并融合，才能易于实现钢厂的智能化。因此，钢厂智能化必须是在跨学科、跨领域的专家们通力合作下来实施的。

钢厂智能化不等于基础自动化加通信，也不是仅靠 ERP 所能解决的。智能化的重要基础首先要解决企业活动（包括生产活动、经营活动等）过程中信息参数及时地、全面地获得（例如：各类在线精确称重参数，在线温度测量，在线的质量测试与调控等），并在此基础上，加以合理分析、推理和全面网络化贯通。这就是要通过智能化工程设计（包括可视化设计），构建起以合理的物质流及物质流网络、能量流及能量流网络为标志的物理硬件系统，以此为基础使信息流易于顺利进入并贯通于全流程，形成完整的、有效的信息流网络及其运行程序，以促进提高外界输入的信息流指令对物理硬件系统产生的他组织效率。

9.2.2 信息物理融合系统与智能化制造本质

9.2.2.1 关于信息物理融合系统

信息物理融合系统这个概念首先在美国被提出[3]。2006年年底，美国国家科学基金会（NSF）宣布该系统为国家科研核心课题。

信息物理融合系统被定义为具备物理输入输出且可相互作用的"元件"组成的网络。它不同于未联网的独立设备，也不同于没有物理输入输出的单纯信息传递网络。

信息物理融合系统这个概念和新系统的本质有关，特别是新系统的物理结构和物理本质有关，因而也可以更大胆地称为"智能技术系统"。然而，所有技术系统，包括那些最复杂的，都只是人类智能的结果。它所能做的事都是人类已经设计和发明出来的。从这个意义上讲，那些最先进的技术系统也谈不上是完全智能的。

尽管如此，这个概念仍有其一定的合理性。由于各种技术系统的网络化，尤其是通过它们在无人介入的情况下自主执行某些功能的特性，常会令人产生它们已具备某些智能的感受……新的物理系统通过卓越的网络化建构和优秀的程序化控制，能独立地对外界条件做出反应，也能做到"自适应"，即在一定程度上优化自己的行为。

从钢铁制造流程动态运行的物理本质中可以看出，流程运行过程有三个要素，即"流""流程网络"和"运行程序"[1-2]。这三个"要素"与美国国家科学基金会（NSF）对CPS的概念是惊人的一致。即：钢铁制造流程是由融合着复杂的物理输入/输出的物质流网络、能量流网络和信息流网络（三网融合）所组成的数字物理系统，钢厂智能化不只是数字信息系统，不能仅从数字化一侧来推动钢厂智能化，而是必须高度重视物理系统的研究，必须是"三网融合"的信息物理系统。

（1）"流"包括了物质流、能量流和信息流，含有输入、输出的含义，具有"矢量"的含义；对铁素物质流而言，贯通全流程的基本参数是物质通量（t/min）、温度（℃）和时间（min）。

（2）"流程网络"包括了物质流网络、能量流网络和信息流网络；三者应该关联、协同、融合。对于流程制造业而言，其中物质流网络是根源。

（3）"运行程序"包括了物质流运行程序、能量流运行程序和信息流运行程序。

这些都体现了钢铁制造流程信息物理系统的动态输入/输出本质和网络化关联行为。

9.2.2.2　互联网+

互联网+，从词义上看是互联网与某一、某些事物相加，甚至也可以理解为互联网的升级版。其中突出强调以互联网为主导，也就是从发展信息技术出发，推动信息技术在各方面的应用，而客观事物则是处于被加的地位，其物理系统（硬件）不一定有根本性的进步，甚至也有可能发生互联网与落后的事物相加，其效果就不理想了。

信息物理融合系统强调的是：

（1）物理系统（例如工业制造流程系统等）的创新优化（这是智能化的基础性关键）。

（2）与之相应、相关的信息系统的提升与融合（信息化、数字化、网络化、云计算等手段的有效融入是关键性手段）。

这是信息物理融合系统的集成、构建与高效、智能运行。信息物理融合系统不同于互联网+。

当然，互联网+的推进，必将有助于被加事物的信息化水平提高，但未必一定是以智能化为目标的。而信息物理融合系统，则是以物理系统的优化、创新为基础，谋求在数字化、网络化、物联网等信息手段支持、调控下实现该物理系统的全局性、整体性、高层次的智能化。例如智能化工厂设计、工厂的智能化生产运行、智能化管理、智能化供应链和智能化服务体系等。

9.2.2.3 智能化制造的本质

智能化制造的特点是：不是互联网自己"玩"，而是要和实体产业一起"玩"，只有蛋白孵不出"小鸡"，只有通过"蛋黄"与"蛋白"相互作用（图9-1），协同融合，才能推动实物制造业的升级、创新，创造出不同于已有或现存的发展模式、业务模式和产品形态、产业群。

也许可以用太极图来表示物理系统和数字信息系统的关系[4]（图9-1），两者不是各占一半"平分秋色"的关系，而是相互作用、相互耦合、相互制约的关系。

（1）阳鱼代表物理内核，也就是制造流程物理系统。

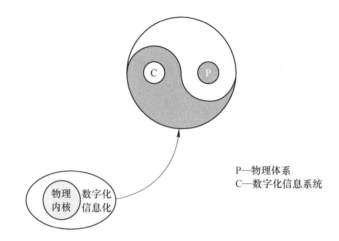

图 9-1　对流程制造业信息物理融合系统(CPS)的理解

（2）阴鱼代表数字化、网络化、信息化系统，这是发展活力提供者。

（3）阳鱼之眼代表物理系统追求的状态目标，即动态有序、协同连续、耗散优化。

（4）阴鱼之眼代表数字信息系统的能力，即自感知、自学习、自决策、自执行和自适应。

自感知、自学习、自决策、自执行和自适应包括：

（1）工序/装置内部信息、状态、参数的自感知、自学习、自决策、自执行。

（2）工序/装置之间以及车间之间状态、参数，特别是相互关系的自感知、自学习、自执行和自适应。

（3）全流程动态-协同运行状态的自感知、自执行与预测。

（4）钢厂生产（流程）运行受外部状态、参数影响的感知、预测与决策、自适应。

数字信息化与物理系统相互作用，负阴抱阳，紧密融合，不断进化，产生新的制造系统、新的企业功能、新的商业模式、新的业态。

智能化钢厂应该包括智能化的工厂设计、工厂的智能化生产运行、智能化管理、智能化供应链、智能化服务体系等高层次及全局性智能化问题（图 9-2）。

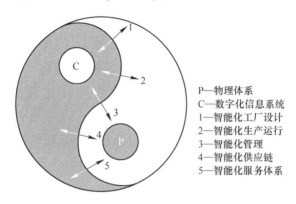

P—物理体系
C—数字化信息系统
1—智能化工厂设计
2—智能化生产运行
3—智能化管理
4—智能化供应链
5—智能化服务体系

图 9-2　智能化工厂的内涵

9.3　制造流程与耗散结构

本节内容在前面诸章中已经有专门的论述，但是为了一部分读者阅读方便起见，此处仍做一些扼要的叙述。冶金流程学是将各具特色的、异质异构的单元（工序/装置等），通过"界面"技术群形成流程网络，以同一逻辑关联起来，达到全流程内各种、各类过程和过程群的运动具有逻辑一致性，并且能发挥各单元（工序/装置等）的优化功能，使之相互之间协同运行，相互支撑，相得益彰，涌现新态。

制造流程应是在结构整体优化、运行逻辑一致前提之下，充分发挥各单元（异质、异构的工序/装置）的功能特征，并使制造流程整体运行过程的耗散最优化，因此，需要构建一个合理的耗散结构作为制造流程运行过程的物理载体。

9.3.1 耗散结构与流程网络

耗散结构是开放系统中耗散过程的承载体。耗散过程是开放系统中动态运行的事物（"流"）在历经耗散结构的过程中发生耗散现象的过程。显而易见，在相同的始态与终态条件下，同一类事物在流经不同的耗散结构的过程中所发生的耗散现象及其耗散值是不同的，耗散结构决定着耗散过程的优劣。

这个耗散结构将规范制造流程的静态网络结构和动态运行的秩序。这将关联到工程设计的理论和方法，也将作为物理基础支撑制造流程动态运行过程的智能化。

异质异构单元（工序/装置）之间的关联及其运行逻辑一致性，反映在物质、能量上，涉及多因子、多尺度、多层次、非线性动态耦合、网络化建模；反映在信息上，就与多模态融合，构建开放、动态复杂系统中与物质流、能量流关联的信息流。

流程工程的逻辑一致性应该是建立在流程物理系统自身内在的自组织性和人为输入信息指令的他组织"力"相互融合的基础上，也就是要以人为输入的他组织力（信息流）来提高物理系统内物质流、能量流的自组织有序度，达到异质异构单元之间协同运行的逻辑一致性。其物理意义在于使相应的信息物理系统运行的耗散过程优化。

对工程科学的探索、开拓是一个高度创造性的命题，研究者需要有宽阔的视野、渊博的知识根底与博大的胸怀和理想。要形成在工程特定条件下合目的性、合规律的跨领域、跨学科的知识综合集成和动态建构的知识体系，要在开放、复杂条件下提出认识工程事物的新思路、新概念、新理论、新方法。

制造流程作为开放、动态、复杂系统，其运行逻辑一致性也将反映在全厂性的工程设计上。

首先是概念设计，流程制造型工厂的总体概念设计是要从"流"的概念出发构建一个符合"三流一态"特征的耗散过程，形成合理的耗散结构。由此，可以引申出"顶层设计"的思路：设计出"三流"（物质流、能量流、信息流）的矢量路线，三类矢量流经的网络框架（"三网"），及其在流经各节点之间的运行程序和规则。

其次，在概念设计、顶层设计思想的基础上，设计各个自复制单元（工序/装置，即节点）的结构参数，选择其功能集合和合理功能域，确定功能序；进而设计并优化自复制单元（工序/装置，即节点）之间动态耦合的关联关系（空间序、时间序），同时包括了各种"界面"技术（即链接件），使之动态有序化、协同连续化、层次嵌套化。从而形成一个合目的、合规律的耗散结构，使"三流"动态运行过程（耗散过程）的耗散优化。

可见，流程工程学将引导流程制造业智能化工厂的工程设计和智能化运行、管理。这是设计、调控、管理全流程的核心知识，是重要的学术新领域。它不仅涉及工厂的各类过程的优化，更重要的是从工程科学的视野，以耗散结构理论为主导，将各类相关的、异质异构的过程（群），在"流"的概念引导下，以统一的逻辑集成、构建起一个动态-有序、协同-连续的开放动态系统，即优化的耗散结构。

制造流程动态运行过程的物理本质研究的基本观点是：将制造流程的动态流动/流变模化成"流"的运动，即确立"流"乃本体的概念和"以流观化"的立场、方法。与之相应导出制造流程动态运行过程的"三要素"——"流""流程网络"和"运行程序"（图9-3）。

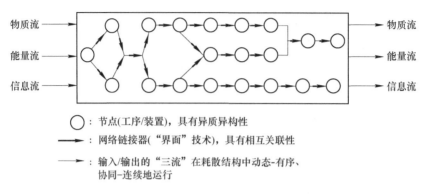

图 9-3   制造流程的概念与要素示意图

　　研究制造流程动态运行过程物理本质的目的是为了实现诸多异质、异构而又复杂关联的组成单元（工序/装置）在运动过程中通过动态-有序、协同-连续的路径实现逻辑一致性，以利于实现制造流程整体运行过程中的耗散优化。

　　从方法论上看，是将流程运行过程中纷繁各异、复杂关联工序/装置的白箱现象，以"流"的概念来认识，统一思维逻辑，采取"以流观化"的视角，来凝练流程运行的新概念，并得出新的规律认识。

9.3.2　"以流观化"

　　制造流程动态运行过程本构特征的研究是对制造流程的动态复杂结构的运动进行有效辨识，在"以流观化"的视野中，研究制造流程的结构、运动机理、步骤、效率等，使之"透明化"。其中包括构成流程的过程群和过程之间的结构关联性和动态运行的规律；还包括上、下游工序过程和跨层次过程群之间嵌套结构以及协同运行的机理等。

　　对于制造流程的协同、调控而言，制造流程整体的本构特征研究，直接关联到物质流、能量流、信息流（"三流"）之间的协同和相应的"三网"融合；对流程制造工厂的智能化而言，流程本构特征研究具有重要意义，其重要程度远胜于对子系统的局部碎片化的分析。流程本构特征研究具有顶层设计性质，能将流程整体运行的结构、机理、自组织机制等"透明化"，以利于信息流顺利有效地注入物理框架之中。

9.3.3 从工程科学视野认识流程制造的本构特征

9.3.3.1 流程型制造流程的本构特征

概要地说，制造流程的本构特征是指流程工业制造系统的结构、关联、信息和宏观动态性质的反映。制造流程的本构特征是制造流程中"流"运动的静态框架结构和动态运行轨迹的总和。可以归纳如下：

（1）制造流程是一种开放复杂的工程系统，流程由若干相关的但又异质、异构的自复制制造（工序/装置）单元通过一系列"界面"技术的集成。

（2）自复制制造（工序/装置）单元分别以间歇运行、连续/准连续运行等不同方式运行，并各自都有物理输入/输出的"流"，且存在着相互间联网运行的现象。

（3）制造流程在其规划、设计、建构、运行过程中，一般都是以工序/装置、车间为基本单元的（即节点），然而要构成整体动态运行制造流程，必须要用运筹学、图论、排队论、博弈论的概念和方法，以利于对节点-节点之间的链接关系、层次关系做出合理的安排，这就引出了与之相关的"界面"技术（链接件）。

制造流程不是各个自复制制造（工序/装置）单元（节点）简单/随机相加而成，自复制制造（工序/装置）单元（节点）之间的结构性、功能性联网是由链接单元以"界面"技术（链接件）的形式出现。

"界面"技术是制造流程结构的重要组成部分，是描述制造流程动力学行为的动力学方程中的诸多非线性项；"界面"技术的本质是一种链接件，其作用是使制造流程内所有节点-节点之间（的非线性项）形成集成协同运行的"耗散结构"，使之涌现出卓越的功能和效率，并实现"耗散结构"中"流"的"耗散过程"优化。

"界面"技术（链接件）应体现动态-有序、协同-连续的运行特征，"界面"技术既有"硬件"，又有"软件"；以钢铁制造流程为例，"界面"技术是广泛存在的。

（4）制造流程联网运行应在一定的运行规则约束下进行，运行规则是运行软件的重要构成部分。

（5）集成联网、动态运行的制造流程（不同层次的、过程群的集成系统）应遵循"流"在耗散结构中流动的耗散过程优化的原则。

9.3.3.2 制造流程的物理系统及其动态运行过程的物理本质

流程制造业是立足于制造流程而建立的。

制造流程是一类动态开放系统，不是孤立系统，"流"的持续输入/输出是其基本现象（图9-4），耗散过程是其基本特征，耗散过程中能量耗散的多少及其形式取决于流程所代表事物的本性及其"流"所流经的流程网络结构（耗散结构）和运行程序的合理程度。

流程制造业（化工、冶金、建材等）制造流程动态运行过程的物理本质可以表述为：物质流（对钢厂而言主要是铁素流）在能量流（长期以来主要是碳素流）的驱动和作用下，按照设定的"程序"（例如生产作业指令等），沿着特定的"流程网络"（例如流程图等）做动态-有序的运行，并实现多目标优化（不只是生产产品）。优化的目标包括了产品优质，

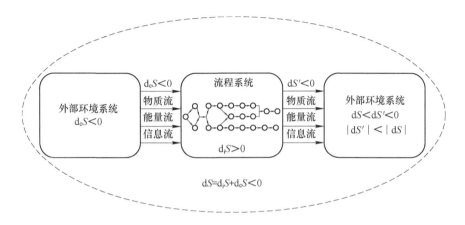

图 9-4 制造流程耗散过程

(图中，$dS = d_iS + d_eS \rightarrow dS'$；$dS'$ 为制造流程输出熵流，

相对于绝对零度的状态仍将为负值)

低成本，生产高效，能耗低，排放少，环境友好等。因此，不难理解制造流程的物理本质是多因子的物质流和能量流按照信息流规定的程序沿着流程网络做动态-有序、协同-连续的运行——"三流一态"。演变和流动是流程运转的核心（这不同于一般的位移性物流）。体现出耗散结构中的耗散过程、耗散现象。

9.3.3.3 制造流程内"三流"的关系

在制造流程运行过程中，物质流、能量流、信息流之间有着相互关联的关系：

（1）物质流在能量流的驱动作用下动态-有序-协同运行，通过物质状态转变、物质性质控制和物流矢量管制实现多目标优化的生产制造（图 9-5）。

同时，物质流往往又使能量流分解为"两支"，其中一支能量流始终伴随着物质流运动并逐步耗散；另一支能量流则以不同形式脱离物质流运动，以二次能源/三次能源/甚至四次能源的形式逐步转换并耗散（图 9-6）。

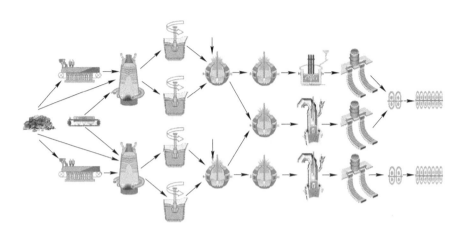

图 9-5　某钢铁厂物质流(铁素流)运行网络与轨迹

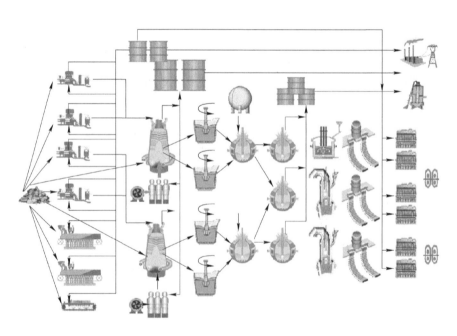

图 9-6　某钢铁厂能量流(碳素流)运行网络与轨迹

对制造流程而言，物质流是由多种相关的但又异质异构的物质、工序装置和"界面"技术的输入/输出"流"组成的，在相关链接的结构化过程中，包含着物质流内在的自组织信息。这是制造流程中信息流的组成部分之一。

物质流是制造流程运行的基本系统，是"本"。

（2）能量流是驱动并控制着物质流运动的矢量，并使之发生化学变化和/或物理变换和/或发生位移，以期实现期望的工艺目标。对不同行业而言，能量流是由多种能源介质按需、按序组成的，在能量流的输入—转换—输出过程中，也伴随着不同类型的信息和信息流，这类信息流是由伴随着物质流运行的能量流信息和脱离物质流运行的能量流信息共同组成的，这是构建企业能源中心的重要内涵。能源中心包含着能量流与物质流、信息流之间的关联。

能量流是制造流程运行的动力系统，是"力"。

（3）制造流程中的信息流由三大部分组成：第一部分是存在于物质/能量自身组成与运动过程的信息——内在自组织信息；第二部分是人为输入的指令/调控信息——他组织信息；第三部分是外部环境的信息。信息流需要感知、搜集、组织流程物理系统内在的自组织信息和外部环境信息，并以此为基础，输入不同类型的他组织信息，使得制造流程系统得到不同层次、不同过程、不同类型、不同尺度目标的优化，甚至智能化。信息流在制造过程中主要体现为运行的指令系统。信息流是调控制造流程动态-有序、协同-连续运动的"魂"。

9.3.3.4 制造流程本质智能化的基本目标

智能化制造工厂是一个信息物理融合的工程系统。对于制造流程的本质智能化而言，数字物理系统主要体现为：

（1）物质流、物质流网络及其运行特征。

（2）能量流、能量流网络及其运行特征。

（3）数字信息系统主要体现为来自物理系统的内在自组

织信息系统、外界环境信息系统和输入的他组织调控指令系统（重点在输入的他组织指令系统）。同样体现为信息流、信息流网络及其运行程序。

流程型智能化工厂的建构、运行应该通过"三流"（物质流/能量流/信息流）协同以及"三网"融合来推进，从而实现流程型制造工厂生产过程全流程动态运行的智能化。这将关联到工程设计智能化，生产调控过程智能化，供应链智能化，服务链拓展与智能化，环保、生态协同化等。

制造流程的动态协同运行是流程型制造工厂本质智能化的基本目标。

9.4　制造流程智能化和推进路径

在现实世界的生产-分配-交换-消费等过程中信息与物理实体的融合是有不同的形式和不同的难度的。

在分配-交换-消费过程中，一方面是物理实体（产品/商品及其物流）发生位移的过程，另一方面是以货币为代表的价值变换过程。其中，分配-交换过程中实物状态并无变化。因此，信息-物理融合过程中参量比较简单和容易，信息在其中起着控制和管理作用。其中的中介——货币，只是价值的载体，它也是信息的某种形式的表现，其信息表征方式也相对简单。同时应该看到价值（货币）不仅受到物流过程的影响，还受市场供需关系等因素的影响，不属于物理系统的范畴，是社会交换过程的范畴。

但当涉及物质生产过程时，情况就复杂了，实物生产门类繁多，各种生产工艺、装备异质异构，设备内部信息各异，设备之间的信息传递复杂而不确定，其中物质流、能量流往往都有物理、化学转变/转化。长期以来，各行各业大多数做的是单机的数控和局部的车间内分区、分段的联网，能做到全厂联网的大多是产品数量和物流信息，真正要做到网络化智能生产是很困难的。难点在于 IT（信息技术）和 OT（生产操作技术）的融合。应该看到 OT 远比 IT 复杂，往往包含多个领域、多个门类，OT 之间也有内在的自组织信息。也就是说在物质生产过程中，要实现通盘的网络化智能生产，必须通过物理系统的内在自组织性（化）和外界输入的他组织信息（力）的相互沟通融合。

换句话说，对流程制造型企业而言，存在着两类活动：一类是生产制造活动，另一类是商业活动。

生产制造活动是企业动态运行的本能和本质，生产制造活动的形式是其制造流程的动态运行。生产制造流程的智能化是要构建一个数字物理融合系统，使其达到在运行过程中的物质流、能量流、信息流处于动态-有序、协同-紧凑-连续状态，也就是使其运营过程的耗散过程得到优化。

商业活动也是企业经营管理过程中必然会发生的过程。商业活动一般关联到上游的资源、能源、资金等供应链和下游的销售服务链，这是从生产制造流牵引出来的两条派生链，这"两链"在智能化的体现是物流、信息流及其价值化的过程。也就是在信息流驱动下的物流运行效率的提升和服务过程中价值的增值。

9.4.1 制造流程本质智能化是核心

流程型制造工厂（包括钢厂、石化厂、水泥厂等）智能化的核心是制造流程本质智能化。也就是要建立一个制造流程动态运行过程中的信息物理融合系统。

（1）对智能化工厂而言，实现生产流程整体运行智能化才是本质智能化。供应链、服务链信息化并不能代表工厂本身整体关联的本质智能化，而是智能化的外延或外延智能化。

（2）本质智能化工厂植根于其物理系统（生产流程系统）的结构优化及其自组织信息的可提取性和他组织信息可导入性。物理系统及其结构优化是"本"，其中应特别注意物质流/能量流及它们的网络结构优化和运行程序优化。

（3）智能化工厂的灵魂是信息系统。信息系统是由物理系统内在的自组织信息、外部背景信息和（特别是）人为主动输入的他组织调控信息的结合和相互适应。

（4）物理系统内在的自组织信息主要来源于各个节点（工序/装置）和链接件（"界面"技术）的信息自感知、自学习、自适应；人为输入的他组织调控信息主要来自植根于对物理模型的理解基础上的自感知、自决策、自执行、自适应。

对钢铁制造流程物理模型的理解主要体现在：

1）对钢铁制造流程动态运行的物理本质的理解；

2）对钢铁制造流程本构特征的理解；

3）对钢铁制造流程宏观运行动力学的理解；

4）对钢铁制造流程宏观运行规则的理解。

（5）智能化工厂是数字物理融合系统——CPS，需要研究物理系统的自组织结构优化的物理本质和本构特征以及耗散结构优化；旨在提升工厂物理系统的自组织性和自组织程度。同时更为需要的是研究信息系统（外部背景信息、物理系统内在的自组织信息和人为输入的他组织调控信息）的优化，其中，人为输入的他组织调控信息是最为积极、最有活力的，包括信息的自感知、自学习、自决策、自执行、自适应。

改进工厂物理系统的内在自组织性，使内在自组织信息易抽取、易感知，易于和他组织"力"的融合，两者相向而行，这是实现工厂智能化的有效路径。

（6）对流程型工厂而言（钢铁厂、石化厂、水泥厂等）要有效地解决工厂的本质智能化，应该通过物质流、能量流、信息流"三流"关联协同和物质流网络、能量流网络、信息流网络"三网"融合的路径，集成推进，使之易于达到动态-有序、协同-连续的运行状态，即"三流一态"。

对流程型 CPS 而言，物理机制体现着因果关系：

1）"流"是动态协同关系的体现；

2）"流程网络"是有序衔接匹配关系的体现；

3）"运行程序"是数字信息系统通过数据分析、算法优化、数学模型优化和计算能力增强等数字物理手段实现他组织调控的体现。

物理实体与数字信息两者应该结合起来。大数据分析、AI 等是工具性手段，是参与数字物理系统本质性智能运行的重要手段，这些技术手段应基于物理系统结构优化的基础上才能充分发挥效能。

9.4.2 推进钢厂智能化的路径

钢厂智能化是一个跨学科、跨领域的综合集成命题，需不同专业的学者、工程专家、企业家共同参与，协同推进。其推进路径为：

（1）通过工程设计使生产流程动态-精准化，特别是通过设计生产流程中的"界面"技术优化等措施，推动物质流网络、能量流网络的协同优化；为智能化钢厂打好物理基础，并使物理系统的架构设计要有利于信息的易感知、易抽取、易导入、易处理，即有利于信息流的导入与贯通。

（2）通过制造流程中关键信息要素（序参量等，例如表观物质流量、温度、时间等）的实时检测感知、分析处理、动态联网，构建工业互联网平台，完善不同层次（PCS、MES、EMS，直至ERP），不同过程（例如钢铁厂原料场系统、炼铁系统、炼钢系统、轧钢系统、钢材库系统）的信息流网络结构和模型，以动态-有序、协同-连续作为统一的逻辑打通物理系统与生产管控系统之间的信息流，使"三流"关联、协同起来。

（3）通过物质流网络、能量流网络、信息流网络优化和"三网"融合，建立生产管控中心、能源/环保中心、设备运维中心等协同优化的智能化生产管控系统。

（4）通过建构产供销一体化、业务财务一体化的智能化经营管理平台，实现供应链、价值链并与工厂智能化生产管控中心的协同运行。

（5）通过产品研发、销售服务、增值服务等产品全生命周期协同，拓展智能服务链并与智能化生产管控中心、能源/环保中心、设备运维中心联网协同。

（6）通过智能化动态精准设计及仿真模拟，建立基于过程机理模型和流程运行规则的虚拟仿真工厂，以"数字孪生"的方式实现对实体"物理"工厂的控制、预判和持续优化。

钢厂智能化的含义应包括两部分，即全制造过程运行的本质智能化和供销、服务系统相关的外延性的经营服务智能化（图9-7）。

钢厂智能化的实质是要构建一个数字物理融合系统（CPS）；需要从数字系统一侧和物理系统一侧相向而行，相互支撑，相互融合。物理系统的结构要使数字信息易于导入，数字系统一侧需要适应物理系统整体运行的特征，有效地实现自感知、自决策、自执行、自适应。

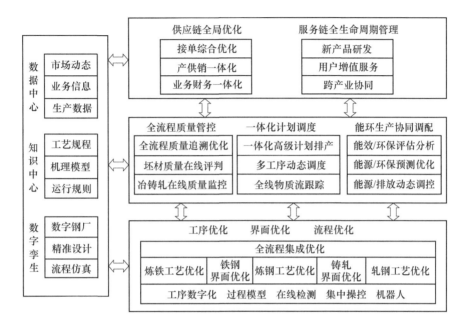

图 9-7　钢厂智能制造的技术架构

9.5　流程制造业工厂智能化的方法论

　　流程制造业工厂智能化，实质是要构建一个耗散过程优化且易于信息流导入的物理系统；使流程运行过程中的自组织信息流与人工输入的他组织信息得以高效发挥智能调控作用。为此，需要从物理系统一侧和数字信息系统一侧共同努力，相向而行，相互适应，相互支撑。

　　在物理系统一侧需要理论创新、概念突破，主要包括：

　　（1）要以开放、动态系统中耗散概念替代孤立、封闭系统中的局部、静态概念，来研究制造流程动态运行的物理本质及其本构特征。

　　（2）要以原子/分子、工序/装置、制造流程三个层次关联的结构性概念突破并完善反应过程、生产工序/装置两个层次相互关联的结构性概念。

（3）要建立起"流""流程网络""运行程序"的概念、术语、机理、功能、规则与信息、数字系统的术语、概念、方法、手段的对接，促进数字信息系统与物理系统相互融合系统的形成。

（4）要以"节点"-"链接件"-"网络"-"程序"等概念来支撑"流"-"流程网络"-"运行程序"的概念和建模。

（5）要以"一流两链"（制造流程、供应链、服务链）的总体系统来区分流程制造过程的本质智能化和外延智能化。

（6）在制造流程物理系统中，物质流是"本"，能量流是"力"，信息流是"魂"，"三流"要相互协同，"三网"要相互融合。

在数字信息系统一侧要深入认识：

（1）物理系统内在的自组织性信息、逻辑、机理及其建模、协同机制和运行规则。

（2）要重视物理系统内不同单元输入的他组织信息的逻辑一致性，并指导其建模、优化和调控。

（3）他组织信息要与物质流信息网络、能量流信息网络融合在一起，实现"三流"动态协同。

（4）要区分开制造流程动态运行过程相关的本质智能化和与供应链、服务链相关的外延智能化，又能相互沟通、协同。

参 考 文 献

[1] 殷瑞钰. 冶金流程工程学 [M]. 2 版. 北京：冶金工业出版社，2009.
[2] YIN Ruiyu. Metallurgical process engineering [M]. Beijing：Metallurgical Industry

Press，and Verlag Berlin Heidelberg：Springer，2011.

［3］ NSF - National Science Foundation，Cyber-Physical Systems（CPS）（nsf16549）.
URL：https：//www. nsf. gov/pubs/2016/nsf16549/nsf16549. pdf.

［4］ 殷瑞钰. 关于智能化钢厂的讨论——从物理系统一侧出发讨论钢厂智能化
［J］. 钢铁，2017，52（6）：1-12.

第10章 钢铁与低碳化发展

低碳化是一个系统性命题，一个化学反应、一个相变过程、一个工序/装置不可能完全解决这类命题。对冶金工业而言，低碳化将涉及供应链（资源、能源、物流等）、生产制造流程（钢厂、铝厂、铜厂等生产过程）和服务链（余热、余能利用，产品的适用性、使用寿命、加工过程等），即所谓"一流两链"过程中的低碳化。究其根本也就是低碳化的物理本质是系统及系统群"一流两链"过程中涉及物质、能量等因素的耗散结构的合理建构和运行过程中耗散过程的优化。

钢铁工业作为工业的重要领域，是能源消费大户，同时也是 CO_2 排放大户。低碳化是未来世界钢铁工业发展的主要趋势，不仅要从具体的工序/装置来解决，更重要的是要从流程结构、流程功能、流程效率等方面来解决。

10.1 气候变化的历史背景

10.1.1 气候变化问题与事实

20 世纪中叶，随着全球人口和经济规模的不断增长以及人们对生态环境问题的日益关注，气候变化问题引起了科学界的普遍关注，特别是针对气候变化与人类活动之间的关系研究。

在 1979 年召开的第一次世界气候大会上，科学家提出，如果大气中的二氧化碳含量今后仍像现在这样不断增加，则气温的上升到 20 世纪末将达到可观的程度，到 21 世纪中叶将会出现显著的增温现象。而在 1985 年奥地利菲拉赫会议上，科学家更是提出，如果大气中二氧化碳等其他温室气体浓度以现在的趋势继续增加的话，到 21 世纪 30 年代二氧化碳的含量可能是工业化前的 2 倍；在大气中二氧化碳浓度加倍的情况下，全球平均温度可能相应提高 $1.5\sim4.5℃$，同时导致海平面上升 $0.2\sim1.4m$。1988 年加拿大多伦多会议则提出，地球的气候正在发生前所未有的迅速变化。这一变化主要是人类不断扩大能源消费等活动造成的，将对世界经济发展、人类健康带来重大的威胁。多伦多会议提出了对气候变化问题要做进一步研究，号召采取政治行动，呼吁立即着手制定保护大气行动计划，并提出到 2005 年将二氧化碳排放量比 1988 年减少 20%。

在这一背景下，1988 年 11 月，世界气象组织（WMO）和联合国环境规划署（UNEP）联合建立了政府间气候变化专业委员会（IPCC），其主要职责是从科学的角度向各级政府提供信息，供它们用于制定气候政策。IPCC 成立后，先后组织了世界范围的数千名专家，定期评估气候变化的科学基础、影响和未来风险，以及适应和缓解气候变化的备选方案。

截止到 2021 年年底，IPCC 已经完成了五次气候变化评估报告和第六次评估报告的第一部分《AR6 Climate Change 2021：The Physical Science Basis》（2021 年 8 月发布，而综合报告将于 2022 年 9 月完成定稿）。在第六次评估报告中，IPCC 指出，毫无疑问，人类活动已经造成大气、海洋和陆地变暖。大气、海洋、冰层和生物圈中也已经发生了广泛而迅速的变化。人类的影响使气候变暖的速度至少在过去 2000 年中是前所未有的[1]（图 10-1）。

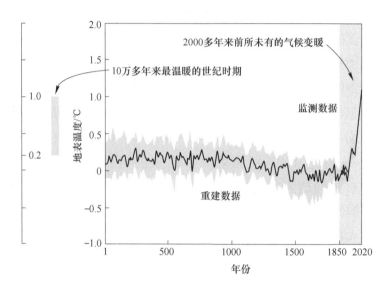

图 10-1　重建(1~2000 年)和观测(1850~2020 年)
的全球地表温度变化[1]

（1）大气中的温室气体浓度持续增加，到 2019 年，二氧化碳（CO_2）的年均浓度达到 $410 \times 10^{-4}\%$，甲烷（CH_4）的年均浓度达到 $1866 \times 10^{-7}\%$，氧化亚氮（N_2O）的年均浓度达到 $332 \times 10^{-7}\%$。

（2）自 1850 年以来，过去四十年中的每一个十年都连续比之前任何一个十年都要温暖。2011~2020 年全球地表温度比 1850~1900 年高 1.09℃，陆地（1.59℃）比海洋（0.88℃）上升幅度更大（图 10-2）。

（3）1901~2018 年，全球平均海平面上升了 0.20m。平均海平面上升率在 1901~1971 年为 1.3mm/年，在 1971~2006 年上升至 1.9mm/年，在 2006~2018 年进一步上升至 3.7mm/年。

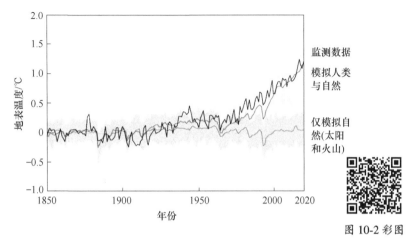

图 10-2　1850~2020 年观测和模拟的全球地表温度变化[1]

这些认识与 WMO 在 2021 年发布的《State of the Global Climate 2020》[2] 基本一致：

（1）2019 年，温室气体浓度达到新高（图 10-3），二氧化碳（CO_2）的全球平均摩尔分数为 $(410.5\pm0.2)\times10^{-4}\%$、甲烷（$CH_4$）为 $(1877\pm2)\times10^{-7}\%$、氧化亚氮（$N_2O$）为 $(332.0\pm0.1)\times10^{-7}\%$，分别为工业化前（1750 年之前）水平的 148%、260% 和 123%。2018~2019 年 CO_2 的升幅（$2.6\times10^{-4}\%$）大于 2017~2018 年的升幅（$2.3\times10^{-4}\%$），也大于过去十年的年均升幅（每年 $2.37\times10^{-4}\%$）。

（2）2020 年的全球平均温度比 1850~1900 年基线高出 $(1.2\pm0.1)\,℃$（图 10-4），2020 年是有记录以来的三个最暖年份之一。

（3）自 1993 年年初以来，全球平均海平面平均上升速度达 $(3.3\pm0.3)\,mm/$年（图 10-5）。

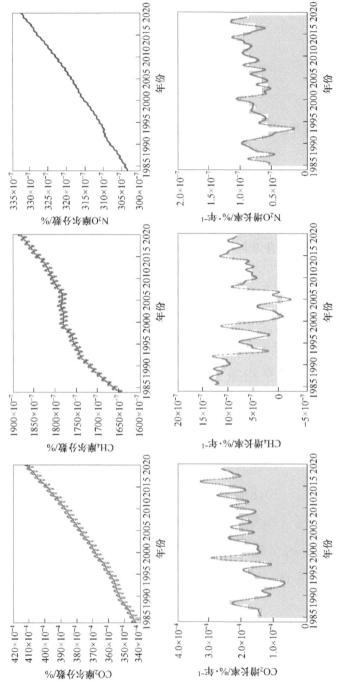

图 10-3　1984~2019 年全球 CO_2、CH_4 和 N_2O 的平均浓度及增长率的变化[2]

（来源：WMO 全球大气监视网）

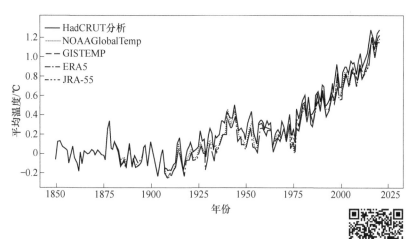

图 10-4　1850～2020 年全球年均温度变化[2]

图 10-4 彩图

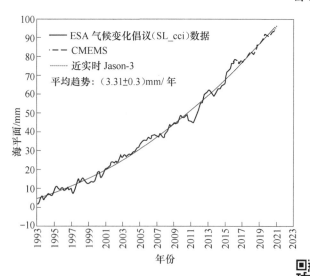

图 10-5　1993 年 1 月～2021 年 1 月基于卫星
测高的全球平均海平面的变化[2]

图 10-5 彩图

　　通过以上的事实观察，足可见全球气候变化形势之严峻。
全球气候变化事实毋庸置疑，已成为人类生存和发展共同面临

的危机。据联合国统计[3]，2000~2019 年，全球共记录发生了
7348 起自然灾害事件，受灾人口高达 40 亿人，造成 123 万人
死亡，带来 2.97 万亿美元经济损失。2020 年欧洲、中国洪
涝；北美高温，均造成几百人死亡，带来几千亿美元的经济
损失。

10.1.2　针对气候变化的行动

随着 IPCC 工作的不断深入开展，由人类活动造成的温室
气体（特别是 CO_2）的排放是导致全球气候变化的主要原因，
这一观点也已逐渐被各国政府所接受，形成共识。

1990 年 12 月，联合国大会第四十五届大会决定设立政府
间谈判委员会（INC），进行有关气候变化问题的国际公约谈
判。1991 年 2 月~1992 年 5 月，INC 起草了《联合国气候变化
框架公约》（UNFCCC）。1992 年 6 月，在联合国环境与发展
大会期间，153 个国家和区域一体化组织正式签署了公约。我
国于 1992 年 11 月 7 日经全国人大批准《联合国气候变化框架
公约》，并于 1993 年 1 月 5 日将批准书交存联合国秘书长处。
1994 年 3 月 21 日公约正式生效。公约具有法律约束力，目标
是减少温室气体排放，减少人为活动对气候系统的危害，减缓
气候变化，增强生态系统对气候变化的适应性，确保粮食生产
和经济可持续发展。该公约要点为：

（1）终极目标是将大气温室气体浓度维持在一个稳定的
水平，在该水平上人类活动对气候系统的危险干扰不会
发生。

（2）公约确立国际合作应对气候变化的基本原则主要包
括"共同但有区别的责任"原则、公平原则、各自能力原则
和可持续发展原则等。

（3）明确发达国家应承担率先减排和向发展中国家提供资金技术支持的义务。《公约》附件一国家缔约方（发达国家和经济转型国家）应率先减排；附件二国家（发达国家）应向发展中国家提供资金和技术，帮助发展中国家应对气候变化。

（4）承认发展中国家有消除贫困、发展经济的优先需要。《公约》承认发展中国家的人均排放仍相对较低，因此在全球排放中所占的份额将增加，经济和社会发展以及消除贫困是发展中国家首要和压倒一切的优先任务。

自 1992 年以来，世界主要经济体围绕气候变化问题所采取的政治行动都是在这个公约的框架下开展的。1995 年起，该公约缔约方每年召开缔约方会议（Conferences of the Parties，COP）以评估应对气候变化的进展，在应对气候变化方面取得了诸多进展，如《京都议定书》《马拉喀什协定》《巴厘岛路线图》《哥本哈根协定》《德班一揽子计划》《巴黎协定》《格拉斯哥气候公约》等。

10.2　对碳达峰与碳中和的认识

10.2.1　碳达峰与碳中和

"碳达峰"就是指在某一个时间点，二氧化碳的排放不再增长达到峰值，之后逐步回落；是二氧化碳排放量由增转降的历史拐点，标志着碳排放与经济发展实现脱钩，达峰目标包括达峰年份和峰值。碳达峰也可以理解为是全社会、全中国、全世界排放的温室气体总量和单位产品、单位 GDP 的碳排放量双达峰。

而"碳中和"的内涵应涉及碳产生和碳消纳，其实质概念应是地球世界运行过程中的碳负荷归"零"。碳产生包括了自然界的碳产生和人类活动的碳产生；碳消纳包括了自然界的碳消纳和人类活动的碳消纳。

早在 2014 年 IPCC 在第五次评估报告[4]中就已经提出了要实现全球温升限制在 2℃的目标，2030 年比 2010 年 CO_2 减排 20%，2075 年实现 CO_2 净零排放。所谓的"CO_2 净零排放"其实就是"碳中和"。也是在这一科学预测的基础上，2015 年 12 月 12 日通过的《巴黎协定》提出了要把全球平均气温升幅控制在工业化前水平以上低于 2℃之内（2065~2070 年实现碳中和），并努力将气温升幅限制在工业化前水平以上 1.5℃之内，以降低气候变化所引起的风险与影响，深刻地影响了全球治理和政治局势。我国签署了《巴黎协定》，并做出承诺将于 2030 年左右使二氧化碳排放达到峰值并争取尽早实现，2030 年单位国内生产总值 CO_2 排放比 2005 年下降 60%~65%。

进而，IPCC 又在 2018 年发布了《IPCC 全球升温 1.5℃特别报告》[5]，提出了要实现全球气温升幅限制在工业化前水平以上 1.5℃之内，2030 年的温室气体排放总量要比 2010 年下降约 45%，2050 年要实现"净零"排放。而在 2021 年《联合国气候变化框架公约》第二十六次缔约方会议（COP26）上达成的《格拉斯哥气候公约》是全球气候治理进程的重要节点，让 1.5℃的可能性"活了下来"（keep 1.5℃ alive）。

在这一背景下，各个国家或地区都积极做出了实现"碳中和"的承诺。能源与气候智库（Energy & Climate Intelligence Unit）[6]的净零排放跟踪表统计了各个国家进展情况，截止到 2021 年 1 月份，已有 136 个国家、115 个地区、

235 个城市和 683 家公司提出了"零碳"或"碳中和"的气候目标，占到全世界温室气体排放总量的 88%、GDP 的 90%、人口总量的 85%。我国在 2020 年 9 月 22 日的第 75 届联合国大会上，习近平总书记代表中国提出将提高国家自主贡献力度，采取更加有力的政策和措施，二氧化碳排放力争于 2030 年前达到峰值，努力争取 2060 年前实现碳中和。

10.2.2　全球温室气体排放历史和现状

UNEP 在《Emissions Gap Report 2020》报告中给出了 1990~2019 年全球温室气体排放的变化情况（图 10-6 和图 10-7）。从全球温室气体排放量总量来看，2019 年全球温室气体排放量达到了 591 亿吨 CO_2e 的历史最高水平，其中化石燃料消耗和碳酸盐分解产生的二氧化碳（CO_2）排放量达到创纪录的 380 亿吨 CO_2，占温室气体总排放量的 65%。自 2010 年以来，全球温室气体排放量平均每年增长 1.4%，2019 年由于植被森林火灾的大量增加，增长更为迅速，达到 2.6%。而从行业排放来看，能源转换是温室气体排放的主要来源，在过去十年中，发电和供热占温室气体排放总量的 24%，而其他能源转换和无组织排放占 10%，由于可再生能源的强劲增长和煤炭的减少，发电和供热的排放增速正在放缓；除了矿物产品（如水泥）和其他化学反应的工业过程（9%）外，工业部门还有大量的能源使用排放（占温室气体排放总量的 11%）；交通运输部门平均贡献了全球温室气体排放量的 14% 左右；农业和废弃物占温室气体总排放量的 15%；土地利用变化（主要与农业活动有关）引起的排放约占总量的 11%。

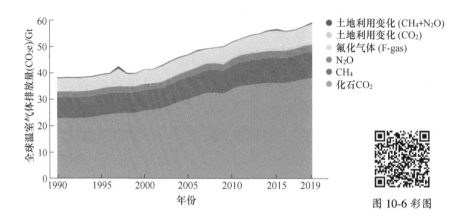

图 10-6　1990~2019 年全球温室气体排放的变化情况（一）[7]

图 10-6 彩图

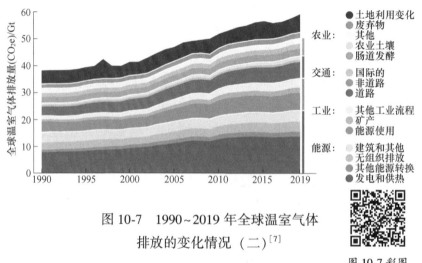

图 10-7　1990~2019 年全球温室气体
排放的变化情况（二）[7]

图 10-7 彩图

　　人类活动产生的温室气体排放量主要取决于人口增长、经济增长、技术进步、能效提高、节能、各种能源的相对价格等众多因素变化的综合影响。根据目前的排放趋势来看，部分发达国家温室气体排放总量已呈现下降态势，而发展中国家由于所处发展阶段不同，还面临着工业化、城镇化、人口增长与人

均消费增长等社会、经济命题，其温室气体排放总量还将保持
增长态势。

全球温室气体排放的历史积累很重要，因为气候变暖是由
一段时间内二氧化碳排放的累计总量决定的。人类活动释放的
二氧化碳总量与地球表面的变暖程度之间存在着直接的线性关
系，自工业革命以来，二氧化碳的历史累计排放量与已经发生
的 1.2℃ 的温升密切相关。据 IPCC 估算，每 10000 亿吨二氧
化碳排放会带来 0.45℃ 的温升。自 1850 年以来，人类总共向
大气中排放了约 25000 亿吨二氧化碳，要将温升限制在 1.5℃
范围内，人类剩余的碳排放预算只有不到 5000 亿吨。

Simon Evans[8] 在 Carbon Brief 上发表了《Analysis：Which
countries are historically responsible for climate change?》（《分
析：哪些国家应对气候变化负历史责任?》）一文，分析 1850~
2021 年主要国家的历史累计排放量和人均累计排放量（包括
化石燃料消耗和土地利用变化引起的 CO_2 排放量），并对前 20
的国家进行了排序（图 10-8 和表 10-1）。

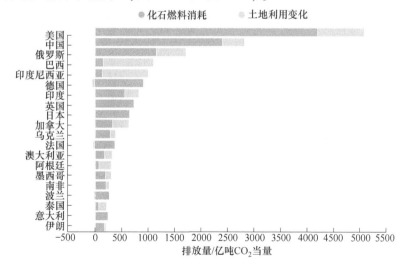

图 10-8　1850~2021 年历史累计排放量前 20 的国家及排放量

表 10-1　1850~2021 年人均累计排放量前 20 的国家

排名	国家	$\dfrac{\text{历史累计 }CO_2\text{ 排放量}}{\text{2021 年总人口}}$ /t·人$^{-1}$	排名	国家	人均累计 CO_2 排放量 /t·人$^{-1}$
1	加拿大	1751	1	新西兰	5764
2	美国	1547	2	加拿大	4772
3	爱沙尼亚	1394	3	澳大利亚	4013
4	澳大利亚	1388	4	美国	3820
5	特立尼达和多巴哥	1187	5	阿根廷	3382
6	俄罗斯	1181	6	卡塔尔	3340
7	哈萨克斯坦	1121	7	加蓬	2764
8	英国	1100	8	马来西亚	2342
9	德国	1059	9	刚果共和国	2276
10	比利时	1053	10	尼加拉瓜	2187
11	荷兰	1052	11	巴拉圭	2111
12	捷克	1016	12	哈萨克斯坦	2067
13	新西兰	962	13	赞比亚	1966
14	白俄罗斯	961	14	巴拿马	1948
15	乌克兰	922	15	科特迪瓦	1943
16	立陶宛	899	16	哥斯达黎加	1932
17	卡塔尔	792	17	玻利维亚	1881
18	丹麦	781	18	科威特	1855
19	瑞典	776	19	特立尼达和多巴哥	1842
20	巴拉圭	732	20	阿拉伯联合酋长国	1834

　　分析显示，自 1850 年以来，美国累计排放的二氧化碳始终处于第一位，到 2021 年美国的累计排放量超过 5091 亿吨，约占全球总量的 20.3%，初步估算与迄今为止约 0.2℃ 的温升

有关；中国排在第二位（2844亿吨），占11.4%，初步估算与迄今为止约0.1℃的温升有关；其次是俄罗斯（7%）、巴西（5%）和印度尼西亚（4%）[8]。

而从人均累计排放量来看，不管是按2021年的人口数量作为基数计算得到的人均累计排放量，还是按历年人均排放量的累计加和来算，累计排放总量前十名中中国、印度、巴西和印度尼西亚都没有出现。事实上，这四个国家占世界人口的42%，但其CO_2的历史排放量仅占1850~2021年累计排放量的23%。相比之下，前十名中的其余国家，即美国、俄罗斯、德国、英国、日本和加拿大，仅占世界人口的10%，但其累计排放量却占39%。

当然，也应该看到，从2006年开始，中国超过美国成为温室气体排放总量第一大国，到2019年中国温室气体排放总量约为美国的2倍，欧盟的3倍。就人均温室气体排放量而言，中国从2006年起超过了世界平均水平，到2019年中国的人均温室气体排放量约为世界平均水平的1.4倍，但仅为美国人均温室气体排放量的1/2左右（图10-9）。

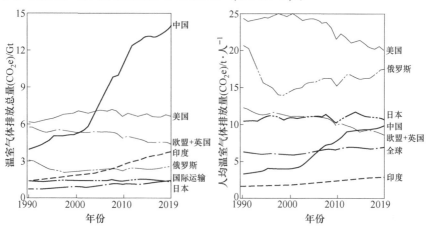

图 10-9 1990~2019年世界主要国家或地区的温室气体排放
总量及人均排放量的变化[7]

历史地观察，中国等发展中国家对全球大气二氧化碳浓度增加的贡献并不高。何况中国自加入 WTO 以来，一直承担着"世界工厂"的角色，相当一部分的排放是用于生产出口产品。即使以国家作为比较单位，美国对大气二氧化碳浓度增高和全球温升的历史贡献也远大于中国等发展中国家。如果以人均累计排放量作为评价指标，中国则远低于全球平均，而这其实是最为合理的评价指标[9]，因为不同国家的工业化起步时间有早晚，一个国家的工业化程度、城市化程度、人民生活水平、基础设施水平等，都需要消耗化石能源来提升，都需要时间来建设，都同人口数量相关。脱离了人口、历史这两个重要因素，比较国与国之间的排放是毫无意义且不公平的。

事实上，各个国家的二氧化碳排放历史就是每个国家的发展历史。发达国家经过一个多世纪以来的发展，消费了大量的化石燃料，二氧化碳排放达到了一个很高的排放水平，之后经过一段平台波动期，才开始逐步下降。未来，主要发展中国家也将呈现出类似的趋势，只是时间进程不同而已。

自 1965 年以来，发达国家的碳排放量基本达到峰值，而发展中国家的碳排放量仍在增长（图 10-10）；发达国家和发展中国家将相继实现碳达峰：从英国开始，经过法国、德国、美国、加拿大、日本、韩国，再到中国、印度，不同国家碳排放峰值出现的时间依次出现。欧洲的英国、法国、德国等早在 20 世纪 80 年代前就达到峰值，北美洲的美国、加拿大在 2010 年前后达到峰值，两者相差约 30 年；亚洲的日本、韩国等在 2020 年前达到峰值，较欧美有所滞后。相比之下，发展中国家的碳排放仍在增长，如中国将要跨过快速增长阶段转向平台期（2030 年前达峰），印度的碳排放仍处于快速增长阶段（达峰时间晚于中国）[10]。

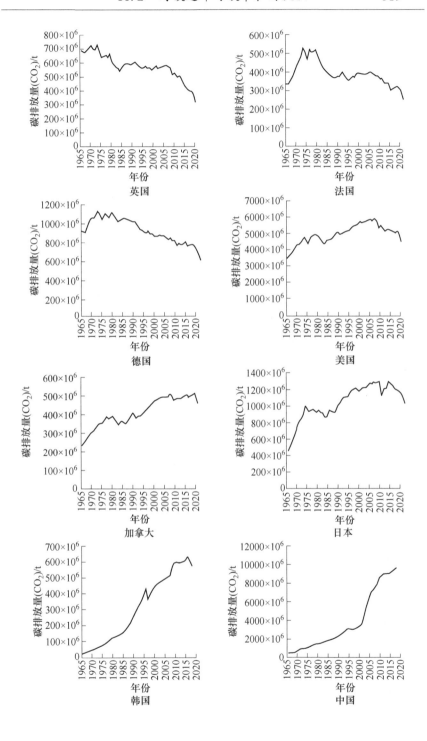

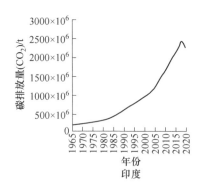

图 10-10 1965~2020 年主要国家碳排放的时间历程[10]

中国目前的人均年国内生产总值（GDP）刚超过 1 万美元大关。从发达国家走过的历程看，在人均 GDP 达到 1 万美元/年之前，人均能耗的增长非常强劲；从 1 万美元到 4 万美元，人均能耗还会缓慢增长；达到 4 万美元之后，人均能耗将处于逐渐下降阶段，当然这也可能同发达国家将高能耗、高污染产业转移到发展中国家去有关。中国力争在 2060 年达到碳中和，而从现在到 2060 年我国正处于人均 GDP 从 1 万美元到 4 万美元的奋斗过程中，人均能源消耗的继续增长是很难避免的。一些发达国家在 20 世纪 80 年代即达到人均能耗高峰，并且从碳达峰到碳中和至少要用 70 年时间。和发达国家不同，中国要从 2030 年碳达峰后，用 30 年时间完成碳中和，减排速度和减排力度将远超发达国家，需要比发达国家 2050 年实现碳中和付出更大的努力。

10.2.3 中国的选择和行动

从《联合国气候变化框架公约》到《京都议定书》再到《巴黎协定》，国际气候变化谈判都是坚持"共同但有区别的责任"的原则。气候变化确实给全球和我国造成了巨大的损失，低碳发展是我国应对气候变化的自身需求；进而，中国又提出了自主贡献的目标：力争 2030 年前实现碳达峰、2060 年前实现碳中和，是中国基于推动构建人类命运共同体的责任担当和实现可持续发展的内在要求做出的重大战略决策。

中国政府高度重视气候变化问题，积极主动地做出了减排承诺，并制订、实施了一系列的工作方案和节能减排措施。特别是中国在《巴黎协定》中承诺将于 2030 年左右使二氧化碳排放达到峰值并争取尽早实现。经过近些年的努力，中国政府在国内加强规划编制、推进制度建设、推动碳交易市场建设等方面都取得了一系列的积极成效；而在国际上中国政府继续以高度负责的态度，在气候变化国际谈判中发挥积极建设性作用，坚定维护多边主义，加强与各国在气候变化领域的对话与交流，深化应对气候变化国际合作，促进各方凝聚共识，推动全球气候治理进程[11]。

2020 年 9 月 22 日，在第 75 届联合国大会期间，习近平总书记代表中国提出将提高国家自主贡献力度，采取更加有力的政策和措施，二氧化碳排放力争于 2030 年前达到峰值，努力争取 2060 年前实现碳中和。我国的碳达峰目标和碳中和愿景必将促进经济结构、能源结构、产业结构的转型升级，有利于推进生态文明建设和生态环境保护，持续改善生态环境质量，对于推动高质量发展、生态文明建设、建设美丽中国和构建人类命运共同体具有重要意义。习近平总书记在中共中央政治局第二十九次集体学习时更是强调，要把实现减污降碳协同增效作为促进经济社会发展全面绿色转型的总抓手，加快推动产业结构、能源结构、交通运输结构、用地结构调整。

要认识到：我们只有一个地球，我们已经完成了第一个 100 年的目标，正在进入第二个 100 年。碳达峰、碳中和事关中国的发展战略，不能只看成是一个科学技术问题，更是一个艰巨的全社会脱碳工程，事关经济，事关社会文明，事关全人类福祉，事关发展新的生产力，事关生态文明建设，事关人类命运共同体。碳中和是全社会、全国范围内、全部温室气体的中和，即从 2020 年到 2060 年，要实现从能源相关的 CO_2 排放达峰到全部温室气体的"净零排放"。碳中和更重要的是发展战略问题，碳中和战略是社会经济发展战略，碳中和战略不是就低碳谈低碳，而是致力于建设公平繁荣的社会、富有竞争力的低碳经济；以碳排放总量控制和碳排放强度控制"双控"为抓手推动产业体系、能源体系和技术体系的转型；经济政策是实现碳中和战略的重要组成部分。"双碳战略"是党中央做出的重大战略决策，事关中华民族永续发展和构建人类命运共同体。

2021 年，中国构建起了碳达峰、碳中和"1+N"政策体系，其中"1"是指中共中央、国务院印发的《关于完整准确全面贯彻新发展理念做好碳达峰碳中和工作的意见》；"N"则包括国务院印发的《2030 年前碳达峰行动方案》，以及其他重点领域和行业政策措施和行动，后续将继续完善包括能源、工业、交通运输、城乡建设等分领域分行业碳达峰实施方案，以及财政金融价格政策、标准计量体系、督查考核等保障方案，共同确保碳达峰碳中和工作的顺利进行。

10.3　钢铁行业节能减排发展进程与 CO_2 排放现状

现阶段，钢铁行业由能源消耗引起的 CO_2 排放约占全行业 CO_2 排放总量的 95%以上[12]，因此，10.3.1 节和 10.3.2 节将重点针对中国钢铁行业的节能理论发展进程及节能减排的工程实践成效进行专门的阐述。

10.3.1　中国钢铁行业节能理论发展进程

中国钢铁行业节能理论的发展进程大致可以归纳为如下六个方面[13-14]：

（1）工业炉窑热工理论取得长足发展。

冶金热能工程的研究对象虽然在不断扩展，包括单体设备、生产车间、钢铁企业和工业等多个层面，但是最基本的仍然是单体设备，因为它是组成生产车间、企业和工业的基本单元。其中，工业炉窑的数量最多、应用范围最广，是工业原材料在冶炼、加工或产品制造过程中不可或缺的能源转换设备或工艺性热工设备。数十年以来，有关工业炉窑热工理论与控制方法得到广泛的推广应用，成功地设计、建造了一批节能型加热炉，炉子的装备水平、热效率及其计算机控制等均达到国际先进水平。

（2）创立了系统节能[15]理论和方法，系统节能作为冶金工业节能的指导方针，为我国钢铁工业节能减排做出了重要贡献。

20世纪80年代初，陆钟武提出"载能体"概念，主张用系统工程的原理和方法研究冶金工业的节能问题，创立了"系统节能理论和技术"。于是，把研究对象从过去的单体设备扩展到生产工序（厂）、联合企业，乃至冶金工业，把节能视野从能源介质扩大到非能源介质。30多年来，系统节能思想得到冶金界的普遍认同，"系统""载能体"等概念早已成为冶金领域耳熟能详的专业术语，系统节能被确认为"八五"以来乃至今后更长发展时期我国冶金工业节能降耗的指导方针。如今，系统节能理论和技术已经成熟，在我国钢铁企业得到全面普及和应用，并逐渐推广到石化、建材等工业。

表 10-2　1980~2010 年中国钢铁工业吨钢能耗的变化及其节能效果

项　目		"六五"(1980~1985 年)	"七五"(1985~1990 年)	"八五"(1990~1995 年)	"九五"(1995~2000 年)	"十五"(2000~2005 年)	"十一五"(2005~2010 年)	吨钢节能量合计(1980~2010 年)
吨钢能耗变化量	kgce	−179.0	−89.0	−37.0	−199.0	−67.0	−24.0	−595.0
	%	30.08	14.96	6.22	33.45	11.26	4.03	100
其中 直接吨钢节能量	kgce	−124.3	−56.5	−20.4	−103.3	−38.3	−14.4	−357.2
	%	69.44	63.48	55.14	51.91	57.16	60.0	60
间接吨钢节能量	kgce	−54.7	−32.5	−16.6	−95.7	−28.7	−9.6	−237.8
	%	30.56	36.52	44.86	48.09	42.84	40.0	40

（3）"能量流"和"能量流网络"的研究方兴未艾，物质流与能量流的协同创新成为新时期实现钢铁生产流程整体优化的时代命题。

进入 21 世纪，殷瑞钰提出钢铁联合企业必须从单一的钢铁产品制造功能拓展为三项功能[16-17]，即：1）钢铁产品制造功能；2）能源高效转换和及时回收利用功能；3）社会大宗废弃物处理-消纳和再资源化功能。2008 年，殷瑞钰[16-17]又相继提出"能量流""能量流网络"和"网络优化"等概念。这些新的理念和概念，既是对建设"资源节约型、环境友好型"钢铁工业的科学解读，又是对钢铁制造流程整体水平、企业责任、能量流的性质及结构的再认识和再提升。长期以来，关于钢铁企业的研究命题大多是围绕铁素物质流展开的，对能量具有"流"的性质和"网络"结构认识不清，对钢铁生产过程中能量流、能量流网络以及能量流与物质流相互关系等研究甚少。由此导致的节能理论研究滞后，原始创新、集成创新能力不足，已成为制约钢铁工业、企业进一步节能降耗的"瓶颈"问题。

"能量流"和"能量流网络"等概念一经提出，便得到了钢铁界和能源界专家、学者及工程技术人员的广泛认可和积极响应。"十一五"期间，关于"能量流"和"能量流网络"的研究课题逐年增多，以物质流与能量流协同优化为主要特征的系统节能在我国大中型钢铁企业相继展开，由此催生的新一轮节能理论和技术成为本学科新的增长点。2009年9月，在北京首次召开了以"钢铁制造流程中能源转换机制和能量流网络构建的研究"为主题的香山科学会议第356次学术讨论会；2011年8月在沈阳又召开了"钢铁制造流程优化与动态运行"高级研讨会，来自钢铁企业、设计院、高校和科研单位的近百名专家、学者参加了讨论会，与会代表总结了钢铁工业节能的前期成果，明确了今后工作方向，断定研究钢铁制造流程能量流网络优化与运行控制等若干重大问题的时机已经成熟。进入"十二五"，我国高等学校、科研院所和部分钢铁企业相继开展了有关能量流与能量流网络的数学描述、能量流预测、能量流网络优化等研究工作，并取得重要进展。关于物质流与能量流协同优化的研发工作主要表现在以下三个方面：1）煤气、蒸汽、氧气和高炉鼓风等能量流的生产、回收、净化、存储、分配、使用及其管网建设。2）前后工序之间"界面"技术的开发与应用，使相邻工序实现"热衔接"。如高炉—转炉区段的"一罐到底"技术（沙钢、京唐钢铁、重钢等），连铸机—热连轧机区段的

"热装热送"技术。"一罐到底"技术将铁水的承接、运输、缓冲储存、铁水预处理、转炉兑铁、容器快速周转、铁水罐保温等功能集为一体。"界面"技术把依附于铁水或钢坯的热量不经转换环节直接地输送给下一道工序，最大限度地避免了能量流的不必要耗散。3）钢铁生产过程余热余能的高效回收、转换与梯级利用，尤其是将余热余能直接用于生产工艺本身，如焦炉的烟道气用于煤调湿（济钢）、富余蒸汽用于高炉鼓风脱湿（马钢）、用海水淡化装置取代汽轮机的凝汽器，用凝汽式电厂冷端的余热资源生产除盐水（京唐钢铁），大幅度地降低了热法海水淡化的生产成本。

（4）余热余能的回收利用在大中型钢铁企业普遍展开，二次能源的再资源化为提升能量流的高附加值和系统能效开辟了新途径。

随着钢铁工业生产流程的逐步优化和工序能耗的不断降低，科学地回收利用各生产工序产生的余热余能资源，成为我国钢铁工业节能的主要方向。多年来，大中型钢铁企业优化配置企业内余热余能的数量、质量以及用户需求，及时地、集成地、高效地回收利用各生产工序产生的余热余能，做到"按质用能、温度对口，有序利用"，有效地降低了钢铁企业的吨钢能耗和污染物排放量。其中，余热余能发电是提升能量流品质和企业能效的普遍手段；以富余煤气为原料用来生产高附加值化工产品（氢、甲醇或二甲醚等），成为提升能量流价值和优化能量流网络的新途径。

（5）能源中心在钢铁联合企业的建设与运行，推动了我国钢铁工业的节能进程、信息化和自动化建设。

我国大型钢铁联合企业大部分都已建成了能源管控中心（EMS），其建设水平多数处于能源计量网和能源管理系统的建设阶段，少数进入离线决策和能源系统优化运行的开发期。大致可以分为三种类型：一是以宝钢、马钢等为代表的 EMS，按照"扁平化"和"集中一贯"的管理理念，将数据采集、处理和分析、控制和调度、能源预测和管理等功能融为一体，取得了良好的节能效果；二是以济钢等为代表的 EMS，将主要能源消耗信息和部分设备的运行信息汇集到 EMS，并对部分生产工序进行监控。受限于现场条件，扁平化的能源调度和在线管控功能，还需要进一步完善和提高；三是其他企业的能源管理中心，主要功能是采集能源动力的计量信息，用于编制企业能源管理报表、能耗分析，以及对能源潮流的监测、能源信息的预测和预报等。

目前，我国钢铁企业的 EMS 正在从能量流的监控转向对生产过程和全流程系统内能量流、能量流网络的综合监控，并继续向管控一体化的方向发展。部分钢铁企业着手开展能量流和能量流网络优化、在线调度的应用研究。由于能源利用与环境保护相互关联，EMS 将逐步与环境监测系统融合。

（6）工业生态学成为新的增长点，以工业生态学"中国化"为目标，开展了一系列卓有成效的基础性研究工作，推动了钢铁工业的生态化建设，研究成果得到了国内外同行的广泛关注。

进入 21 世纪以来，冶金热能工程学科在工业领域率先开展了工业生态学的研究，将工业生态学列为新的研究方向和增长点，进行了一系列以保护生态环境为目标的研究工作[15, 18-19]：提出"控制钢产量是我国钢铁行业节能、降耗、减排的首选对策"，提出了大、中、小物质循环和物质流分析新方法，构造了具有时间概念的钢铁产品生命周期物流图；提出了评价钢铁工业废钢资源充足程度的指标——废钢指数 (S)，分析了它与钢铁产品产量变化等因素之间的关系；提出了衡量钢铁工业对铁矿石依赖程度的指标——矿石指数 (R)，分析了它与钢铁产品产量变化等因素之间的关系。此外，利用这一研究思路和方法，具体地分析美国、日本、中国等国钢铁工业废钢资源问题；分析了废钢循环率对钢铁生产流程资源效率的影响规律，根据世界各国国民经济发展状况与环境负荷之间的关系，分析了世界主要工业发达国家 GDP 与能源消耗之间的关系，指出我国为了实现可持续发展，必须大幅地降低资源、能源消耗和环境负荷。这些研究成果得到了国内各界的广泛关注。

然而，今后能源供应短缺与能源需求增长的矛盾，过量的资源能源消耗量与有限的资源环境承载力的矛盾，以及能源以煤为主、矿石以贫矿为主等不利因素，都将给我国钢铁工业在技术、经济和管理等方面带来许多难题。最艰巨的节能、降耗、减排任务和日趋严格的技术标准，对钢铁工业的资源效率、能源效率和环境效率提出了更高的要求，钢铁行业节能面临严峻挑战。

（1）基础理论研究的深化，节能理论体系、能量系统分析方法及其评价指标等尚有待不断深入。

长期以来，冶金工业节能一直在热力学第一定律指导下进行，注重能量的"数量"，不太注重能量的"品质"和"价值"；工业节能依据热力学第二定律以及㶲分析、能级匹配等新方法的工程案例尚不够普及；评价能耗大小，只有能量"数量"上的评价指标（如吨钢能耗、工序能耗），没用能量"品质"上的评价标准，更缺少合理的能源"价值"定位，导致能源的数量、品质、价值三者不统一，节能与省钱不一致，影响了企业节能的积极性。

（2）能量流、能量流网络的研究尚待深化和普及，有关企业、设计院对钢铁生产过程能量流、物质流的运行规律及其协同作用认识不足。

钢铁领域的研究命题大多围绕铁素物质流的紧凑化、连续化、自动化展开，对能量有效利用方面重视不够，即使有些能量流方面的研究也基本停留在能量平衡的阶段，对于钢铁生产过程中的"能量流"运行规律、"能量流网络"的构建和优化以及能量流与物质流相互关系研究相对较少，导致钢铁冶金的节能理论研究局限性，能量流及其网络优化的深入研究已经成为制约钢铁工业进一步节能降耗的"瓶颈"环节。因此，未来钢铁冶金节能领域的研究工作应着眼于构建钢铁制造流程的能量流网络，分析目前存在的用能不合理模式，实现物质流和能量流协同运行优化。研究能量流及其能量流网络，从"点空间"到"场空间""流空间"，并将之集成起来可挖掘出巨大的节能潜力。

（3）"静态""平衡"观点及研究方法的局限性，束缚了有关企业能源系统的设计、构建和动态高效运行。

钢铁制造流程是复杂的铁-煤化工过程，是开放的、远离平衡的、不可逆的耗散过程系统。长期以来，用"静态"的、"平衡"的观点和方法，设计、运行、管理和控制能源的生产与使用是有缺陷的。事实上，无论是能量的输入与输出还是能源的供应与需求，钢铁企业二次能源的生产量与使用量、总供应量与总需求量之间始终是动态变化的，不是静止平衡的。因此，必须用"动态""非平衡""耗散结构"的理论及方法，根据能源介质的数量、品质（热值）和供给需求，合理地规划、设计、调控能源生产运行过程与使用过程，挖掘"动态""非平衡"状态下的节能潜力，发展"界面"技术、原燃料预处理技术、余热余能回收利用技术，是未来钢铁工业节能的有效途径。

未来钢铁行业的节能发展趋势[13, 20]为：

（1）钢铁制造过程物质流、能量流、信息流的耦合优化，将成为实现钢铁生产流程整体优化的时代命题。

从根本上来说，钢铁制造流程实质上是物质流、能量流与信息流在特定的时间尺度和空间尺度上通过相互作用、相互影响、相互制约、相互协调而相互转化的过程。其复杂性也充分体现为多组元、多相态、多层次、多尺度的物质流、能量流与信息流在流动中的相互耦合和相互作用。这些物质流、能量流与信息流在流程系统演化过程中相互联锁，形成一定的行为模式而引起流程系统行为的变化和波动。钢铁制造流程的物质流、能量流、信息流及其协同优化，已经成为新世纪钢铁制造流程优化的时代命题，是钢铁冶金节能理论的研究热点。钢铁制造流程的整体信息化，说到底，应该是物质流、能量流、信息流之间互动的综合信息化。破解这样的研究命题，不能只从某一产品的研究来解决，也不能只从某一装置的工艺来解决，只能从冶金流程学的层面上来解决。因此，为了掌握钢铁流程工业复杂大系统的动态运行机制，以确定控制和管理的具体方案来解决钢铁工业本身具有的高物耗、高能耗、高污染等问题，必须在流程系统内处理好物质流、能量流与信息流的相互作用关系。可以预见，未来我国钢铁工业吨钢能耗能否再次出现较大幅度的下降走势，将取决于新一轮节能理论、技术和管理手段的支撑，即钢铁制造流程物质流、能量流和信息流的耦合优化。

（2）及时高效因地制宜地回收利用各生产工序所产生的余热余能，使其再能源化或再资源化，是未来钢铁工业节能的潜力所在。

据不完全统计，我国每生产 1t 钢所产生的余热资源量为 8.44GJ，约占吨钢能耗的 37%，分别由中间或最终产品、熔渣、废（烟）气和冷却水所携带。如果把转炉煤气（化学能）以及高炉炉顶煤气的余压（压力能）也包括在内，那么钢铁企业（高炉—转炉流程）生产每吨钢的余热余能资源总量将达到 9.58GJ，目前回收利用量约为 3.00GJ，占余热余能资源总量的 31.3%。在高温余热资源中，数高炉、转炉和电炉渣的温度最高，各类热轧钢材也承载着大量余热等，尚未有可靠的方法使之回收利用。

（3）建立健全钢铁企业智能化能源管控中心，是实施物质流、能量流、信息流三流协同运行，实现钢铁生产流程整体优化的有效途径。

实践表明，企业能源管控中心不是单纯的能源管理部门，也不是单一的计算机信息采集系统，而是能源生产、运行及控制系统的实体。企业能源管控中心配备各种数字式监控仪表和大型计算机，把煤气、蒸汽、电等多种能源介质以及气体（氧、氮、氩、压缩空气）、水（新水、环水、软水和外排水）等各种信息集中在一个平台上，既有对能源流向的监测、能源信息显示、预测、预报功能，还要根据物质流的生产情况对能源实施动态优化调度，确保生产用能的稳定供应、经济运行和高效利用。

今后，必须用"动态"的、"非平衡"的、矢量的观点，重新认识钢铁企业中能量流在其网络中运行的基本规律、合理地规划并制定能源供应与使用间的"不平衡"策略，特别是富余煤气、氧气、热力的缓冲和使用问题，科学准确地预示各种能源介质的发生量、消耗量和剩余量。通过合理用能和系统节能理论，建立能量流网络模型和专家系统，以智能化能源管控中心为工具，使用好、管理好能源，将系统能效做到"最高"。

10.3.2 中国钢铁行业节能减排的工程实践成效

回顾中国钢铁行业的节能减排工程实践进程[21-22]，可以将其分为三个阶段：节能、减排（超低排放）、脱碳。

　　在节能方面，中国钢铁行业做了许多努力，并取得了显著的成绩，自 1981 年以来大致可以归纳为三个重要阶段[22]（图 10-11）。

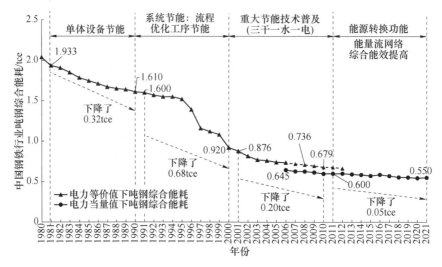

图 10-11　1980~2021 年我国钢铁行业吨钢能耗的变化

　　（1）1981~1990 年的单体设备节能阶段：十年间吨钢综合能耗降低了 0.32tce，降低幅度为 16.56%（电力折算系数取等价值）。

　　（2）1991~2000 年的工序节能，特别是以"连铸为中心"的钢铁制造流程优化带来的系统节能阶段：十年间吨钢综合能耗降低了 0.68tce，降低幅度达 42.50%（电力折算系数取等价值）。

　　（3）进入 21 世纪以后，在钢铁制造流程"三大功能"理念[16-17]的引导下，逐步进入钢铁制造流程能源转换功能的深入开发阶段：2001~2010 年通过推广普及"三干""三利用"等重大关键节能技术，使中国钢铁行业吨钢综合能耗进一步降低，十年间降低了 0.20tec，降低幅度达 22.49%（电力折算系数取等价值)。与此同时,吨钢新水消耗也实现了大幅下降,由 2000 年的 25.24t 下降至 2010 年的 4.11t,降幅约 84%;到 2019 年又进一步下降到 2.56t(图 10-12)。2011~2020 年十年间通过优化能量流的运行行为和能量流网络以及提高全流程的综合能效,吨钢综合能耗进一步降低了 0.05tce,降低幅度为 9.1%(电力折算系数取当量值)。

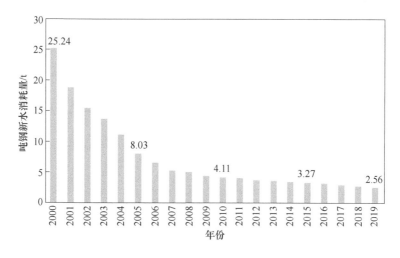

图 10-12 2000~2019 年中国重点钢铁企业吨钢新水消耗量的变化

在减排方面,受益于中国钢铁行业节能工作取得的显著成效,相关排放的污染物也实现了同步下降。进入 21 世纪以后,中国钢铁行业更是高度重视污染物的控制,特别是随着供给侧结构性改革的推进,我国钢铁行业战略重点转向产业结构优化升级。为满足日益严格的环境污染物排放标准要求,打赢污染防治攻坚战,2019 年 4 月生态环境部等五部委联合印发《关于推进实施钢铁行业超低排放的意见》,要求到 2025 年年底前,重点区域钢铁企业基本完成环保改造,力争 80% 以上比例的钢铁产能企业达到超低排放要求。由图 10-13 可见,2000~2019 年中国重点钢铁企业吨钢 SO_2 排放量和烟粉尘排放量均有明显降低，其中吨钢 SO_2 排放量由 2000 年的 5.56kg 下降至 2019 年的 0.47kg，降幅约 92%；吨钢烟粉尘量由 2000 年的 6.77kg 下降至 2019 年的 0.48kg，降幅约 93%。

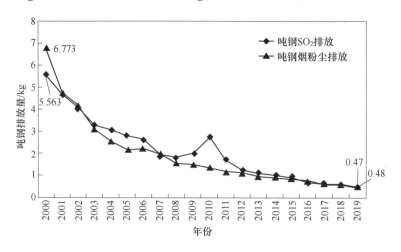

图 10-13　2000~2019 年中国重点钢铁企业吨钢 SO_2 和烟粉尘排放量的变化

　　而当下，伴随着我国做出碳达峰、碳中和的战略决策，我国钢铁行业的绿色化发展进入了脱碳化发展阶段，碳达峰、碳中和也已经成为钢铁行业节能减排工作的总抓手。

10.3.3　国内外钢铁行业 CO_2 排放现状

　　钢铁行业作为工业的重要领域，是能源消费大户，同时也是 CO_2 排放大户[12, 22-25]。本节主要给出全球钢铁行业和部分钢铁企业近些年的 CO_2 排放情况，供读者参考。但值得注意的是，不同出处的 CO_2 排放指标不完全可比。这是由于 CO_2 的排放量都不是也不可能直接测量出来，而是通过特定计算方法得到的。钢铁工业的 CO_2 排放相关指标是受不同计算方法影响。计算方法不同，也就意味着计算边界、CO_2 排放因子有差异。此外，CO_2 排放水平还受企业的流程结构、产品结构、用能结构以及装备水平、技术水平、管理水平等因素的影响[12, 26]。

10.3.3.1　国际钢铁行业 CO_2 排放现状

近年来，随着全球粗钢产量增加以及新兴国家钢铁产量逐渐增加，全球钢铁行业碳排放总量和碳排放强度呈现上升趋势。据世界钢铁协会统计数据，2020 年全球钢铁行业 CO_2 直接排放量约 26 亿吨，约占全球人为活动碳排放总量的 7%~9%[27]，而全球钢铁行业 CO_2 排放总量（直接排放+间接排放）约为 35.5 亿吨，约占全球人为活动碳排放总量的 9%~12%。目前全球钢铁行业碳排放量为 30 亿~35 亿吨，吨钢碳排放量为 1.8~1.9t，详见图 10-14。

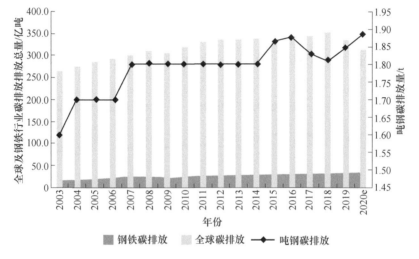

图 10-14　全球钢铁行业碳排放总量及强度

（数据来源：世界银行、IEA、世界钢协）

安赛乐米塔尔（ArcelorMittal）公司 2010 年以来碳排放量波动范围不大，每年排放 1.9 亿~2.0 亿吨，长流程吨钢 CO_2 排放强度保持在 2.3~2.4t，短流程吨钢 CO_2 排放强度保持在 0.5~0.7t[28]，具体的碳排放情况如图 10-15 和图 10-16 所示。

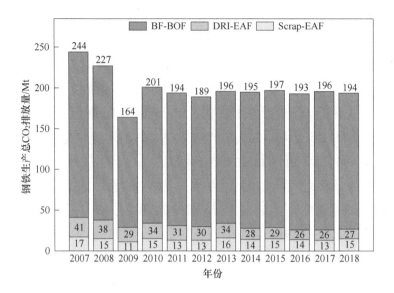

图 10-15　2007~2018 年 ArcelorMittal CO_2 排放总量变化图

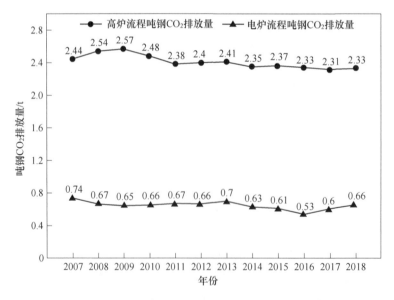

图 10-16　2007~2018 年 ArcelorMittal 吨钢 CO_2 排放量变化图

新日本制铁株式会社（Nippon Steel Corporation）作为日本

目前产钢量最大的钢铁企业，也是日本主要的碳排放企业之一，2019 年度 CO_2 总排放量约为 9400 万吨，吨钢 CO_2 排放强度为 2.06t[29]，如图 10-17 和图 10-18 所示。

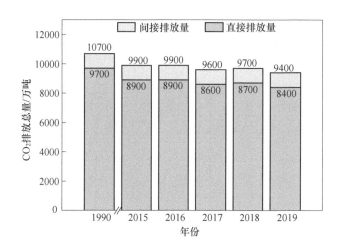

图 10-17 2015~2019 年新日本制铁 CO_2 排放总量变化图

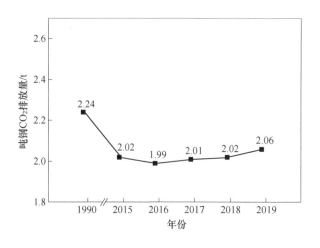

图 10-18 2015~2019 年新日本制铁吨钢 CO_2 排放量变化图

　　浦项钢铁公司（Pohang Iron and Steel Company）是韩国最大的钢铁公司，2019 年碳排放量为 8020 万吨，2020 年为 7560 万吨，略有下降，但吨钢碳排放强度未见明显降低，基本维持在 2.1t 左右[30]，如图 10-19 和图 10-20 所示。

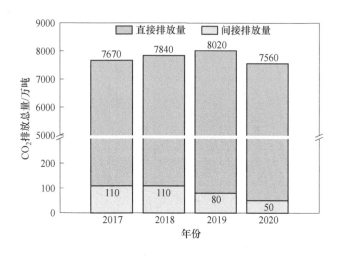

图 10-19　2017~2020 年浦项钢铁公司 CO_2 排放总量变化图

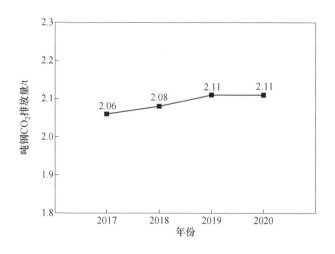

图 10-20　2017~2020 年浦项钢铁公司吨钢 CO_2 排放量变化图

10.3.3.2 中国钢铁行业 CO_2 排放现状

选取《中国能源统计年鉴》[31]中黑色金属冶炼及压延加工业的终端能源消费量（实物量）数据作为基础数据，参考《温室气体排放核算与报告要求 第5部分：钢铁生产企业》（GB/T 32151.5—2015）的核算方法，对 1991~2019 年我国钢铁行业 CO_2 排放进行估算，结果（图 10-21）表明：

（1）由于粗钢产量的迅速增长，中国钢铁行业 CO_2 排放总量从 1991 年的 2.78 亿吨增加到 2019 年的 16.25 亿吨，但 CO_2 排放总量的增幅（4.85 倍）远低于钢产量的增幅（13.02倍）。

（2）吨钢 CO_2 排放量从 1991 年的 3.91t 降低到 2019 年的 1.63t，下降幅度达 58%。

（3）中国钢铁行业 CO_2 排放总量在 2014 年曾出现过高点，一度达到排放量高峰 17.31 亿吨，随后开始呈现下降态势。但近几年粗钢产量持续上涨，2020 年粗钢产量更是达到

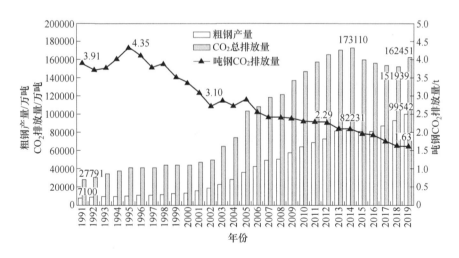

图 10-21 1991~2019 年中国钢铁行业粗钢产量和
CO_2 排放总量、吨钢 CO_2 排放量的变化

了 10.65 亿吨，CO_2 排放总量又出现反复，初步估算 2020 年 CO_2 排放总量约为 17.38 亿吨。可见，碳达峰与粗钢产出量具有很强的相关性。

以上三点充分说明了中国钢铁行业在过去三十年的节能减排工作取得了明显进展。然而，由于我国粗钢产量较大，钢铁行业的 CO_2 排放量对全国 CO_2 排放总量的贡献仍然较高。未来，要实现国家的碳减排承诺，钢铁行业必须走脱碳化发展道路。

总体而言，从国内外看，钢铁工业是温室气体排放大户，已经引起各方面的关注。与国外先进水平相比，我国钢铁行业吨钢能耗和碳排放强度，长流程并不落后，问题是短流程比例过低，长流程比例过高。我国粗钢产量基数大、长流程比例高、能源结构以煤炭为主，决定了我国钢铁行业 CO_2 排放总量和吨钢 CO_2 排放强度较高。中国钢铁工业经过几十年的努力，在节能减排方面投入了大量资金，取得了明显的进步，支撑了近年来我国钢铁企业碳排放强度持续降低，为进一步碳减排奠定了良好基础。但是，仅仅依靠降低吨钢综合能耗和吨钢碳排放强度而不能有效控制产出总量，还不能从根本上解决钢铁工业碳达峰碳中和问题，控制粗钢总产量和调整工艺流程结构应是进一步低碳发展的有效路径。

10.4　钢铁行业低碳发展路线讨论

10.4.1　国内外钢铁行业碳减排目标和策略

10.4.1.1　国外钢铁行业碳减排目标和策略

要将全球气温升幅限制在工业化前水平以上 1.5℃ 之内，钢铁行业面临着巨大的温室气体减排压力，主要产钢国/地区都在积极制订减排目标和减排策略。

欧钢联提出到 2030 年，欧洲钢铁工业 CO_2 排放量将比 2018 年减少 30%（比 1990 年减少约 55%），到 2050 年将减少 80%~95%（相较于 1990 年）。为达成这一目标，欧盟启动了钢铁超低二氧化碳排放项目 ULCOS，提出到 2050 年吨钢 CO_2 减排 50%，结合 CCS 技术后，期望吨钢 CO_2 最高可减少 80%；德国启动了 Carbon2Chem 项目，旨在利用钢厂废气中含有的化工原料，生产含有碳、氢的合成气体，再应用于生产氨气、甲醇、聚合物和高级醇等各种初级化工产品。目前，蒂森克虏伯 Carbon2Chem 项目已成功地将钢厂废气转化为合成燃料，生产出甲醇和氨；SSAB 钢铁公司和 Vattenfall 瑞典国家电力公司合作开发 HYBRIT 项目，使零碳钢铁生产成为可能。

日本铁钢联盟提出到 2050 年将二氧化碳排放量减少 30%；到 2100 年前实现"零碳钢"。其环境友好型炼铁技术开发项目 COURSE50 正是实现该目标的重要途径之一，包括改质后的富氢焦炉煤气还原铁矿石技术和从高炉煤气中捕集、分离和回收 CO_2 技术等，有望实现炼铁 CO_2 减少 30%，其期望目标是 2030 年实用，2050 年普及。此外，还通过实施能源结构调整（零排放发电技术，核电、可再生能源发电技术），全力支持钢铁行业实现零碳生产（氢还原，降低电力成本），在 2100 年实现全部应用。

韩国钢铁工业提出到 2030 年二氧化碳排放量目标从最初的 1.357 亿吨降至 1.271 亿吨。将通过逐步用液化天然气取代重油，并加快现有设备升级改造和以氢还原炼铁技术为代表的新工艺的研发推广，持续推进生产方式转变和产业结构调整；同时，韩国钢铁业界正在积极开发采用氢还原冶炼的创新性环保技术，COOLSTAR 是其核心项目（包括"以副产煤气制备氢气实现碳减排技术"和"替代型铁原料电炉炼钢技术"），目标是实现钢铁冶炼的高效和环保生产，同时确保产品质量和生产稳定性。

美国由于具备丰富的社会废钢资源，使得其电弧炉炼钢技术迅速发展，目前其电炉钢占比已达到 70% 左右，流程结构使得美国钢铁工业在能耗水平和 CO_2 排放方面具有先天优势，为美国钢铁工业的低碳发展奠定了基础。此外，美国还积极探索碳减排新技术，由美国能源部和美国钢铁协会共同出资，旨在开发能显著降低钢铁生产中 CO_2 排放新技术的低碳冶金研究项目进展顺利。其中有两项减排前沿技术，一是通过电解还原铁矿的熔融氧化铁电解技术，二是用氢气作为还原剂炼铁的氢气闪熔技术。同时，美国钢铁企业在可再生能源利用方面也取得了一定突破，纽柯钢铁公司在密苏里州塞达利亚建成了全美首座 100% 风能供电的炼钢厂；耶弗拉兹北美公司与美国电力公司 Xcel Energy 以及英国石油公司（BP）太阳能子公司 Lightsource BP 签署合作协议，将在美国科罗拉多州共同开发太阳能发电设施，为耶弗拉兹旗下落基山炼钢厂供电，这也将使该厂成为全美首座 100% 太阳能供电的炼钢厂。

10.4.1.2　中国钢铁行业碳减排目标和策略

中国政府在《2030 年前碳达峰行动方案》指出，要"实施重点行业节能降碳工程，推动电力、钢铁等行业开展节能降碳改造……推动钢铁行业碳达峰。深化钢铁行业供给侧结构性改革，严格执行产能置换，严禁新增产能，推进存量优化，淘汰落后产能。推进钢铁企业跨地区、跨所有制兼并重组，提高行业集中度。优化生产力布局，以京津冀及周边地区为重点，继续压减钢铁产能。促进钢铁行业结构优化和清洁能源替代，大力推进非高炉炼铁技术示范，提升废钢资源回收利用水平，推行全废钢电炉工艺。推广先进适用技术，深挖节能降碳潜力，鼓励钢化联产，探索开展氢还原、二氧化碳捕集利用一体化等试点示范,推动低品位余热供暖发展。"还发布了《关于统筹和加强应对气候变化与生态环境保护相关工作的指导意见》,其中提出要推动钢铁、建材、有色、化工、石化、电力、煤炭等重点行业提出明确的达峰目标并制定达峰行动方案;并在钢铁、建材、有色等行业,开展大气污染物和温室气体协同控制试点示范。此外,在《"十四五"工业绿色发展规划》中,提出要制定工业领域和钢铁、石化化工、有色金属等重点行业碳达峰实施方案,统筹谋划碳达峰路线图和时间表;到 2025 年单位工业增加值二氧化碳排放降低 18%。而中国钢铁工业协会专门成立了钢铁行业低碳工作推进委员会,集合了钢铁行业及相关行业政策、技术、金融等各领域专家力量,全面推动钢铁行业低碳发展工作,并提出了低碳发展技术路线图,主要有六大途径,包括系统能效提升,资源循环利用,流程优化创新,产品性能升级,冶炼工艺突破及捕集封存利用。2021 年年初,中国宝武集团率先向社会发布要提前实现碳达峰、碳中和目标:力争 2023 年实现碳达峰,2025 年具备减碳 30% 的工艺技术能力,2035 年力争减碳 30%,2050 年力争实现碳中和。随后河钢集团、鞍钢集团、首钢集团、包钢集团等也提出了各自的双碳发展目标。

应该说,主要产钢国/地区都在积极制订减排目标和减排策略,从行业转型、技术进步角度上看,碳减排的重点放在严格控制钢铁产能、产业布局优化、生产工艺流程结构调整和技术创新方面的系列突破,以及相关的政策、法规、管理制度改革。

10.4.2 钢铁行业碳达峰与碳中和情景分析

10.4.2.1 对钢铁行业碳达峰与碳中和的理解

碳达峰、碳中和指的是某一国家、某一行业、某一企业的温室气体排放总量的达峰、中和。

钢铁行业 CO_2 排放总量一方面取决于钢铁行业吨钢 CO_2 排放量，另一方面取决于钢铁行业粗钢总产量及其流程结构，即：

$$C_{排放} = I \times P$$

式中　$C_{排放}$——钢铁行业 CO_2 排放总量；

　　　　I——钢铁行业吨钢 CO_2 排放量；

　　　　P——钢铁行业粗钢总产量，$P = f$（长流程产量比例、短流程产量比例）。

可知，钢铁行业碳达峰是比较容易实现的。可谓"达峰"不难，"下坡"不易，并非完全取决于钢铁工业自身。钢铁工业的碳达峰既取决于吨钢的排放强度（包括高炉—转炉长流程和全废钢电炉短流程之间的比例），同时也受到粗钢总产量和需求量的影响。为此，初步判断，中国钢铁行业碳排放已接近进入峰值平台期（图 10-22）。对有条件的钢铁企业而言，越早实现碳达峰，越有利于后续的脱碳化进程和碳中和的实现。

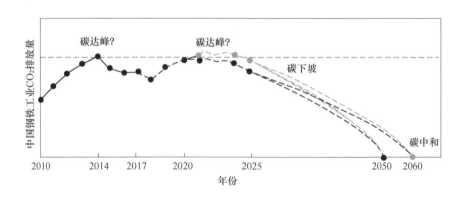

图 10-22　我国钢铁行业碳达峰、碳中和关键时间节点的判断

而从钢铁行业 CO_2 排放的绝对量来说，单靠钢铁行业自身要实现碳中和是极其困难的，但如果考虑全社会的协同，如采

取碳捕集、利用与封存技术（CCUS），利用可再生能源，增加碳汇，开展行业间的碳交易等措施，钢铁行业到2060年左右是有可能趋近碳中和的。

10.4.2.2 中国未来粗钢产量预测模型及讨论

未来粗钢产量主要是受国民经济发展水平、产业结构演变和国家、社会投资导向影响。通过大量统计分析，确定我国未来钢材需求量的"峰值"，并将其作为未来粗钢产量调控的目标，即2060年粗钢产量。

有人曾统计分析了1970~2018年包括中国、美国、日本、德国、法国、韩国、伊朗等34个世界经济体单位GDP钢材表观消费量、人均钢材表观消费量与人均GDP之间相互关系[32]，结果表明，到2060年我国国内钢材表观消费量约为6亿吨/年时即可满足国内需求。因此，作为一种探索性的模型研究，本研究中2060年粗钢产量拟采用6亿吨作为调控目标。在6亿吨的情景下，即2060年我国人均钢材表观消费量为420kg，低于目前德国的人均钢材表观消费量水平（500~550kg），但高于美国的人均钢材表观消费量水平（300~400kg）。

10.4.2.3 情景分析

下面根据一些人为假设的条件，做了三种情景分析。

（1）基准情景。

1）粗钢产量：假设2021~2060年粗钢产量呈等差级数下降，到2030年为8亿吨，2060年进一步下降到6亿吨。

2）考虑了2021~2060年全国电力能源结构调整对CO_2排放的影响。

3）废钢利用：长流程转炉废钢比：2021~2040年15%，2041~2060年8%（考虑到未来流程功能和资源结构的变化，2040年以后长流程是以生产高级薄板、高级中厚板为主，对废钢的洁净度要求提高，废钢比有所下降）；电炉短流程废钢比：100%。

4）氢冶金（氢还原—电炉流程）：2030 年氢还原—电炉流程比例 3%，2040 年 8%，2050 年 15%，2060 年 25%。

5）节能潜力：未来全流程节能潜力估计还有 10% 左右，其中"界面"技术优化、余热余能利用、各类物流运输能耗的潜力很大，应引起关注。

6）智能化赋能：智能化赋能低碳化潜力预定为 12%。

7）炉渣资源化利用：为避免与建材产业的重复计算，暂不计入冶金炉渣资源综合利用对钢铁企业温室气体减排的贡献。

（2）高排放情景。在基准情景基础上，粗钢产量从 2030 年调整为 9 亿吨，2060 年为 7 亿吨；氢还原—电炉流程的比例——2030 年 3%，2040 年 5%，2050 年 8%，2060 年 15%。

（3）低排放情景。在基准情景基础上，粗钢产量从 2030 年的 8 亿吨下降到 2060 年的 5 亿吨。

按以上三种情景分别对钢铁行业 2021～2060 年的碳排放情况进行预测，得到钢铁行业碳达峰、碳中和情景分析结果，见图 10-23 和表 10-3。

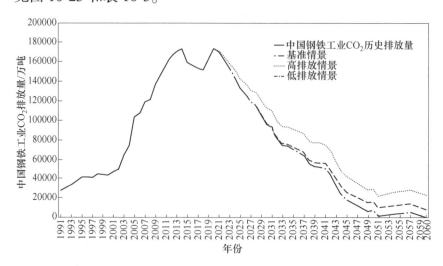

图 10-23　钢铁行业碳达峰、碳中和情景分析结果

表 10-3　钢铁行业碳达峰、碳中和情景分析结果

情　景	碳达峰时间，峰值	2030 年		2040 年		2050 年		2060 年	
		粗钢产量/亿吨	CO_2 排放量/亿吨	粗钢产量/亿吨	CO_2 排放量/亿吨	粗钢产量/亿吨	CO_2 排放量/亿吨	粗钢产量/亿吨	CO_2 排放量/亿吨
高排放情景	"十四五"期间，峰值为 17 亿~18 亿吨	9	11.27	8.33	7.65	7.67	2.90	7	2.33
基准情景		8	9.60	7.33	5.70	6.67	1.60	6	0.84
低排放情景		8	9.60	7	5.18	6	0.74	5	0.03

　　由于 2020 年的估算值与 2014 年的计算值非常接近，考虑到粗钢产量的峰值平台区特性，我们认为钢铁行业的碳排放已接近进入峰值平台区，峰值时间节点估计有可能在"十四五"期间，CO_2 排放量峰值为 17 亿~18 亿吨。

　　从表 10-3 可见，在基准情景中，到 2060 年钢铁行业要实现碳中和还有 0.84 亿吨 CO_2 需要通过氢还原制铁、碳汇、CCUS 和碳交易等措施才能实现；在高排放情景中，由于粗钢产量维持在高位，且氢还原制铁推进较慢，到 2060 年钢铁行业的 CO_2 排放量尚有 2.33 亿吨，钢铁行业碳减排面临的压力将更为严峻；在低排放情景中，由于粗钢产量进一步得到有效的调控，到 2060 年仅剩 5 亿吨钢产量，钢铁行业通过自身的努力，几乎已经可以接近碳中和，当然前提是氢还原—电炉流程能够有突破、实现大规模推广，到 2060 年氢还原—电炉流程的比例将占 25%，产量将达到约 1.25 亿吨。

　　在三种情景分析中，可以看到：一是无论哪种情景，粗钢产出量是影响钢铁行业 CO_2 排放的首要因素，但是粗钢产量并非完全取决于钢铁行业本身；二是钢铁行业制造流程结构也有着重要影响，全废钢电炉短流程的吨钢 CO_2 排放量约为高炉—

转炉长流程的 1/3，而氢还原等前沿技术在 2030 年尚难做出是否可以大量工业化的判断，仍有诸多不确定性。

10.4.3 中国钢铁行业低碳发展路线图设想

在中国钢铁行业碳达峰碳中和情景分析的基础上，作为一种探索、讨论，本研究设想了基准情景下的我国钢铁行业低碳发展的路线图[22, 33]（图 10-24）。

通过研判钢铁行业未来生产规模和产业结构、流程结构等特征，分析各类减碳技术、措施的发展前景及减排贡献，设想了中国钢铁行业实现碳达峰、碳中和的三阶段发展目标。

第一阶段（2020～2030 年）——碳达峰平台期阶段。主要通过深入推进钢铁行业供给侧结构性改革，实行产出总量控制，并在集团化重组过程中淘汰落后产能；严格执行产能置换办法；持续优化钢铁产品进出口政策等方面实现钢铁行业的结构调整和转型升级。同时，通过推广一些成熟的低碳技术和提高废钢比实现碳减排。初步判断我国钢铁行业碳排放从 2020年左右开始已接近进入峰值平台期，只要粗钢产量不增加，碳达峰有可能在"十四五"实现，CO_2 排放峰值为 17 亿～18 亿吨/年，峰值平台期将持续到 2025～2030 年。通过这些措施，设想到 2025 年，钢铁行业粗钢产量下降到 9.3 亿吨左右，相应的碳排放总量将下降到 13 亿～14 亿吨/年，比排放峰值下降20% 左右。

第二阶段（2031～2050 年）——脱碳化阶段。这一阶段，持续落实粗钢产出总量控制和淘汰落后，废钢资源进一步增加，流程结构和能源结构进一步得到调整，氢还原—电炉流程有所突破，节能潜力进一步挖掘，智能化水平有所提高。到2050 年，设想粗钢产量进一步下降到 7 亿吨左右，电炉流程占比力争达到 70% 左右，氢还原—电炉流程有望达到 15% 左

图 10-24 彩图

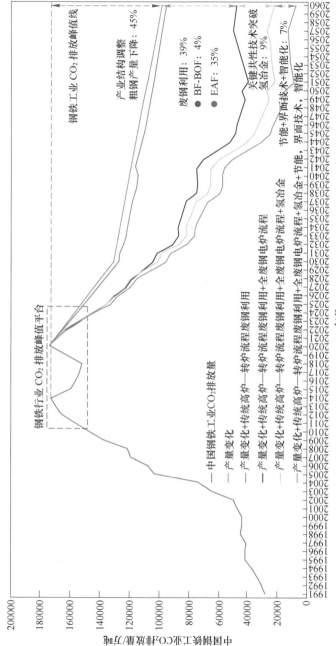

图 10-24 中国钢铁行业低碳发展路线图

右，碳排放总量将下降到 1 亿~2 亿吨/年，相比峰值下降 90%左右。

第三阶段（2051~2060 年）——碳中和阶段。这一阶段，继续落实总量控制和淘汰落后，全社会基本完成绿电的改造，废钢资源受钢产量下降的影响有所减少，电炉流程比例有所下降，但氢还原—电炉流程比例进一步提高，智能化进一步赋能低碳化。到 2060 年，设想粗钢产量进一步下降到 6 亿吨左右，电炉流程比例下降到 60%左右，氢还原—电炉流程有望达到 25%左右，碳排放总量将下降到 1 亿吨左右，相比峰值下降 95%左右。剩余的 1 亿吨左右的 CO_2 排放量需要进一步通过 CCUS 或碳汇或碳交易等措施来处理，是有可能趋近碳中和的。

在中国钢铁行业低碳发展路线图设想下有如下认识：

（1）碳达峰主要取决于粗钢产出总量，即减产减排，对碳达峰而言，粗钢继续增产是背道而驰；钢铁行业碳中和仍主要取决于粗钢产出量适度地、缓慢地、持续地减产减排，但还需要增加碳汇辅助。

（2）碳排放峰值平台期的持续时间主要由粗钢产量的峰值决定。初步判断，我国钢铁行业碳排放已接近进入峰值平台期，碳达峰时间节点有可能在"十四五"期间，CO_2 排放峰值为 17 亿~18 亿吨/年，其间，有条件的钢铁企业越早实现碳达峰，越有利于后续的脱碳化进程和碳中和的实现。

（3）单靠钢铁行业自身要实现碳中和是较为困难的，但如果考虑全社会的协同，则钢铁行业未来是有可能趋近碳中和的。

（4）削减粗钢产出总量和流程结构调整发展全废钢电炉短流程钢厂，是我国钢铁行业实现碳中和的重要措施。与此同时，要采取有关技术创新措施、改革措施推动碳达峰、碳中和。由图 10-24 可知 2021~2060 年累计碳减排贡献的占比：粗钢产量下降因素约占45%，有序、合理地利用废钢约占39%，氢还原—电炉流程因素约占9%和节能、"界面"技术、智能化等因素约占7%。

10.4.4 中国钢铁行业实现碳达峰、碳中和的思路与措施讨论

碳达峰、碳中和是一个总量性、强度性、结构性的命题，是有时限性的战略性的大命题。中国钢铁行业实现碳达峰、碳中和的思路应考虑如下绪点：

（1）钢铁行业碳排放量与粗钢产出量具有很强的相关性，中国钢铁行业要实现碳达峰、碳中和首先是要从宏观上调整产业结构，持续地、适度地实行总量削减、淘汰落后产能，不宜继续提高粗钢产量，不应大量出口低附加值钢材；应该走高质量、减量化的发展道路。具体可采取如下措施：

1）引导钢铁行业发展从规模扩张转变到提高能源效率和产品质量升级上来；研究以结构调整、产业升级为主线的合理钢材需求和总量控制问题，控制钢铁产出总量、消费总量。

2）深入推进钢铁行业供给侧结构性改革，在集团化重组过程中淘汰不符合国家环保排放标准、能源消耗限额标准和产品质量标准的落后产能、落后装备、落后工艺、落后产品、落后企业；严禁以任何名义、任何方式备案新增钢铁产能的项目；对于确有必要建设的钢铁冶炼项目，需严格执行产能置换办法，并加强产能置换监管。

3）持续优化钢铁产品进出口政策。继续鼓励钢锭钢坯及半成品等钢铁初级产品进口；坚持内需为主，不以大量低附加值钢材、焦炭、钢坯出口作为化解产能过剩的出路，充分利用经济、税收手段控制钢材（坯）、焦炭等初级产品出口量；严格限制高耗能和低附加值产品出口；鼓励加工成高端制成品或机电产品间接出口。

（2）钢铁企业要走节能、减排、脱碳、循环等绿色发展道路。当前要高度重视脱碳化。脱碳化意味着：

1）资源脱碳化，特别是合理使用废钢。在基准情景分析的基础上，对 2021～2060 年中国钢铁行业双碳进程中铁素资源结构变化情况进行了展望，见图 10-25，结果表明到 2060 年，中国钢铁行业的铁矿石消耗量将有望减少 75%，废钢的利用量将增加 89%。可见，未来我国废钢资源将很丰富，预计到 2045 年前后，废钢资源量将达到 5 亿吨/年左右。充足的废钢资源将为城市钢厂的发展提供资源保障；同时，这将使我国钢铁工业铁素资源构成发生重大变化，对国际铁矿石资源的需求量将逐步下降；废钢资源产出量的大幅增加将对钢铁工业生产流程结构的调整、钢厂模式和钢厂布局的变化、铁素资源消耗、能源消耗和碳排放等诸多方面产生重要的影响，这必将推动钢铁行业加快转型升级、生态文明建设、绿色发展。

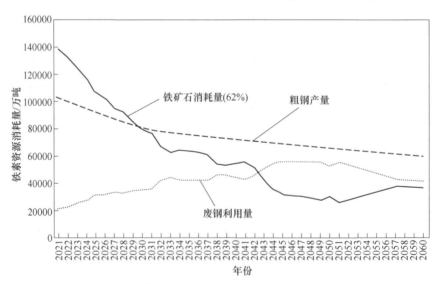

图 10-25　2021～2060 年中国钢铁行业双碳进程中
铁素资源结构变化的展望

2）能源脱碳化，少用或不用化石能源，转而用电，特别是充分利用电网弃电和绿电。对 2021～2060 年中国钢铁行业双碳进程中能源结构变化情况进行了展望，见图 10-26，结果表明到 2060 年，中国钢铁行业的煤炭消耗量将有望减少 92%；而电力年消耗量的波动相对较小，仅减少约 15%，氢气的用量将达到 1400 万吨/年左右。

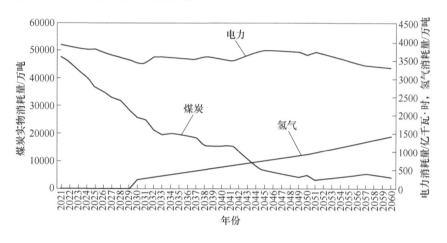

图 10-26　2021～2060 年中国钢铁行业双碳进程中能源结构变化的展望

3）生产制造流程脱碳化。在"双碳"落实进程中，钢铁行业生产制造流程的结构应该在减量化的发展进程中逐步有序调整，见图 10-27。可以设想到 2060 年中国高炉—转炉长流程将占 15%左右，全废钢电炉流程将占 60%左右，氢还原—电炉流程将占 25%左右。

4）进出口贸易脱碳化。以税收、配额等措施限制焦炭、铁合金、钢坯、低附加值钢材等高碳负荷产品的出口总量。

5）政策法规脱碳。分行业实施碳配额、碳交易，分阶段、分产品、分制造流程开征碳税，出台脱碳化负面清单，酝酿脱碳化立法；从钢铁行业超低排放的成功经验可以看出，一系列配套的政策是实现目标的强大杠杆。必须高度关注碳规划、碳

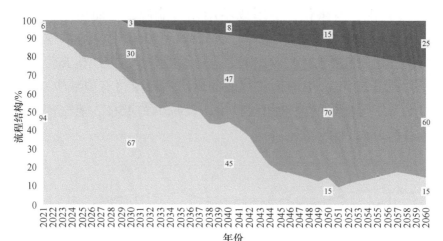

图 10-27　2021~2060 年中国钢铁行业双碳进程中流程结构变化的展望

(长流程转炉废钢比 2021~2040 年取 15%,2041~2060 年取 8%;

电炉流程为 100% 全废钢)

负面清单、行业/企业碳排放总量配额、碳交易、碳税、脱碳化立法等政策法规措施。

6)加强提高碳汇能力。加强提高碳汇能力,一方面要在钢铁行业开发碳捕集利用与封存(CCUS)技术,另一方面则是要求钢铁企业积极关注陆地碳汇和海洋碳汇的建设。

CCUS 是实现碳中和目标不可或缺的重要技术选择[34]。我国 CCUS 技术发展迅速,与国际整体发展水平相当,目前处于工业化示范阶段。CCUS 技术的理论封存潜力巨大,但受制于 CCUS 技术当前存在着能耗高、成本高、排放源距离远、环境因素等外部条件制约,减排潜力难以完全释放。

(3)对于一些生产扁平材的大型钢铁联合企业,也要进一步开发节能、脱碳化技术,进一步降低碳排放总量。如"界面"技术、近终形制造技术、富氢炼铁技术等。

10.4.5　未来钢铁行业的三类流程设想

目前，中国的钢铁生产流程主要有以天然资源（铁矿石）、煤炭等为源头的高炉—转炉"长流程"和以再生资源（废钢）、电力为源头的电炉"短流程"两类。短流程相对长流程而言，减少了烧结/球团、焦化、高炉等高能耗、高污染的工序，具有投资少、占地小、能耗低、污染轻等优点，见表10-4。研究表明：与用铁矿石生产1t钢相比，通过电炉流程用废钢生产1t钢，投资可减少近2/3；占地面积减少近3/4；节约铁矿石消耗1.65t左右；降低能源消耗350kg标准煤；减少CO_2排放近2/3；减少废气排放近80%；减少固体废物排放3t左右。钢铁工业如果每年有3亿吨粗钢采用全废钢电炉流程生产，将减少CO_2排放约4.8亿吨/年。

表10-4　高炉—转炉长流程与全废钢电炉流程投资、占地、
资源消耗、能源消耗和污染物排放的对比[24,35]

流　　程	吨钢投资/元	吨钢占地/m²	吨钢铁矿石消耗/t	吨钢CO_2排放/t	吨钢废气排放		吨钢固体废物排放/t	吨钢能耗/kgce
					m³（标准状态）	t		
高炉—转炉长流程	约3000（不含焦化）	约0.75（不含焦化）	约1.65	2.0~2.4	31249.3	40.31	铁尾矿:约2.6 高炉渣:约0.3 转炉渣:约0.1	600~700
全废钢电炉短流程	约1200	约0.2	0	0.5~0.7	6837.9	8.82	电炉渣:约0.1	约350

注：吨钢能耗数据计算的电力折算标准煤系数取等价系数。

长远来看，钢铁行业的生产制造流程将分为三大类，即高炉—转炉长流程、全废钢电炉流程和氢还原—电炉流程。

10.4.5.1 全废钢电炉流程

在"双碳"背景下，发展全废钢电炉流程具有重要的战略意义和价值[36]，主要体现在：

（1）未来充足的废钢资源将为全废钢电炉流程的发展提供资源保障；同时，这将使我国钢铁工业铁素资源构成发生重大变化，对国际铁矿石资源的需求量将逐步下降。

（2）我国电力资源丰富，为钢铁行业发展全废钢电炉流程创造了有利条件；同时，利用可再生能源发电，全废钢电炉流程生产可实现无碳排放，并有望改变长期以来钢铁工业以煤炭为主的能源结构。

（3）钢铁工业"脱碳化"发展势在必行[24]，发展全废钢电炉流程是当前最易实现的钢铁工业脱碳化发展的途径，是我国钢铁工业推进节能减排、循环经济、绿色发展的重要抓手。

（4）发展全废钢电炉流程可以更好地实现钢厂与城市的和谐共存，一方面可以消纳社会大宗废弃物（废钢），另一方面可以通过"削峰填谷"，合理组织生产，进一步降低用电成本，并提高电能的社会利用效率，从而实现全社会的节能减排、钢厂与城市的和谐共存。

发展全废钢电炉流程，首先要从建筑用长材的生产流程变革做起。应该以全废钢电炉流程生产建筑用长材来逐步替代以中、小高炉—转炉流程生产螺纹钢、线材等大宗产品，亦即以适当的布局发展城市钢厂、利用"城市矿山"。这类钢厂以生产建筑用长材为主，主要布局在废钢资源丰富的城市周边，规模为 50 万~200 万吨/年，以 1~2 条全废钢电炉短流程生产作业线为主。这一措施对钢铁行业脱碳化潜力很大，见图 10-24。如果钢材产品结构中的建筑用长材完全由全废钢电炉流程来生产，则高炉—转炉长流程将会获得更多优质的原燃料，实现

"精料入炉"，这也将进一步促进高炉—转炉长流程的脱碳化发展。

10.4.5.2 氢还原—电炉流程

氢还原—电炉流程是以氢取代碳作为还原剂和能源，从源头减少碳还原剂及其带入的硫、灰分导致的硫氧化物排放和炉渣排放；产出的无碳、低硫的氢直接还原铁（HDRI），通过界面衔接技术，连接电炉短流程，进行高效、低渣量的洁净钢冶炼，从而构建氢还原—电炉流程清洁高效生产系统。

氢气作为一种高效、清洁的能源，冶炼过程中生成的反应产物仅为水，可以在最大程度上实现低碳环保效应，现阶段已得到社会的广泛关注。

世界能源理事会把伴有大量 CO_2 排放制得的氢气称为"灰氢"，把将 CO_2 通过捕集、封存、利用而避免了大量排放制得的氢气称为"蓝氢"，将风能、太阳能等清洁能源生产电能，之后通过电解水生产得到的氢气称为"绿氢"。整体而言，绿氢制取技术的节能环保效果最佳，核能利用制氢次之，而传统能源制氢的节能环保性较差。中国的氢能产业发展应遵循"灰氢不可取，蓝氢可以用，绿氢是方向"这一原则。"绿氢"可以在工业原料、高品位热源等"难以减排领域"弥补电气化的不足，进而实现工业的深度脱碳。然而，传统能源制氢技术成熟，产氢量大，成本把控较好，在未来一段时间内仍是制氢的主要途径。新型制氢技术尚未取得产业化推广的原因不仅在于技术上需要完善，还在于其成本尚未能把控在符合生产效益的水准[37]。

"绿氢"的生产和利用为钢铁企业实现 CO_2 的净零排放提供了方向。纯氢-气基竖炉工艺采用纯的氢气作为还原剂直接还原铁矿，由于反应没有碳元素的参与，该还原过程不会有二氧化碳的排放，碳减排效果极其显著。当前世界上还没有该项技术的工业化应用实例，推行该项工艺还需要进一步的试验、完善。同时，氢气的大规模制备、输送和储存还存在一些技术的瓶颈，成本高、使用过程中的安全性问题，都是发展纯氢-气基竖炉工艺及其工程化运行稳定性的限制因素。德国计划在2030 年前建成 5GW 的电解"绿氢"机组；欧盟 2020 年 7 月发布《欧盟氢能战略》，计划到 2030 年，"绿氢"在欧盟产能超过 1000 万吨/年，从而促进下一阶段实现氢能在钢铁行业等典型行业的大规模应用；瑞典钢铁公司于 2018 年启动了突破性的"绿氢"-气基竖炉的项目，计划在 2035 年实现工业化生产，目前该项目已处于中试阶段。

氢还原在氢源、经济性、技术、工程化等方面尚有诸多不确定因素：

（1）在生产侧，中国每年的氢产能近 2200 万吨，占全球的 34%，然而其中多为工业用氢，绿氢的制取和消纳仅占4%。有学者提出使用发电过程中的弃风、弃光、弃水制取绿氢，目前中国"三弃"电量高达 1007 亿千瓦·时，若全部制取成氢，可产绿氢约 180 万吨。但这仅占全年氢需求的 8%，仍无法满足对氢的需求[37]。

（2）在消费侧，目前氢能以工业原料消费为主；同时中国拥有全世界最大的汽车与新能源汽车市场，未来氢能在交通部门大规模应用的市场空间巨大。当前采用不同方式制氢的成本差异较大，煤制氢是中国最成熟、最便宜的制氢方式，可再生能源电解水制氢成本则依赖于发电效率及成本，有大幅下降的空间。随着用氢规模的扩大及技术进步，预计未来终端用氢价格将从现在的 35～50 元/kg 下降至 25～40 元/kg，这将使燃料电池乘用车百公里用能成本略低于燃油车。如何将我国制氢、储氢、加氢等环节的关键设备进行"国产化"，成为降低成本的关键[37]。

（3）根据 IEA[38] 的分析，氢还原—电炉流程的吨钢 CO_2 排放量约为高炉—转炉流程的 1/3，但吨钢冶炼成本为 500～850 美元/t，大致要比高炉—转炉流程高出 170～390 美元/t，见表 10-5。

表 10-5 不同生产流程的吨钢 CO_2 排放量和吨钢冶炼成本比较[38]

流　程	吨钢 CO_2 排放量/t	吨钢冶炼成本/美元
高炉—转炉流程	2.0～2.4	330～460
熔融还原炼铁—转炉流程+CCUS（2028 年商业化）	0.6	350～500
全废钢电炉流程	0.3～0.6	330～510
气基 DRI—电炉流程	1.3	400～590
气基 DRI—电炉流程+CCUS	0.6	430～630
氢还原—电炉流程（2035 年商业化）	0.7～0.8	500～850

（4）氢还原研究须重点突破系列技术，包括基于氢还原过程复杂多相体的精准转化技术、高强冷固结球团直接还原技术、高炉喷吹富氢炼铁技术、纯氢竖炉直接还原工艺与装备、氢直接还原铁（HDRI）—电炉短流程清洁高效生产流程构建等。

目前氢还原—电炉流程尚处于探索、开发阶段，可鼓励有条件的企业开展氢还原—电炉流程工业化研究试验。

10.4.5.3 高炉—转炉长流程

以铁矿石为主要原料的高炉—转炉长流程将逐步过渡到以生产平材产品为主，特别是薄板、中厚板等高端板材的大批量

产品，主要布局在沿海深水港地区。基于基准情景的预测，到
2060 年达到 15% 左右，见图 10-27。

10.5　钢铁工业走向低碳化

应对全球气候变暖，中国始终坚持"共同但有区别的责
任"原则，并积极提高自主贡献的力度，提出了力争 2030 年
前实现碳达峰、2060 年前实现碳中和的目标，这一方面是我
国实现可持续发展的内在要求，是加强生态文明建设、实现美
丽中国目标的重要抓手，另一方面又是我国作为负责任大国履
行国际责任、推动构建人类命运共同体的责任担当。

钢铁工业是国民经济的重要基础产业，是建设现代化强国
的重要支撑。钢铁行业作为工业的重要领域，是能源消费大
户，同时也是 CO_2 排放大户，是实现绿色低碳发展的重要
领域。

对钢铁工业而言，碳达峰、碳中和是一个总量性、强度
性、结构性的命题，是有时限性的战略性的大命题。从国内外
钢铁行业的脱碳化发展策略来看，各国钢铁行业在不同情况下
都将经历粗钢产出总量控制，生产制造流程转型，积极推进技
术进步、技术创新以及有关碳排放考核、引导控制粗钢产出
量、投资导向、进出口管理、碳交易等方面的政策、法规、管
理制度建设过程。初步判断，我国钢铁行业已接近进入碳排放
峰值平台期，钢铁行业越早实现碳达峰，越有利于后续的脱碳
化进程和碳中和的实现，要鼓励有条件的钢铁企业率先实现碳
达峰；落实"双碳"目标，粗钢产出总量控制与流程结构调
整是两大重要抓手，一系列关键共性技术突破是重要支撑；氢
还原是一种值得重视的关键共性技术，但仍处于探索、开发和
逐步成熟的过程中，要鼓励有条件的企业开展相关的工业化试

验研究，克服其在绿色氢源、经济性、技术可靠性以及工程化等种种不确定性因素；长远来看，在逐步适应碳达峰、碳中和的过程中，未来钢铁行业的生产制造流程将趋向为三大类，即高炉—转炉长流程、全废钢电炉流程和氢还原—电炉流程，并由此派生出适应不同产品、不同地区、不同条件的不同的钢厂模式。对于一些长流程的大型钢铁联合企业还应与建材、化工、电力等企业共同形成工业生态园区，推进循环经济发展。

参 考 文 献

[1] IPCC. Climate Change 2021: The Physical Science Basis. Working Group I contribution to the Sixth Assessment Report of the Intergovernmental Panel on Climate Change [R]. Geneva: IPCC, 2021.

[2] WMO. State of the Global Climate 2020 [R]. Geneva: WMO, 2021.

[3] UN Office for Disaster Risk Reduction (UNDRR). Human Cost of Disasters: An Overview of the Last 20 Years 2000-2019 [R]. Geneva: UNDRR, 2020.

[4] IPCC. Climate Change 2014: Synthesis Report. Contribution of Working Groups I, II and III to the Fifth Assessment Report of the Intergovernmental Panel on Climate Change [R]. Geneva: IPCC, 2014.

[5] IPCC. Global warming of 1.5℃—An IPCC Special Report on the impacts of global warming of 1.5℃ above pre-industrial levels and related global greenhouse gas emission pathways, in the context of strengthening the global response to the threat of climate change, sustainable development, and efforts to eradicate poverty [R]. Geneva: IPCC, 2018.

[6] Energy & Climate Intelligence Unit, 2021. https://zerotracker.net/.

[7] United Nations Environment Programme. Emissions GapReport 2020 [R]. Geneva: UNEP, 2020.

[8] SIMON Evans. Analysis: Which countries are historically responsible for climate change? [R/OL]. (2021-10-05) [2022-01-15]. https://www.carbonbrief.org/analysis-which-countries-are-historically-responsible-for-climate-change.

[9] 丁仲礼. 碳中和对中国的挑战和机遇 [R/OL]. (2022-01-10) [2022-01-15]. http://www.tuanjiewang.cn/xinwen/2022-01-10/content_8924472.htm.

[10] 郭士伊，刘文强，赵卫东．调整产业结构降低碳排放强度的国际比较及经验启示 [J]．中国工程科学，2021，23 (6)：22-32.

[11] 中华人民共和国生态环境部．中国应对气候变化的政策与行动 2019 年度报告 [R]．北京：中华人民共和国生态环境部，2019.

[12] 上官方钦，张春霞，胡长庆，等．中国钢铁工业的 CO_2 排放估算 [J]．中国冶金，2010，20 (5)：37-42.

[13] 蔡九菊，王立，孙文强，等．2012—2013 冶金工程技术学科发展报告——冶金热能工程分学科发展研究 [R]．北京：中国金属学会，2014.

[14] 蔡九菊，赫冀成，陆钟武．过去 20 年及今后 5 年中我国钢铁工业节能与能耗剖析 [J]．钢铁，2002，37 (11)：68-73.

[15] 陆钟武，蔡九菊．系统节能基础 [M]．2 版．沈阳：东北大学出版社，2010.

[16] 殷瑞钰．冶金流程工程学 [M]．2 版．北京：冶金工业出版社，2009.

[17] 殷瑞钰．冶金流程工程学 [M]．北京：冶金工业出版社，2004.

[18] 陆钟武．物质流分析的跟踪观察法 [J]．中国工程科学，2006，8 (1)：18-25.

[19] 陆钟武．关于钢铁工业废钢资源的基础研究 [J]．金属学报，2000，36 (7)：728-734.

[20] 蔡九菊．中国钢铁工业能源资源节约技术及其发展趋势 [J]．世界钢铁，2009 (4)：1-13.

[21] 张春霞，王海风，张寿荣，等．中国钢铁工业绿色发展工程科技战略及对策 [J]．钢铁，2015，50 (10)：1-7.

[22] 上官方钦，刘正东，殷瑞钰．钢铁行业"碳达峰""碳中和"实施路径研究 [J]．中国冶金，2021，31 (9)：15-20.

[23] 张春霞，上官方钦，张寿荣，等．关于钢铁工业温室气体减排的探讨 [J]．工程研究——跨学科视野中的工程，2012，4 (3)：221-230.

[24] 上官方钦，周继程，王海风，等．气候变化与钢铁工业脱碳化发展 [J]．钢铁，2021，56 (5)：1-6.

[25] 郦秀萍，上官方钦，周继程，等．钢铁制造流程中碳素流运行与碳减排途径 [M]．北京：冶金工业出版社，2020.

[26] 上官方钦，张春霞，郦秀萍，等．关于钢铁行业 CO_2 排放计算方法的探讨 [J]．钢铁研究学报，2010，22 (11)：1-5，10.

[27] World Steel Association. Climate Change and the Production of Iron and Steel：an Industry View [R]. Brussels：WSA, 2021.

[28] Arcelor Mittal. Climate Action Reports [R]. Luxembourg：Arcelor Mittal, 2019.

[29] Nippon Steel Corporation. 2020 Sustainability Report [R]. Tokyo：Nippon Steel

Corporation, 2020.

[30] POSCO. 2020 POSCO Climate Action Report [R]. Pohang：POSCO, 2020.

[31] 国家统计局能源统计司. 中国能源统计年鉴. 2020 [M]. 北京：中国统计出版社, 2021.

[32] 钱家澍. 当代世界钢铁工业发展和"中国方案"建议 [J]. 钢铁, 2021, 56 (2)：1-11.

[33] YIN Ruiyu, LIU Zhengdong, SHANGGUAN Fangqin. Thoughts on the implementation path to a carbon peak and carbon neutrality in China's steel industry [J]. Engineering, 2021, 7 (12)：1680-1683.

[34] 张贤, 李阳, 马乔, 等. 我国碳捕集利用与封存技术发展研究 [J]. 中国工程科学, 2021, 23 (6)：70-80.

[35] 蔡九菊. 钢铁工业的空气消耗与废气排放 [J]. 钢铁, 2019, 54 (4)：1-11.

[36] 上官方钦, 殷瑞钰, 李煜, 等. 论中国发展全废钢电炉流程的战略意义 [J]. 钢铁, 2021, 56 (8)：86-92.

[37] 中国长期低碳发展战略与转型路径研究课题组, 清华大学气候变化与可持续发展研究院. 读懂碳中和 [M]. 北京：中信出版社, 2021.

[38] IEA. Part of the Energy Technology Perspectives series. Iron and Steel Technology Roadmap. Towards more sustainable steelmaking [R]. Paris：IEA, 2020.

致　　谢

　　经过六年左右的学习、研究、思考，本书终于成书出版。

　　在此要感谢中国工程院原副院长干勇院士为本书作序，给予了积极的、实事求是的评价和推介。在本书的写作过程中，还得到了学术界、产业界有关人士的支持、帮助和鼓励。其中有关耗散结构理论的阐述，曾征求过徐匡迪院士、王海舟院士的意见，得到了鼓励和肯定。有关制造流程本构特征的阐述曾征求过袁晴棠院士、曹湘洪院士、李大东院士和陈丙珍院士的意见，得到支持和帮助。关于钢厂的动态精准设计和集成一章曾征求过张福明、颉建新两位专家的意见，得到了肯定并提出了有益的建议。关于流程制造业智能化的讨论一章曾征求过孙彦广教授的意见，提出了有益的建议并做了补充。首钢京唐钢铁公司的杨春政博士还提供了最新的薄板坯连铸-连轧工程实践资料，使部分文稿内容有了更新。

　　在成书的过程中，我的年轻伙伴张春霞博士、徐安军博士、郦秀萍博士、贺东风博士、上官方钦博士在即将完稿时，对全书逐章进行讨论、修改和整理，付出了艰辛的劳动，令人感激。上官方钦博士作为我的助手还协助收集若干文献资料，整理文稿，联系出版事务等，认真负责，精神可贵。

在即将付印之时，对上述人士的支持、帮助、鼓励致以深深的谢意。

殷瑞钰

2022 年 5 月 5 日

术 语 索 引

B

薄板坯连铸-连轧工艺　146,148,
　205

本构特征　23,89,90

本构性特征　90

本质智能化　241,280,295

"扁平化"　327

表面-性状因子　210

泊松分布　48

不可逆过程　28,29,33

不可逆性　12,13,28

C

层次结构性　82

层次论　16,18

产线级信息流　128,129

产业　9,14,80

长程关联性　48

"场"　110

场域　3,10,16

"程序"　69,72,81

程序化协同　85,202

重构优化　6,236,255

重构-优化　19,66,103

弛豫　42,43,46

弛豫时间　43,48,53

出准率　208,259

传输现象　3,38,59

D

单元操作　21,60,154

单元工序　12,13,15

单元过程　121,257

单元性"涨落"　115,116

低排放情景　346,347

低碳发展路线　340,348,350

低碳化　23,304,346

顶层设计　230,256,260

定位　22,24,93

动力论　17,18

动力学机制　40,98,217

动量传递　61,234

动态结构　11,16,64

动态精准设计　23,176,219

动态精准设计方法　219,220,236

动态耦合 18,19,21

动态性 12,15,82

动态-有序 13,15,16

动态有序运行 268

动态运行 4,6,10

动态运行结构 86,87,94

短流程 70,128,216

对称破缺 48,52

对称性 26,28,41

多层次 1,62,93

多尺度 14,20,62

多单元性 49

多工序 62,99,111

多炉连浇 55,98,110

多目标(群) 241

多因子 4,49,50

多因子性 49,50

多因子性"涨落" 115,116

E

二次能源 52,77,79

F

反馈 45,46,66

反演对称 27,35,136

非技术要素 220,221

非平衡热力学 3,36,39

非平衡系统 14,28,36

非平衡相变 41,42,48

非线性 4,13,16

非线性动态耦合 72,288

非线性非平衡热力学 39

非线性相互作用 13,16,18

废弃物消纳-处理 74,241

分岔现象 41

分解 17,29,77

分维 11,67,69

分维分形 11,67,69

分形 11,67,69

封闭系统 10,28,32

负熵 29,37

负熵流 14,37,40

复杂系统 16,26,63

G

Gantt 图 22

改变(变异) 225

概念设计 289

概念研究 256,265

钢厂模式 172,352,361

钢水洁净度 98,217,244

钢水流量 244

钢铁制造流程 2,22,26

高拉速 209

高炉—转炉长流程　344,353,355

高炉—转炉区段　189,325

高排放情景　346,347

高效-恒拉速　217

高效率、低成本　19,22,259

工程　1,3,4

工程构建　228

工程管理　8,223,228

工程规划　228,271

工程化模型　90

工程活动　221,228,272

工程集成　220,221,226

工程决策　8,228

工程科学　1,8,12

工程理念　221,228,229

工程评价　228

工程设计　4,7,8

工程运行　7,228,261

工程战略　228

工序功能集合解析-优化　6,19,211

工序级信息流　127,128

工序之间关系集合协同-优化　211

工业　2,7,8

工业生态学　327

工艺技术结构　249

功能　2,6,8

功能结构　21,51,117

功能论　22

功能性网络　225

功能序　81,86,103

供应链　9,130,203

孤立系统　6,7,10

关联度　55,248,271

广义力　110

广义"力"　38

广义流　109,110,111

广义"流"　38

过程　1,6,7

过程工程　12,13,20

过程群　1,7,23

H

耗散　6,7,8

耗散过程　7,11,19

耗散函数　36,37

耗散结构　6,7,8

耗散论　16

耗散现象　69,94,99

恒拉速　98,209,217

恒拉速(高拉速)　209

宏观层次　6,7,8

宏观动态冶金学　1

宏观运行动力学　17,18,23

化学反应介质　77,282

化学-组分因子　77,141,144

环境负荷　145,233,235

环境信息流　126

环境友好　69,72,84

还原论　9,27,89

缓冲"活套"　184

缓冲器　17,18,98

"缓冲-协调"　191,193

混沌-无序　13

混沌现象　26

混沌性　26,76,121

混沌状态　26,42,109

混铁炉　122,158,173

J

基本经济要素　51,117,220

基准情景　345,346,347

吉布斯相律　25

集成　1,4,7

集成创新观　223

集成优化　7,82,91

几何-尺寸因子　210

几何-形状因子　77,145

技术　1,2,7

技术经济指标　150,169,230

技术平台　248

技术要素　220,221,224

间歇　15,17,18

间歇流　74,83

间歇式　172,177

间歇性　15

"节点"　9,16,80

节律性　13,149

节能减排　213,254,256

洁净钢　12,19,22

结构　6,7,8

结构论　18

结构优化　6,7,8

解析-集成　9,17,18

解析-优化　6,19,66

介观层次　6,7,8

"界面"技术　10,12,16

紧凑布局　98,217,245

紧凑性　13,131,146

进化(升级换代、跃迁)　225

近平衡　36,37,39

近平衡区　36,37,39

经典热力学　3,7,13

静态结构　6,15,65

静态设计　70,219,235

静态设计方法　219,235

静态网络　84,87,91

决定性理论　35,49

K

卡诺循环　30,31

开放系统　4,12,13

科学　1,6,7

可导入性　114,298

可逆过程　31

可再生能源　313,341,342

空间　13,14,15

空间-位置因子　210

空间性网络　225

空间序　81,86,103

L

拉力　17,18,98

拉力源　17,18,98

离散型制造业　89

"力"　16,23,38

连接线弧　74,87,93

连续化程度　17,20,118

连续流　74,83

连续论　19

连续性　13,15,20

连续性/准连续性　15,141,166

连铸—加热炉—热轧界面　205,249

炼钢—二次冶金—连铸界面　205,249

炼铁—炼钢界面　205,249

"链接件"　9,108,261

临界　41,42,43

临界点　41,43,52

临界流量　54

临界现象　52,53

临界效应　56

"流"　8,9,10

流程　1,2,3

流程功能　264,271,304

流程结构　8,11,18

流程网络　9,13,15

流程网络结构　63,69,255

流程效率　304

流程型制造业　59,89,90

流程制造业　9,14,20

流动/流变　89,90,108

绿色化　6,7,8

M

慢弛豫变量　53

N

能量　3,4,11

能量耗散　40,47,52

能量流　4,11,13

能量流输入/输出模型　213,251

能量流网络 19,47,52

能量流网络模型 213,251,331

能量-温度因子 210

能源高效转换和及时回收利用功能 324

能源管控中心 326,327,331

能源介质 77,78,80

O

耦合 13,16,18

耦合-推进 142

P

品牌化 74,280

平衡 3,10

Q

奇异点 41,53

企业级信息流 128,129

气候变化 232,304,305

嵌入论 20

氢还原—电炉流程 346,347,348

清洁生产 268

驱动力 36,38,77

全废钢电炉流程 353,355,356

R

热机学 30,32

热介质 77,282

热力学 3,4,6

热素说 30

热轧—冷轧界面 205,249

热之唯动说 30

"热装热送" 326

人工物理系统 107,114

人工物系统 225

S

"三流"协同 64,105,132

"三流一态" 4,69,80

"三网"融合 280,290,296

熵产生 14,29,34

熵产生率 36,37,74

熵流 29,36

设计创新 215,223,228

设计方法 219,220,229

设计理论 93,209,223

社会大宗废弃物的消纳-处理和再资源化功能 12

生产单元 70,72

生态要素 51,117

时间 3,13,14

时间程序 13,16,211

时间点 13,20,67

时间节奏 13,20,67

时间-时序因子　210

时间位　13,20,67

时间性网络　225

时间序　13,20,67

时间因子　23,134,149

时间域　13,20,67

时间周期　13,20,44

时间周期(节奏)　169

时空尺度　3,4,58

时空结构　43,48

时-空性耦合　194

时空序　8,11

时-空域　271

时钟推进计划　17,111,119

实体　81,86,87

矢量性　15,251,254

矢量性和过程性　15

适应性　50,66,116

输入/输出方向性　211

输入/输出矢量性　251

数学模型　90,299

数字物理融合系统　97,114,132

数字信息系统　131,279,280

随机性　26,43

T

他组织　7,13,16

他组织调控　7,16,77

他组织力　23,74,92

他组织信息流　70,107,108

"弹性链/半弹性链"谐振效应　122

碳达峰　232,311,318

碳负荷　312,353

碳排放强度　322,335,338

碳排放总量　322,335,348

碳素流　69,72,77

碳中和　232,311,312

调控效率　114

铁水罐　177,206,207

铁水预处理　17,18,22

铁素流　64,69,72

铁素物质流　17,64,76

图论　80,82,83

湍流(曾称紊流)　109

推力　17,18,98

推力源　17,18,98

脱碳化　268,334,340

W

外延智能化　280,298,302

"网络"　80,81,82

网络化　20,22,23

微观层次　6,7,8

微观基础冶金学　1,11

温度 3,13,28

温降 167,168,169

温室气体 230,241,273

"紊流式"运行 74,75,98

稳定-紧凑 70,72,121

稳定态 36,37,38

稳定性 10,37,40

无序 13,16,26

无序能量 32,33

无序状态 44,46,75

物理-相态因子 210

物流管制 62,173,174

物态转变 62,172,173

物性控制 62,173,174

物质 3,4,11

物质量 13

物质流 4,11,13

物质流网络 47,52,63

X

系统 4,6,7

系统节能 268,323,325

系统群 304

线性不可逆 38,39

线性不可逆过程 38,39

线性非平衡热力学 3,36

相干效应 21,46

相互嵌套 8,53,237

效率 6,8,12

协同-连续 13,15,18

协同论 14,18,21

协同性 10,13,40

协同优化 6,52,91

协同作用 46,85,246

新一代钢铁制造流程 80,145

信息 4,6,8

信息化他组织 115,123,254

信息流 4,11,13

信息流网络 52,63,68

信息物理融合系统 279,280,283

虚拟工厂 233

序参量 11,42,43

选择 19,21,38

循环经济 22,172,232

Y

湮灭 124,125

延续(遗传) 225

演变过程 36,41,108

要素 1,15,16

冶金工厂 6,7,11

冶金流程工程学 4,6,7

冶金流程集成理论与方法 7,14,
23

冶金流程学　8,14,23

冶金学　1,2,3

一次能源　82,209,213

一罐到底　122,198,207

"一流两链"　302,304

"以流观化"　23,289,290

异质单元　12,13,50

异质异构　15,60,63

役使原则　85

烟　328

涌现　8,9,10

涌现效应　116

涌现性　8,10,11

优化-简捷　13

有效性　82,224

有序　8,10,11

有序度　107,288

有序能量　32,33

鱼雷罐　122,180

鱼雷罐车　189,200,201

阈值　42,43

元工程　219,223

远离平衡　28,29,40

跃迁　7,46,225

运筹学　82,83,88

运行程序　9,13,15

运行规则　18,97,98

运行网络　125,205,280

运行要素　125,237,239

Z

"载能体"　323

再资源化　12,22,240

增温现象　305

涨落　12,13,16

整体论　9,16,18

整体性　7,9,15

正反馈性　171

知识创新　226

知识链　223,225

知识网络　223

智能化　6,7,8

智能化经营　279,282,300

智能化设计　7,279,282

智能化物流　279

智能化物质流/能量流/信息流的
　组织与调控　279

制造流程　2,7,8

周转速度　206,249,259

专线化生产　98,217,245

专业工艺冶金学　1,3,6

转化　1,9,14

转换/转变　62

准连续　15,17,18

准连续/连续　15,17,18

准连续流　74,83

"资源流"　240

自创生　51,117,118

自复制　51,74,94

自感知　131,150,279

自决策　127,131,279

自生长　51,74,94

自适应　51,74,94

自坍塌　74,118

自学习　127,131,279

自执行　131,279,286

自组织　7,8,9

自组织程度　13,52,72

自组织结构　7,9,21

自组织信息流　107,115,126

自组织性　13,23,51

总平面图　13,15,16

作业方式　17,61,177

作用机制　45,46,50

图 索 引

图 1-1　钢铁企业技术进步的方式 ·················· 2

图 1-2　高炉—转炉—轧钢生产流程的演进 ·················· 3

图 1-3　20 世纪 70 年代以来主要产钢国连铸比增长的比较 ·········· 4

图 1-4　冶金学视野的拓展及其理论基础的深化 ··············· 5

图 1-5　当代冶金科学与工程的知识体系和工程视野 ············· 6

图 2-1　卡诺循环 ·················· 31

图 2-2　孤立系统、封闭系统和开放系统 ·················· 32

图 2-3　分岔和奇异点示意图 ·················· 41

图 2-4　同一层次单元间的非线性耦合与涨落 ··············· 50

图 2-5　钢铁制造流程的演进与"临界-紧凑-连续"效应 ··········· 54

图 2-6　板坯厚度临界值与轧制系统的关系 ················ 55

图 3-1　不同过程的时-空层级示意图 ·················· 59

图 3-2　钢铁制造流程系统内物态转变、物性控制和物质流组合
　　　　示意图 ·················· 62

图 3-3　物质维及其内涵(形) ·················· 67

图 3-4　能量维及其内涵(形) ·················· 67

图 3-5　时间维及其内涵(形) ·················· 68

图 3-6　空间维及其内涵(形) ·················· 68

图 3-7　信息维及其内涵(形) ·················· 68

图 3-8　两类典型的钢铁制造流程示意图 ················· 71

图 3-9　钢铁制造流程功能的演变 ·················· 73

图 3-10　生产运行过程中"层流式"运行、"紊流式"运行与耗散 ······ 75

图 3-11　最小有向树网络的示意图 ·················· 82

图 3-12　初级回路网络示意图 ·················· 83

图 4-1 流程型制造流程内不同过程之间多尺度嵌套性的层次
结构 ······ 91

图 4-2 流程型制造流程中上、下游工序/装置间衔接-匹配的链接
结构 ······ 92

图 4-3 流程型制造流程动态协同运行的网络结构 ······ 92

图 4-4 制造流程内不同层次的非线性相互作用 ······ 95

图 4-5 制造流程的概念与要素示意图 ······ 95

图 4-6 钢铁制造流程中的"界面"技术 ······ 97

图 4-7 制造流程耗散过程 ······ 105

图 5-1 电炉流程运行的"弹性链/半弹性链"稳定谐振状态及其
不同类型 ······ 122

图 5-2 管控活动中感知—分析—决策—控制四个环节的信息流 ··· 127

图 5-3 工序级信息流 ······ 128

图 5-4 产线级信息流 ······ 129

图 5-5 企业级信息流 ······ 129

图 5-6 冶金制造流程信息流的嵌套结构 ······ 130

图 6-1 全连铸电炉炼钢厂中多因子物质流在时间轴的耦合-推进
过程 ······ 142

图 6-2 钢铁生产流程(钢铁联合企业)动态运行过程中各工序重要
相关因子与时间轴耦合的示意图 ······ 143

图 6-3 时间点示意图 ······ 151

图 6-4 时间序示意图 ······ 151

图 6-5 某工序时间域示意图 ······ 152

图 6-6 时间位示意图 ······ 153

图 6-7 生产时间周期构成示意图 ······ 154

图 6-8 时间节奏示意图 ······ 154

图 6-9 炼钢过程温度"收敛性"分析 ······ 164

图 6-10 薄板坯连铸—连轧流程的时间解析-集成示意图 ······ 165

图 7-1　钢厂生产流程中物态转变、物性控制和物流管制的结合
　　　　示意图 ·· 173

图 7-2　钢铁生产流程的间歇、连续与紧凑示意图·················· 175

图 7-3　钢厂生产流程运行动力学的主要支点及其示意图 ·········· 179

图 7-4　钢厂生产流程运行过程中的"推力"-缓冲"活套"-"拉力"
　　　　解析图 ·· 184

图 7-5　钢厂产品结构与转炉吨位的合理(优化)关系 ·············· 185

图 7-6　钢铁制造流程中的"界面"技术 ·························· 198

图 7-7　中、小高炉铁水经由受铁罐—混铁炉—兑铁包后兑入中小
　　　　转炉的过程示意图 ·· 198

图 7-8　中、小高炉铁水经由受铁罐兑入中小转炉的不同过程
　　　　示意图 ·· 199

图 7-9　中、小高炉—中、小转炉间经铁水脱硫处理的过程示意图 ··· 199

图 7-10　大高炉—大转炉间铁水经鱼雷罐车转运过程的示意图······ 200

图 7-11　大高炉—大转炉间铁水在鱼雷罐内进行"三脱"处理的转运
　　　　 过程示意图··· 200

图 7-12　大高炉—大转炉之间铁水分步"三脱"处理的转运过程
　　　　 示意图 ··· 201

图 7-13　大高炉—大转炉之间不经鱼雷罐车的分步、分工序铁水
　　　　 "三脱"处理转运过程示意图 ······························ 201

图 7-14　大高炉—大转炉之间不经鱼雷罐车快捷的铁水分步、分工序
　　　　 "三脱"处理转运过程示意图 ·························· 202

图 7-15　现代钢铁制造流程的"界面"技术 ····················· 204

图 7-16　某钢铁厂 A 物质流(铁素流)运行网络与轨迹 ··········· 205

图 7-17　某钢铁厂 B 物质流(铁素流)运行网络与轨迹 ··········· 205

图 7-18　热轧板卷生产工艺流程比较···························· 207

图 7-19　首钢京唐钢"炼铁—炼钢"界面管控目标 ················ 208

图 7-20　钢铁制造流程工序之间关系集合的协同-优化 ············ 210

图 7-21 某大型钢厂转炉到连铸动态 Gantt 图 …………… 212

图 7-22 钢铁企业技术进步的方式……………………………… 215

图 8-1 工程活动的要素及其系统构成 ……………………… 221

图 8-2 工程与自然、社会的关系 …………………………… 222

图 8-3 知识通过工程产生价值的过程示意图 …………… 222

图 8-4 工程设计中的集成与进化 …………………………… 224

图 8-5 工程理念与工程(过程)的关系 ………………… 228

图 8-6 制造流程-单元工序-单元操作之间集成-解析关系 ……… 238

图 8-7 现代钢铁制造流程的"界面"衔接技术 ………… 247

图 8-8 钢铁生产流程(钢铁联合企业)动态运行过程中各工序重要
相关因子与时间轴耦合的示意图 …………………… 252

图 8-9 动态-精准设计与传统的分割-静态设计在概念、目标上的
区别 …………………………………………………… 258

图 8-10 以工序/装置的结构设计及其静态能力估算为特征的流程
设计 …………………………………………………… 262

图 8-11 以单元工序/装置静态结构设计加部分结构内部半受控为
特征的分割设计方法 ………………………………… 263

图 8-12 以单元工序/装置内部半动态调控和部分工序间协同调控
的设计方法 …………………………………………… 263

图 8-13 以全流程动态-有序、协同-连续/准连续运行为目标的
动态、精准设计方法 ………………………………… 264

图 8-14 钢铁制造流程解析与集成在不同层次上的含义………… 269

图 8-15 钢铁冶金企业结构逻辑框图……………………………… 273

图 9-1 对流程制造业信息物理融合系统(CPS)的理解 ………… 286

图 9-2 智能化工厂的内涵 …………………………………… 287

图 9-3 制造流程的概念与要素示意图 …………………… 290

图 9-4 制造流程耗散过程 …………………………………… 293

图 9-5 某钢铁厂物质流(铁素流)运行网络与轨迹 ………… 294

图 9-6　某钢铁厂能量流(碳素流)运行网络与轨迹 ……………… 294

图 9-7　钢厂智能制造的技术架构 ………………………………… 301

图 10-1　重建(1~2000 年)和观测(1850~2020 年)的全球地表温度
　　　　变化………………………………………………………… 306

图 10-2　1850~2020 年观测和模拟的全球地表温度变化 ……… 307

图 10-3　1984~2019 年全球 CO_2、CH_4 和 N_2O 的平均浓度及增长率
　　　　的变化………………………………………………………… 308

图 10-4　1850~2020 年全球年均温度变化 …………………… 309

图 10-5　1993 年 1 月~2021 年 1 月基于卫星测高的全球平均海平面
　　　　的变化………………………………………………………… 309

图 10-6　1990~2019 年全球温室气体排放的变化情况 ……… 314

图 10-7　1990~2019 年全球温室气体排放的变化情况 ……… 314

图 10-8　1850~2021 年历史累计排放量前 20 的国家及排放量 …… 315

图 10-9　1990~2019 年世界主要国家或地区的温室气体排放总量及
　　　　人均排放量的变化……………………………………………… 317

图 10-10　1965~2020 年主要国家碳排放的时间历程 ………… 320

图 10-11　1980~2020 年我国钢铁行业吨钢能耗的变化 ……… 332

图 10-12　2000~2019 年中国重点钢铁企业吨钢新水消耗量的
　　　　　变化 ……………………………………………………… 333

图 10-13　2000~2019 年中国重点钢铁企业吨钢 SO_2 和烟粉尘排放
　　　　　量的变化 ………………………………………………… 334

图 10-14　全球钢铁行业碳排放总量及强度 …………………… 335

图 10-15　2007~2018 年 ArcelorMittal CO_2 排放总量变化图 ……… 336

图 10-16　2007~2018 年 ArcelorMittal 吨钢 CO_2 排放量变化图 ……… 336

图 10-17　2015~2019 年新日本制铁 CO_2 排放总量变化图 ……… 337

图 10-18　2015~2019 年新日本制铁吨钢 CO_2 排放量变化图 ……… 337

图 10-19　2017~2020 年浦项钢铁公司 CO_2 排放总量变化图 ……… 338

图 10-20　2017~2020 年浦项钢铁公司吨钢 CO_2 排放量变化图 …… 338

图 10-21　1991~2019 年中国钢铁行业粗钢产量和 CO_2 排放总量、
吨钢 CO_2 排放量的变化 ·················· 339
图 10-22　我国钢铁行业碳达峰、碳中和关键时间节点的判断········ 344
图 10-23　钢铁行业碳达峰、碳中和情景分析结果················ 346
图 10-24　我国钢铁行业低碳发展路线图 ··············· 349
图 10-25　2021~2060 年中国钢铁行业双碳进程中铁素资源结构
变化的展望 ·················· 352
图 10-26　2021~2060 年中国钢铁行业双碳进程中能源结构变化
的展望 ·················· 353
图 10-27　2021~2060 年中国钢铁行业双碳进程中流程结构变化
的展望 ·················· 354

表 索 引

表 1-1　冶金学科不同时空尺度对比 ⋯⋯⋯⋯⋯⋯⋯⋯⋯⋯⋯⋯⋯⋯ 3

表 3-1　流程制造业不同行业的个性特征 ⋯⋯⋯⋯⋯⋯⋯⋯⋯⋯⋯ 64

表 6-1　冶金流程中重要的相关因子 ⋯⋯⋯⋯⋯⋯⋯⋯⋯⋯⋯⋯⋯ 144

表 6-2　几种不同类型钢铁制造流程的连续化程度 ⋯⋯⋯⋯⋯⋯⋯ 157

表 6-3　高炉—转炉—模铸—钢锭红送—热轧流程的过程时间、
　　　　温度 ⋯⋯⋯⋯⋯⋯⋯⋯⋯⋯⋯⋯⋯⋯⋯⋯⋯⋯⋯⋯⋯⋯⋯ 158

表 6-4　高炉—铁水预处理—转炉—二次冶金—连铸冷装—热轧
　　　　流程的过程时间、温度 ⋯⋯⋯⋯⋯⋯⋯⋯⋯⋯⋯⋯⋯⋯⋯ 159

表 6-5　高炉—铁水预处理—转炉—二次冶金—连铸热装—热轧
　　　　流程的过程时间、温度 ⋯⋯⋯⋯⋯⋯⋯⋯⋯⋯⋯⋯⋯⋯⋯ 160

表 6-6　高炉—铁水预处理—转炉—二次冶金—薄板坯连铸—连轧
　　　　流程的过程时间、温度 ⋯⋯⋯⋯⋯⋯⋯⋯⋯⋯⋯⋯⋯⋯⋯ 161

表 6-7　全废钢电炉—二次冶金—连铸热装—热轧流程的过程时间、
　　　　温度 ⋯⋯⋯⋯⋯⋯⋯⋯⋯⋯⋯⋯⋯⋯⋯⋯⋯⋯⋯⋯⋯⋯⋯ 162

表 7-1　板坯连铸—热轧机之间的理论计算库存容量、实际库存容量
　　　　和"活套"容量指数 ⋯⋯⋯⋯⋯⋯⋯⋯⋯⋯⋯⋯⋯⋯⋯⋯⋯ 193

表 7-2　薄板坯连铸—连轧工艺流程的发展 ⋯⋯⋯⋯⋯⋯⋯⋯⋯⋯ 206

表 10-1　1850~2021 年人均累计排放量前 20 的国家 ⋯⋯⋯⋯⋯⋯ 316

表 10-2　1980~2010 年中国钢铁工业吨钢能耗的变化及其节能
　　　　 效果 ⋯⋯⋯⋯⋯⋯⋯⋯⋯⋯⋯⋯⋯⋯⋯⋯⋯⋯⋯⋯⋯⋯⋯ 324

表 10-3　钢铁行业碳达峰、碳中和情景分析结果 ⋯⋯⋯⋯⋯⋯⋯⋯ 347

表 10-4　高炉—转炉长流程与全废钢电炉流程投资、占地、资源消耗、
　　　　 能源消耗和污染物排放的对比 ⋯⋯⋯⋯⋯⋯⋯⋯⋯⋯⋯⋯ 355

表 10-5　不同生产流程的吨钢 CO_2 排放量和吨钢冶炼成本比较 ⋯ 359